航空类专业职业教育系列教材

树脂基复合材料成型工艺

吴悦梅　付成龙　编著

西北工业大学出版社

西　安

【内容简介】 本书结合航空航天领域复合材料成型技术的实际应用,主要阐述了树脂基复合材料成型工艺类型以及典型成型工艺特点,内容包括绪论、手糊成型工艺、喷射成型工艺、热压罐成型工艺、层压成型工艺、模压成型工艺、缠绕成型工艺、拉挤成型工艺、连续板成型工艺、液体成型工艺、夹层结构成型以及热塑性复合材料成型等。此外,附录为实训任务工卡,以期为复合材料成型工艺的实训、实验课程提供参考。

本书适合作为高等职业院校相关专业的教材,也可供普通高等院校和从事树脂基复合材料生产开发的工程技术人员阅读、参考。

图书在版编目(CIP)数据

树脂基复合材料成型工艺/吴悦梅,付成龙编著
.—西安:西北工业大学出版社,2020.6(2024.8重印)
ISBN 978-7-5612-6688-5

Ⅰ.①树… Ⅱ.①吴… ②付… Ⅲ.①树脂基复合材料-成型-工艺 Ⅳ.①TB333.2

中国版本图书馆 CIP 数据核字(2020)第 068911 号

SHUZHIJI FUHE CAILIAO CHENGXING GONGYI
树 脂 基 复 合 材 料 成 型 工 艺

责任编辑:胡莉巾		策划编辑:杨 军	
责任校对:朱晓娟		装帧设计:李 飞	
出版发行:西北工业大学出版社			
通信地址:西安市友谊西路 127 号		邮编:710072	
电 话:(029)88491757,88493844			
网 址:www.nwpup.com			
印 刷 者:陕西向阳印务有限公司			
开 本:787 mm×1 092 mm		1/16	
印 张:13.25			
字 数:348 千字			
版 次:2020 年 6 月第 1 版		2024 年 8 月第 2 次印刷	
定 价:58.00 元			

如有印装问题请与出版社联系调换

前　言

复合材料是由两种或两种以上物理性质和化学性质完全不同的物质组合起来的一种多相固体材料。通过设计可以使各组分材料彼此关联、性能互补，从而获得新的优异性能。与传统材料相比，复合材料具有超高的比强度和比模量，相对铝合金，可以实现飞机减重20%～30%。这个优点对于极力追求低质量以提高飞行器性能和降低成本的航空航天工业来说是十分重要的。

随着航空航天技术的快速发展，先进树脂基复合材料在B787梦想飞机（结构件质量占比50%）和A350宽体客机（结构件质量占比52%）上得到了大规模应用，在国产大飞机C929上的应用也突破了结构件质量占比50%，同时在汽车、船舶及其他民用行业也得到了较为广泛的应用。

复合材料对现代科学技术的发展有着十分重要的作用，可以说现代高科技的发展离不开复合材料。复合材料的研究深度、应用广度及其生产发展的速度和规模，已成为衡量一个国家科学技术水平的重要标志之一。目前从事复合材料研究、制造的技术人员不断增加，从事复合材料加工及操作的人员也越来越多。本书分为12章，主要介绍树脂基复合材料几种典型成型工艺（为叙述方便，以下所指复合材料均为树脂基复合材料）。具体内容安排如下：

第一章为绪论。本章介绍复合材料成型工艺流程，阐述复合材料结构件相对金属结构件成型的工艺特点，简要介绍复合材料成型工艺分类方法，并简要梳理成型工艺选择的基本原则。

第二章为手糊成型工艺。本章简要介绍手糊成型工艺原理和常用原材料，重点介绍手糊成型工艺过程和质量控制相关措施，并介绍制品厚度、铺层层数和含胶量等的计算方法。

第三章为喷射成型工艺。本章介绍对树脂的基本性能要求、喷射成型工艺用设备，在工艺过程部分重点介绍工艺参数控制要求。此外，还对各类缺陷产生原因及解决措施进行分析。

第四章为热压罐成型工艺。本章首先介绍预浸料的基本特征和技术，其中重点介绍热压罐成型工艺过程中的操作要领和基本原则，以及常用真空袋辅助材料的使用；其次介绍热压罐设备特点和数字化成型装备，例如预浸料自动切割机、自动铺放设备、激光投影系统等；最后介绍典型航空结构件热压罐成型工艺方案。

第五章为层压成型工艺。本章以玻璃钢卷管和覆铜箔层压板为例，主要介绍层压成型对原材料的要求和层压成型工艺过程。

第六章为模压成型工艺。本章简要介绍模压成型工艺原材料和模压成型工艺参数，并以片状模压（SMC）材料和块状/团状模压（BMC）材料为例阐述模压成型工艺原理和工艺过程。

第七章为缠绕成型工艺。本章以湿法缠绕成型工艺为例，重点介绍工艺过程中的主要工艺参数及其控制要点。

第八章为拉挤成型工艺。本章以传统拉挤成型工艺为例，介绍对原材料的性能要求、工艺过程及工艺参数控制。此外，还简要介绍基于预浸料技术的先进拉挤成型工艺。

第九章为连续板成型工艺。本章主要介绍透光板（采光板）和不透光板的连续板成型工艺。

第十章为液体成型工艺。本章以树脂传递模型（RTM）成型工艺和真空导入（VIP）成型工艺为例，阐述两种成型工艺原理、对模具和原材料的性能要求、树脂导入的方式，以及各自的主要技术难点。

第十一章为夹层结构成型。本章主要介绍蜂窝夹层结构和泡沫夹层结构的成型方法。

第十二章为热塑性复合材料成型。本章以注射成型为例，对比热固性复合材料和热塑性复合材料成型的工艺特点。此外，还介绍几种常用的热塑性复合材料成型方法。

本书附录是成都航空职业技术学院航空复合材料教研室根据多年来的教学实践和指导学生参加国际先进材料与制造工程学会（SAMPE）超轻复合材料竞赛经验，以典型成型工艺为载体编写的实训任务工卡。

本书编写分工如下：第一章至第七章、第十一章和十二章由吴悦梅编写，第八章至第十章和附录由付成龙编写。感谢李彩林、邹在平、易磊隽、黄频波、王新玲、雷蕊英等对全稿的审核校订，特别感谢成都航空职业技术学院717331班唐诗同学对图片的编辑处理。

在本书编撰的过程中，曾参阅了国内外相关文献资料，在此，对其作者一并感谢。

限于水平，书中难免有不妥之处，欢迎读者批评、指正。

编　者

2019年12月

目 录

第一章 绪论 ·· 1
 第一节 复合材料成型工艺过程 ··· 1
 第二节 复合材料成型工艺特点 ··· 2
 第三节 复合材料成型工艺分类 ··· 4
 第四节 复合材料成型工艺选择 ··· 6
 习题 ·· 7

第二章 手糊成型工艺 ·· 8
 第一节 原材料 ·· 8
 第二节 手糊成型工艺过程 ·· 14
 第三节 铺层的计算和设计 ·· 24
 第四节 手糊成型工艺特点及应用 ··· 28
 习题 ··· 29

第三章 喷射成型工艺 ·· 30
 第一节 原材料 ··· 30
 第二节 喷射成型工艺用设备 ··· 31
 第三节 喷射成型工艺过程 ·· 32
 第四节 喷射成型工艺制品的质量控制 ··· 35
 第五节 喷射成型工艺的特点及应用 ·· 38
 习题 ··· 39

第四章 热压罐成型工艺 ··· 40
 第一节 预浸料 ··· 40
 第二节 热压罐成型工艺过程 ··· 47
 第三节 热压罐成型工艺用设备 ·· 58
 第四节 热压罐成型工艺特点及应用 ·· 67
 第五节 典型航空复合材料结构件的成型 ·· 69
 习题 ··· 72

第五章 层压成型工艺 ·· 74
 第一节 原材料 ··· 75
 第二节 层压成型用设备 ··· 76

第三节　层压成型工艺过程 ·································· 76
   第四节　制品常见缺陷及解决措施 ·························· 79
   第五节　层压成型工艺应用实例 ···························· 80
   习题 ··· 85

第六章　模压成型工艺 ······································· 86
   第一节　原材料 ·· 87
   第二节　模压成型工艺参数控制 ···························· 94
   第三节　模压成型工艺过程 ································ 101
   第四节　模压成型工艺特点及应用 ·························· 106
   习题 ·· 108

第七章　缠绕成型工艺 ······································· 109
   第一节　缠绕类型 ·· 109
   第二节　原材料 ·· 113
   第三节　芯模及缠绕设备 ·································· 115
   第四节　缠绕成型工艺过程 ································ 117
   第五节　缠绕成型工艺特点及应用 ·························· 124
   习题 ·· 125

第八章　拉挤成型工艺 ······································· 126
   第一节　传统拉挤成型 ···································· 127
   第二节　先进拉挤成型 ···································· 138
   第三节　拉挤成型应用 ···································· 141
   习题 ·· 142

第九章　连续板成型工艺 ····································· 144
   第一节　原材料 ·· 144
   第二节　连续板成型工艺流程及原理 ························ 145
   第三节　工艺参数确定及质量控制 ·························· 147
   第四节　连续板成型工艺特点、分类及应用 ·················· 148
   习题 ·· 150

第十章　液体成型工艺 ······································· 151
   第一节　RTM 成型工艺 ···································· 151
   第二节　VIP 成型工艺 ···································· 160
   第三节　其他液体成型工艺 ································ 165
   习题 ·· 169

第十一章　夹层结构成型 170
第一节　夹层结构概述 170
第二节　夹层结构的成型工艺 174
习题 179

第十二章　热塑性复合材料成型 180
第一节　概述 180
第二节　热塑性复合材料成型工艺特点 185
第三节　热塑性复合材料成型工艺 187
第四节　热塑性复合材料在客机上的应用与发展前景 189
习题 191

附录　实训任务工卡 192

参考文献 202

第一章 绪 论

复合材料的制备与以下四大因素有关：①原材料；②工具及模具，设计时要考虑热膨胀系数、使用温度等多种因素，具体见表1-1；③温度；④压力。

每种材料都具有独特的物理性能、机械性能和加工性能，因此每种材料都必须使用合适的制造技术，才能将材料转变成最终的形状。一种制造技术适合某一种材料，但不一定适合另一种。如木头可先加工成木块，再加工成所需的形状；陶瓷必须从粉体到成品或半成品；金属可通过铸造、锻造等方式加工成管状或块状；高分子材料可通过熔融或固化加工成各种形状；复合材料通过一定的工艺可制成最终形状的部件。

表1-1 多种加工材料的热膨胀系数和使用温度

加工材料	热膨胀系数/($10^{-6}°F^{-1}$)	使用温度上限/°F
不锈钢	8～12	1 000
铝合金	12～13.5	300～400
室温固化碳纤维/环氧树脂预浸料	1.4	300～400
中温固化碳纤维/环氧树脂预浸料	1.4	300～400
碳纤维/氰酸酯树脂预浸料	1.5～2.0	450～700
碳纤维/BMI树脂预浸料	2.0～3.0	450～500
室温固化玻璃纤维/环氧树脂预浸料	7.0～8.0	300～400
中温固化玻璃纤维/环氧树脂预浸料	7.0～8.0	300～400
环氧基加工板	30～40	150～400
聚氨酯基加工塑料泡沫	35～50	250～300

注：1°F=5/9K。

第一节 复合材料成型工艺过程

复合材料的成型工艺过程包括增强材料预成型体的制备、预浸料等半成品的加工和复合材料的固化成型三方面内容。对于不同的成型工艺方法，这三方面可能同时进行或分别进行，但都要完成好树脂浸渍、纤维复合和固化成型。无论采用哪种成型工艺方法，复合材料零件的制备和材料的制备都是同时完成的。图1-1是复合材料成型加工的典型工艺过程图。

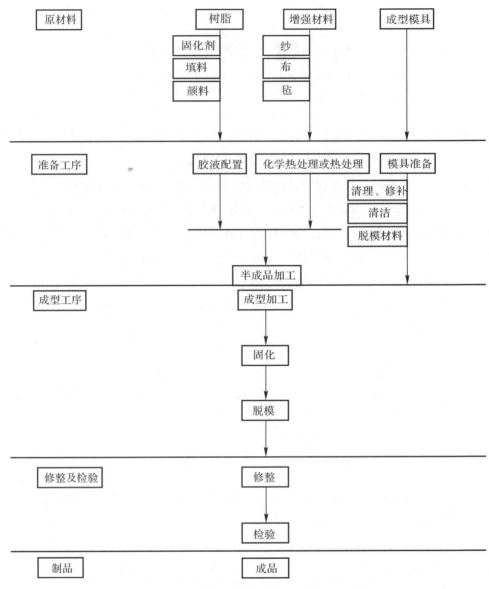

图 1-1　复合材料成型加工的典型工艺过程图

第二节　复合材料成型工艺特点

与其他材料相比,复合材料在性能上有许多优势,其制备、成型工艺也有独特之处。

1. 材料的制备和零件的制备同时完成

金属结构件的制备是先制备材料,再制备零件。这种方式的一个突出优点是,材料如有缺陷,可通过检测手段来阻止其进入产品制造阶段,从而有利于控制最终产品的质量。而复合材料制造技术同时涉及组分材料的复合和产品最终外形的实现,两者在同一制造步骤中完成且过程不可逆。复合材料产品的成型过程既需要考虑产品形状能否按要求实现,又需考虑材料能否按要求生产，不能像金属结构件那样可以在制造过程中阻止不合格产品进入后续制造阶段。因此，其在工艺上所面临的问题相对较多。

2. 产品制造质量的影响因素错综复杂

在复合材料的成型过程中，增强材料的形状变化不大，但基体的形状有较大变化。复合材料结构件的制备既涉及组分材料的相互结合，又涉及组分材料自身物理特性或化学结构的变化。复合材料的工艺过程对材料和制品的性能有较大的影响。热固性复合材料中的固化工艺将直接影响材料的性能。成型过程中，纤维的预处理、排布方式、排除气泡的程度、温度、压力、时间等工艺因素都影响材料的性能。此外，由于复合材料的各向异性特征，成型后产品会因各向收缩的不一致，以及残余应力的特殊分布方式而产生变形。如何合理地应对上述影响因素，以获得高度重现性的制造结果，无疑是复合材料制造最主要的关注点之一。

3. 对产品制造缺陷进行修复的可行性较小

对于复合材料，特别是目前大量应用的热固性树脂基复合材料，其产品在固化过程中一旦发生缺陷，想要通过维修手段来改变产品，使其与无缺陷产品完全一致，可行性较小。主要原因有以下三方面：第一，若复合材料内部的纤维在维修过程中被切断，再行续接尚无可能；第二，在尺寸超出容差范围的情况下，即便可以通过机械加工将产品的尺寸修至要求范围，但加工后材料组分的复合状态会与要求相差甚远；第三，热固性树脂一旦固化，要降低其黏度再次加工是不可能实现的。因此，热固性树脂基复合材料结构件内部一旦出现缺陷，维修工作只能是清除缺陷部位，再进行胶接或机械连接，而无法通过熔融树脂来调整材料的内部状态。

4. 存在特殊的制造过程数字化和自动化问题

从产品数字化定义的角度看，复合材料产品与一般金属产品的显著不同之处在于：其数字模型要提供的信息不仅包含产品的形状、尺寸和材料，而且包含产品内部纤维的排列方式。由于大部分复合材料产品采用"层合"的结构，因此在产品制造中，如何实现铺层裁剪、定位、铺叠等复合材料制造特有工序中产品数据信息的准确传递和转换，也是制造过程数字化面临的特殊问题。同时，铺层的裁剪、定位、铺叠操作也成为复合材料产品制造过程自动化所关心的、不同于一般金属加工的特殊问题。

5. 提供了实现高度整体化产品的可能性

目前，飞机结构件制造的主要趋势是大型化和整体化，在功能要求给定的前提下，零件数量越少，即可认为其整体化程度越高，减重效果越明显。利用树脂基复合材料结构件材料与零件制备同时进行的特点，可以使大型结构件一次整体成型，从而简化制品结构，减少组成零件和连接件的数量，降低相应的装配工作量。这对减轻制品质量、降低工艺消耗和提高结构使用性能十分有利。

6. 树脂基复合材料的成型难度较小

树脂在固化前具有一定的流动性，纤维又很柔软，依靠模具容易形成所要求的形状和尺寸。对有些材料，可以使用廉价、简易的设备和模具，而不需要加压和加热，由原材料直接成型制出大尺寸的制品。这对于单件和小批量产品很方便，也是金属制品的生产工艺无法比拟的。一种树脂基复合材料可以用多种方法成型，在选择成型方法时，应根据制品结构、用途、产量、成本以及生产条件综合考虑，选择最简单和最经济的成型方法。

热固性树脂基复合材料和热塑性树脂基复合材料具有不同的成型加工性能，具体见表1-2。

表 1-2　热固性树脂基复合材料与热塑性树脂基复合材料的加工性能

比较项目	热固性树脂基复合材料	热塑性树脂基复合材料
纤维质量比	中~高	低~中
纤维长度	连续和非连续	连续和非连续
成型时间	0.5~4 h	<5 min
成型压力	$(1\sim7)\times10^5$ Pa	$>14\times10^5$ Pa
材料费用	低~高	低~高
安全性	好	很好
耐溶剂性	高	低
热稳定性	低~高	低~中
储存寿命	好(冷藏6~24个月)	不稳定

第三节　复合材料成型工艺分类

复合材料成型工艺是复合材料工业的发展基础和条件。随着复合材料应用领域的不断拓宽,复合材料工业得到迅速发展,其成型工艺日臻完善,新的成型方法不断涌现。目前,树脂基复合材料的成型方法已有20余种,以下从不同角度对常见的成型方法进行分类。

一、按预成型方法分类

复合材料成型的特点之一是固化成型前对增强材料进行预成型,得到与制品形状尺寸接近的毛坯。按预成型工艺方法的不同,复合材料的成型可采用下述工艺。

1. 层贴法

层贴法也叫裱糊法或手糊成型工艺,包括采用布、带或毡等增强材料和低黏度胶液手糊的湿法工艺及采用预浸料层贴的干法工艺。目前,湿法手糊成型是玻璃钢制品应用最广泛的工艺方法。目前,干法层贴预浸料、再经热压罐固化成型是先进复合材料最主要的成型工艺。

2. 沉积法

沉积法包括利用压缩空气将短切纤维喷积到模具表面的纤维喷积法预成型和利用抽真空使短切纤维吸附到网膜上的纤维吸积法预成型。沉积法所采用的增强材料只能是短切纤维。与胶液同时喷积的喷射成型是另一种常见的复合材料成型工艺。与手糊成型相比,它的机械化程度和生产效率大大提高。

3. 缠绕法

缠绕法是将连续长纤维丝束或布浸胶后,连续地缠绕到与相应的产品内腔尺寸接近的芯模或内衬上再固化的成型方法。它适用于回转体产品,机械化程度和生产效率高。采用预浸纱等进行缠绕则为干法缠绕。缠绕成型的增强材料为连续纤维,可按应力大小排布纤维,纤维含量(无特殊说明时,本书所说"含量"均指"质量分数")高,制品强度高。

4. 编织法

近30年来发展起来的纤维编织技术,是将增强材料编织成与产品形状尺寸基本一致的三维立体织物,再经过树脂传递模塑等工艺完成树脂的浸渍、固化,可得到具有较高层向强度的复合材料制品。这是一种连续纤维纱新型预成型方法。

二、按压力分类

1. 接触成型

接触成型指成型固化时不再施加压力,仅靠手工或简单工具辅助增强材料和树脂的工艺。接触成型包括手糊成型和喷射成型。

2. 真空袋成型

真空袋成型是指利用真空袋将铺层等预成型体模具密封,由内向外抽去空气和挥发分,借助大气压对制品施加低于 0.1 MPa 的压力,以降低制品孔隙率。

3. 气压室成型

气压室成型是指在制品表面制造一个密闭的气压室,利用压缩气体、真空袋或橡皮胶囊等介质将气体压力传递到制品上,实现对复合材料的加压。气压室压力一般为 0.25~0.5 MPa。

4. 热压罐成型

热压罐成型是利用热压罐内部的气体,对封入真空袋中的复合材料叠层坯料进行加压、加热,并使树脂完成固化。热压罐是气体加压和程序控温加热的通用设备,其压力一般为 0.1~2.5 MPa。

5. 模压成型

模压成型包括软塞法的低压成型和金属对模法的高压成型。用作绝缘材料的复合材料层板的层压成型,是一种采用专用压机、多层平板模具的特殊类型模压成型。

6. 树脂传递模塑(RTM)、树脂膜熔渗(RFI)和真空导入(VIP)

这是一类利用压力使树脂流入模具,浸渍增强材料预成型毛坯,再加热固化的液体模塑方法。

7. 增强反应性注射成型(RRIM)

反应性注射成型是将反应聚合与注塑加工相结合的加工方法,借助专用注射设备,使两种高活性液体单体和短切或磨碎纤维按质量比混合均匀,注入模具后迅速固化的工艺方法。

8. 拉挤成型

拉挤成型是将浸有树脂的纤维连续通过一定型面的加热口模,挤出多余树脂,在牵引下固化的方法。

三、按开、闭模方式分类

按开、闭模方式可将复合材料诸多成型工艺分为以下两大类。

1. 闭模成型

闭模成型包括模压成型、树脂传递模塑、注射成型和增强反应性注射成型。

2. 开模成型

开模成型包括手糊成型、喷射成型、真空袋成型、压力袋成型、热压罐成型、缠绕成型和拉挤成型。

第四节 复合材料成型工艺选择

如何选择成型方法,是组织生产的首要问题。由于复合材料及其产品是一步生产出来的,因此在选择成型工艺方法时,必须考虑同时满足材料性能、产品质量和经济效益等多种因素的基本要求。选择应遵循下述原则:①材料性能和产品质量要求;②生产批量大小及供应时间;③生产成本和经济效益。

一、成型三要素

复合材料在由原材料加工出成品的整个成型过程中涉及三个重要的环节,即赋型、浸渍和固化,它们也被称为成型三要素。

对应于制品性能、产量和价格,成型工艺三要素实现的手段在不断进步和改善。

1. 赋型

赋型的基本问题在于如何使增强材料达到均匀分布,以及如何进行排列以保证增强材料的方向性。将增强材料"预成型"是先行的赋型过程,使毛坯与制品最终的形状相似,而最终形状的赋型则在压力下靠成型模具完成。

2. 浸渍

所谓浸渍是将增强材料间的空气置换为树脂胶液,以形成良好的界面黏结和较低的孔隙率。浸渍机理可分为脱泡和浸渍两个部分。浸渍的好坏与难易程度受树脂基体的黏度、种类、树脂与增强材料质量配比,以及增强材料品种、形态的影响。预浸料半成品制备是将主要浸渍过程提前,但在加热成型过程还需要一步完善树脂对纤维的浸渍。

3. 固化

热固性树脂的固化意味着树脂基体的化学反应,即分子结构上的变化,也就是由线型结构交联形成三维网格结构。固化要采用固化剂或引发剂+促进剂,有时还需加热促进固化反应进行。对于热塑性树脂,固化指由黏流态或高弹态冷却硬化定型的过程。

浸渍的好坏、赋型的快慢、固化的程度同时影响产品性能和生产效率这两个对立面。若强调经济性,加快成型周期,那就要牺牲一部分性能;反之,若重视性能,那就要牺牲一些经济性。这就意味着:不同的原材料存在着一种最佳组合,即应制作每一种成型方法的三要素相关图,并进行研究,选择最合理的方案。

二、成型工艺的选择依据

依据复合材料制品产量、成本、性能、形状和尺寸,可适当选择复合材料的成型工艺方法。按照复合材料制品的需求量确定生产速度。如汽车和飞机用部件数量就大不一样,汽车产量10 000～5 000 000辆/年,飞机产量为10～100架/年。对需求量大的制品应选择自动化程度高的加工工艺,如SMC成型、注射成型等。

复合材料的制造成本与原材料及辅助材料、成型设备、模具工装、生产周期、加工工具等有关,因此应在综合考虑成本的基础上确定成型工艺方法。最重要的是要保证复合材料的性能满足使用要求。不同的工艺、材料都会形成不同的性能,纤维长度、取向和质量比等均会影响制品的性能。

一般来讲,生产大批量、外形复杂的小型产品。如机械零件、电工器材等,多采用模压成型等机械化的成型方法;造型简单的大尺寸制品,如浴盆、汽车部件等,适宜采用SMC大台面压机成型,也可采用手糊工艺生产小批量产品,数量和尺寸适中的则可采用树脂传递成型法;对于回转体如管道及容器,宜采用纤维缠绕法;对于批量小的大尺寸制品,如船体外壳、大型储槽等,常采用手糊成型、喷射成型;当要求制品表面带胶衣时,可采用手糊成型或喷射成型,也可考虑用RTM;对于板材和线型制品,可采用连续成型工艺,如挤拉成型。

习　　题

1. 简述树脂基复合材料的成型工艺特点。
2. 复合材料成型的分类方法有哪些?
3. 简述复合材料成型三要素。

第二章 手糊成型工艺

手糊成型工艺是指手工将增强纤维和树脂交替地铺敷在模具上,使其黏结在一起,然后常温固化成型的工艺,这是复合材料工业最早使用的一种方法。在20世纪70—80年代末期,我国手糊成型制品占复合材料制品总量的85%以上,2008年占36%左右,"十二五"规划期间降到25%左右。但是由于手糊成型工艺具有其他工艺不可替代的特点,尤其是在生产大型制品成型方面,所以目前手糊成型仍占有重要的地位。

第一节 原 材 料

一、增强材料

手糊成型工艺对增强材料的要求如下:一是对树脂的浸渍性好;二是随模性好,以满足形状复杂制品成型的要求;三是满足制品的主要性能要求;四是价格低廉。

手糊成型制品的增强材料主要是玻璃纤维,也有碳纤维。玻璃纤维增强树脂的复合材料又称玻璃钢。常用的玻璃纤维增强材料有以下几种。

1. 无捻粗纱

无捻粗纱一般与其他纤维制品配合使用,用在填充制件死角或局部增强等部位。

2. 无捻粗纱布(方格布)

方格布是手糊成型中最常用的玻璃纤维织物。图2-1~图2-3为增强材料常用织物形式。

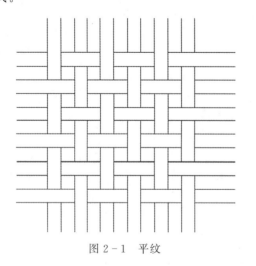

图2-1 平纹

图2-2 斜纹

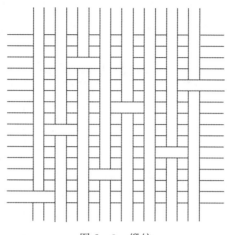

图 2-3 缎纹

手糊成型工艺中使用的方格布具有以下优点:易被树脂浸透,能提高制品的强度、刚度和耐冲击性,施工方便,较厚实,易增厚,气泡易排除,价格低廉等,适于成型形状较复杂的产品,例如船和储罐等。其缺点是耐压缩性能比较差,织纹粗,不贴模,表面的凹凸程度较大,强度具有方向性。方格布在织物的经纬方向上(也即 0°/90°方向上)强度高,对于要求经向和纬向强度高的场合,也可以织成单向方格布,即在经向和纬向布置较多的无捻粗纱。普通方格布的单位面积质量在 200~1 000 g/m² 之间,也有用 2 400 tex(tex 为线密度单位,1 tex=1 g/km)无捻粗纱织造的,单位面积质量达 1 600 g/m²。

3. 加捻布

加捻布由玻璃纤维单丝合股,加捻后按经纬方向织造而成,常见的有平纹、斜纹、缎纹和单向布等。用加捻布制备的复合材料表面平整,但价格较高,不易浸透树脂,因此在手糊成型工艺中比无捻布用得少。

4. 短切纤维毡

短切纤维毡是将连续玻璃纤维短切成 50 mm 后,无定向随机均匀分布,再由粉末或乳状黏结剂黏合而成的。在强度要求无方向性但有刚度要求的制品中广泛使用。它主要用作表面层与结构层之间的过渡层,也可用于制品的内表面。其性能见表 2-1。

表 2-1 手糊成型常用短切纤维毡的性能

品　种	单位面积质量 g/cm²	断裂强度 150^{-1} N/mm	幅　宽 mm
EMC150	150	25	1 040
EMC250	250	30	1 040
EMC300	300	50	1 040
EMC450	450	60	1 040
EMC600	600	80	1 040

5. 表面毡

表面毡是将定长玻璃纤维随机地交替铺放而成的,厚度约为 0.30~0.40 mm,表面毡的单位面积质量为20～150 g/m²,目前最常用的为30 g/m²或50 g/m²。低于30 g/m²的表面毡对表面胶衣增强作用小,外表面易出现隐形布纹;高于50 g/m²的表面毡铺覆性差,不易排除气泡。其性能见表2-2。

表2-2 手糊成型常用表面毡的性能

性 能	数 值				
单位面积质量/(g·m⁻²)	20	30	40	50	60
纵向断裂强度/(50⁻¹ N·mm⁻¹)	≥15	≥20	≥30	≥40	≥50
渗透时间/s	≤5	≤6	≤9	≤12	≤15

当表面毡应用于玻璃钢制品时,良好的透气性能使树脂快速渗透,彻底消除气泡和白渍现象。它良好的随模性使它适合任何形状复杂的产品和制品表面,能掩盖布纹、提高表面质量和防渗漏性,同时能增强层间剪切强度和表面韧性,还能提高产品的耐腐蚀性和耐候性。因此,它是制造高质量玻璃钢模具及制品的必需品。

二、基体材料

手糊成型工艺用基体材料主要是聚酯树脂和环氧树脂,具体性能要求见表2-3。

表2-3 手糊成型工艺对基体材料的性能要求

序 号	要 求	备 注
1	对增强材料具有良好的浸渍性能	黏度为0.25～1.2 Pa·s
2	可在室温或低于室温下凝胶、固化	无须加压,固化时无小分子产生
3	无毒或低毒	交联剂挥发性小
4	满足制品主要性能	市场上容易采购

1. 不饱和聚酯树脂

不饱和聚酯树脂,密度为1.11～1.20 g/cm³,固化时体积收缩率较大,约为3%～6%,是手糊成型工艺中最常用的树脂,使用量约占总量的70%。其常用配方见表2-4。

表2-4 聚酯树脂常用配方 单位:g

成分名称	配 方			
	配方1	配方2	配方3	配方4
聚酯树脂	100	100	100	100
过氧化甲乙酮	2		2	2
过氧化环己酮		4		
萘酸钴	0.2～4	0.2～4	0.2～4	0.2～4
二甲基苯胺			0.03～1	
邻苯二甲酸二丁酯				5～10

2. 环氧树脂

以环氧树脂为基体的复合材料产品耐腐蚀性能、电性能好,力学性能较高,收缩率比聚酯低2%左右。用于手糊成型工艺的环氧树脂主要有两种,即E-51(618)和E-44(6101)。其常用配方见表2-5。

表2-5 环氧树脂常用配方　　　　　　　　　　　　　　　　　　　　单位:g

成分名称	配方1	配方2	配方3	配方4	配方5
环氧树脂	100	100	100	100	100
乙二胺	6~8				
三亚乙基四胺		10~12			
四亚乙基五胺			12~15		
间苯二甲胺				20~22	
低分子聚酰胺					100
邻苯二甲酸二丁酯	10~15		12~15		
环氧丙烷丁基醚		10		5	

三、辅助材料

复合材料制品的性能主要取决于增强材料和基体材料。然而,要制备物美价廉的复合材料制品,还必须认真研究和正确使用辅助材料。在复合材料制品制作过程中,如果辅助材料使用得当,往往会起到"锦上添花"的作用。常用辅助材料有固化剂、促进剂、脱模材料、填料、颜料和触变剂等。

1. 固化剂

固化剂是指在一定的温度、湿度条件下,按一定比例加入树脂中,搅拌均匀,在规定的时间内使树脂凝胶至固化的物质。常用室温固化剂的种类及用量见表2-6。

表2-6 常用室温固化剂的种类及用量

树脂类型	固化剂名称	英文缩写	用量/%	备注
不饱和聚酯树脂	过氧化环己酮	CHP	4	含50%邻苯二甲酸二丁酯,为白色糊状物
	过氧化甲乙酮	MEKP	2	无色透明液体
	过氧化苯甲酰	BPO	2~3	含50%邻苯二甲酸二丁酯,为白色糊状物

续表

树脂类型	固化剂名称	英文缩写	用量/%	备 注
环氧树脂	乙二胺	EDA	6~8	毒性较大,固化快,固化时间不易控制
	二亚乙基三胺	DETA	8~10	毒性较小,固化快,固化时间不易控制
	三亚乙基四胺	TETA	9~13	毒性较小,固化快,固化时间不易控制
	四亚乙基五胺	TEPA	12~15	毒性小,固化快,固化时间不易控制

2. 促进剂

促进剂是指聚酯树脂在固化过程中,能降低引发剂的引发温度,促进有机过氧化合物在室温下产生游离基的物质。常用促进剂类型见表2-7。

表2-7 常用促进剂类型

促进剂名称	适配的固化剂	备 注
二甲基苯胺	过氧化苯甲酰	10%二甲基苯胺的苯乙烯溶液,加入量为树脂的0.5%~2%
环烷酸钴	过氧化甲乙酮	6%左右环烷酸钴的苯乙烯溶液,加入量为树脂的0.5%~4%
	过氧化环己酮	6%左右环烷酸钴的苯乙烯溶液,加入量为树脂的0.5%~4%
组合促进剂	过氧化环己酮,过氧化甲乙酮	在温度低于室温的情况下,可将环烷酸钴(4%)与二甲基苯胺(0.1%~1%)组合使用,可产生协同效应

3. 脱模材料

脱模材料的作用是防止成型的制品与模具表面过度黏结而导致脱模失败,以及保证脱模后的制品表面的质量。常用脱模材料见表2-8。

表2-8 常用脱模材料

种 类	脱模材料名称	使用方法
无油、无蜡液体	PMR,802,818等	通常使用在复合材料模具上,初次使用的模具一般要涂3遍以上,每遍间隔10 min以上,以后每脱模3~10次后再涂1遍(视脱模难易程度而定)
	聚乙烯醇	通常使用在复合材料模具,或经过打腻子喷漆处理的木模上,通常情况下涂1遍,若模具太粗糙可涂2~3遍
	醋酸纤维素	在木模与石膏模上使用,起封孔与脱模作用,一般涂2~3遍

续表

种类	脱模材料名称	使用方法
油、蜡	黄油	主要使用在产品表面质量要求不高的木模、金属模具上
	8♯油、10♯油、汽车蜡、地板蜡等	一般涂抹2~3遍,每遍涂完后间隔10~30 min进行抛光,再涂下一遍
薄膜	各种薄膜	聚乙烯、聚酯、玻璃纸等,将其铺覆在模具表面即可

4. 其他

增韧剂、稀释剂、光稳定剂、阻燃剂和填料等辅助材料的作用见表2-9。

表 2-9 常用其他辅助材料的作用

名称	种类	作用
增韧剂	二丁酯、聚醚	降低复合材料脆性,提高复合材料抗冲击性能
	聚酰胺	降低复合材料脆性,提高复合材料抗冲击性能
稀释剂	丙酮	降低树脂黏度,不参与固化反应
	苯乙烯	主要用于聚酯树脂,降低黏度,参与固化反应
	α-甲基苯乙烯	主要用于聚酯树脂,降低黏度,参与固化反应,有一定的增韧作用
	环氧丙烷丁基醚	主要用于环氧树脂,降低黏度,参与固化反应
光稳定剂	二苯甲酮、苯并三唑类等	抑制或减弱太阳光的降解作用,提高复合材料的耐候性能,加入量一般为树脂的0.01%~0.5%
阻燃剂	溴、氯、磷及氧化锑、氢氧化铝	阻止聚合物材料引燃、燃烧或抑制火焰
填料	无机 氧化硅、气相二氧化硅、金属、碳酸盐等	改善复合材料的性能,降低产品成本等。气相二氧化硅填料增加树脂的触变性能
	有机 合成树脂、天然植物等	改善复合材料的性能,降低产品成本等

第二节 手糊成型工艺过程

手糊成型工艺基本流程如图 2-4 所示。

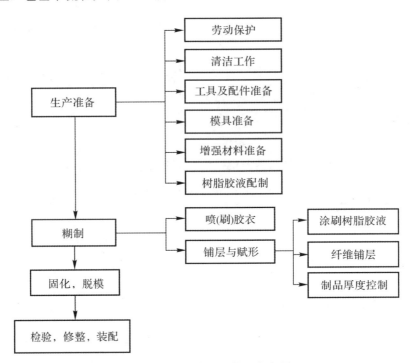

图 2-4 手糊成型工艺基本流程

一、生产准备工作

1. 劳动保护

在复合材料生产中,由于复合材料所用的化工材料具有一定毒性,有些材料(如苯乙烯)及有机溶剂(如丙酮)的挥发性很大。此外,对复合材料切割和打磨所产生的粉尘和玻璃纤维、填料的飞扬,以及机械设备、电气设备的安全保护问题,必须充分重视。工作前必须严格按照安全规程佩戴个人必需的防护装备,对机械设备做必要的检测以确保安全使用,任何具有安全隐患的设备禁止使用。

2. 清洁工作

清洁工作是复合材料成型的重要准备工作。复合材料制品在很大程度上是一种需要雕塑的工艺品,制品是否美观漂亮、外观质量高低均与清洁工作密切相关。

(1)模具清洁。使用前必须清理模具表面,随后用蘸有清洁剂的擦布反复清洗直至模具表面达到镜面效果,模具面上的一切尘埃、微粒、油渍都应去除。

(2)环境清洁。施工现场应每日清洗,废旧树脂、物件应及时处理。飞扬的灰尘、生产中的碎片黏在湿的树脂上,均会影响制品质量。

(3)工具清洁。生产工具应设专人清理,既利于操作,又避免因工具上有树脂结块,极易掉落颗粒、泥尘等，影响复合材料质量。

3. 工具及配件准备

工具包括称量工具、混合容器、刷抹辊压工具、气动工具、辅助耗材、加热设备、钻孔工具、切锯工具和打磨工具等。

对于一些复杂的制品或者大型的玻璃钢制品，往往在制品生产过程中，需要在不同工序或阶段预埋或黏结一些配件。生产前必须检查这些配件是否备齐，并检查配件质量是否符合工艺要求。

4. 模具准备

复合材料制品的外观及表面形态在很大程度上取决于模具表面质量，所以对手糊成型用的模具必须进行充分准备，并在长期使用中加以维护。

(1) 模具的修补。将处理好的模具安放在生产车间，必要时用压缩空气管、软布、毛刷等工具对模具表面进行清理，并在使用前对模具表面质量进行检查，如有损坏需立即修补。

(2) 模具的清理。将模具上脱模后遗留下来的残胶小心铲除，然后用丙酮将模具清洗干净，涂上脱模剂，晾干待用。

(3) 模具组装。如果模具由多块组成，则需要将它们组装在一起。要注意组装定位，合模缝隙不能过大，必要时用胶带贴封，防止流胶黏模。脱模部件要装好，顶出块要放平。

5. 增强材料准备

应该根据技术要求事先选好增强材料，要在糊制前严格核对所用的短切毡、玻璃纤维布等的类型、厚度，以免造成不必要的麻烦和损失。裁剪工作主要包含以下内容：

(1) 下料工作台。增强材料的裁剪需要一个面积适当的裁布台。把增强材料铺在台上，量尺寸、裁剪。

(2) 裁剪工具。裁剪工具有尺子、剪刀和裁布刀。

(3) 检查。裁布前应检查原材料的规格、厚度、软硬度是否满足要求，观察表面是否有油污、杂物、不均匀等，如果吸湿则需要烘干后再使用。

(4) 裁剪。根据工艺文件规定尺寸裁剪玻璃纤维布、毡。

(5) 标记。不同牌号规格的毡、布要分开放置，并做好标识，避免糊制时产生混乱，影响产品质量和生产效率。

裁剪时的注意事项如下：

(1) 对于要求各向异性的制品，应注意将玻璃纤维布按经向、纬向纵横交替铺放；对于在某一方向强度要求较高的制品，应在此方向上采用单向布增强。

(2) 对于一些形状复杂的制件，有时当玻璃纤维布的微小变形不能满足要求时，必须将玻璃纤维布在适当部位剪开。此时应注意尽量少下刀，并将剪开部位在层间错开。

(3) 玻璃纤维布拼接时搭接长度一般为 50 mm，对于要求厚度均匀的制件，可采用对接的方法。玻璃纤维布拼接接缝应在层间错开。裁剪玻璃纤维布块的大小，应由制品尺寸、性能要求和操作难易来决定。布块小则接头多，会导致制品强度降低。对于强度要求高的制件，应尽可能采用大块玻璃纤维布施工。

(4) 糊制圆环形制品时，将玻璃纤维布裁剪成圆环形较困难。这时可沿与布的经向成 45°角的方向将布裁剪成布带，然后利用布在 45°角方向容易变形的特点，将布糊制成圆环。圆锥制品可按样板裁剪成扇形后糊制，但也应注意层间错缝。

6. 树脂胶液配制

各种原料的比例对制品性能有直接影响,配料时坚持对各种添加剂,特别是固化剂的精确称量。必要时应有监督复核人员,严禁不称不量、凭经验随便添加。

充分固化是保证制品性能的基本条件,要加入足够量的固化剂,利用固化反应热来加速树脂固化。因此对于气温低、制品又薄的场合,促进剂可适当多用,还可采取适当保温措施。

配制黏度大的环氧树脂时,一般先将树脂用水浴加热到40℃,加入稀释剂,搅拌均匀后再加固化剂,立即使用。为了降低黏度,除了提高温度以外,主要采用加入稀释剂的办法,例如在环氧树脂中加入丙酮作为稀释剂。黏度大影响浸渍性,会增加树脂用量。

不饱和聚酯的配料原则:①引发剂和促进剂绝不能直接混合,使用时应分别加入树脂中,否则将引起剧烈反应甚至爆炸,储存时也应分开。②搅拌速度要慢(特别是配小料或配胶衣时),否则空气进入会给产品带来气泡。③有关工具、容器要严格分开,不准共用。④不论是环氧树脂还是不饱和聚酯树脂,凡是冷固化配方中有固化剂和促进剂的,都要在规定时间内用完。

二、糊制

糊制是用各种工具使树脂浸渍增强材料,达到设计层数或者厚度,并赋予制品一定形状的过程。

1. 胶衣

为了改善和美化玻璃钢制品的表面状态,提高产品的价值,保证内层玻璃钢不受侵蚀,并延长制品使用寿命,一般是将制品的工作表面做成一层加有颜料糊且树脂含量很高的胶层,它可以由纯树脂亦可由表面毡增强。这层胶层称为胶衣层。

胶衣层制作质量的好坏,直接影响制品的外在质量以及耐候性、耐水性和耐化学介质侵蚀性等,故在胶衣层喷涂或涂刷时应注意以下几方面:

(1)胶衣可以用毛刷或专用喷枪来喷涂。

(2)胶衣层的厚度要适宜,不能太薄,也不能太厚,胶衣层的厚度应精确控制在 $0.25 \sim 0.5$ mm之间,即单位面积质量为 $300 \sim 600$ g/m^2。

(3)胶衣要涂刷均匀,尽量避免胶衣局部积聚。

(4)一定要掌握好胶衣层的固化程度。

检查胶衣层是否固化适度的最好办法是触摸法,即用干净的手指触及胶衣层表面,如果感到表面稍微发黏但不黏手时,说明胶衣层已经基本固化,可进行下一步的糊制操作,能确保胶衣层与背衬层的整体性。

2. 增强材料

糊制工作看似简单,但如果没有一定的技巧和认真态度,难以得到好的产品。因此,要求糊制工做到快速、准确,制品密实、含胶量均匀、无气泡以及表面平整。特别是在弯角处的铺敷方式以及处理方法,主要靠糊制工的经验确定。

用方格布时,含胶量控制在 $50\% \sim 55\%$;用毡,控制在 $70\% \sim 75\%$。最好逐层计量,树脂定量使用。大面积产品使用毛辊辊压效果最好;在转角处及对于小型产品,一般采用毛刷。毛刷的缺点是容易造成玻璃纤维曲折,影响强度。

(1)玻璃纤维布的糊制。糊制时,先用毛刷、刮板或浸渍辊子等手糊工具在胶衣层或模具成型面上均匀地涂刷一层配制好的树脂,然后铺上一层裁剪好的增强材料。随后用成型工具将其刷平、压紧,使之紧密贴合,并注意排除气泡,使增强材料充分浸渍。不得将两层或两层以上的增强材料同时铺放。如此重复上述操作,直至达到设计所需的厚度为止。

若制品的几何尺寸比较复杂,某些地方增强材料铺放不平整,气泡不易排除时,可用剪刀将该处剪开,并使之贴平。应当注意每层剪开的部位应错开,以免造成强度损失。

对有一定角度的部位,可用玻璃纤维和树脂填充。若产品某些部位尺寸比较大,可在该处适当增厚或加筋,以满足使用要求。

由于织物纤维方向不同,其强度也不同。所用玻璃纤维织物的铺层方向及铺层方式应该按工艺要求进行。

(2) 接缝的处理。同一铺层纤维尽可能连续,忌随意切断或拼接。当由于产品尺寸、复杂程度等的限制难以实现连续时,可采取对接式铺层,各层接缝须错开,直至糊到产品所要求的厚度为止。糊制时用毛刷、毛辊、压泡辊等工具浸渍树脂并排尽气泡。

如果强度要求较高时,为了保证产品的强度,两块布之间应搭接,搭接宽度约为 50 mm。同时,每层的搭接位置应尽可能地错开。

多层布铺设的搭接也可按一个方向错开,形成阶梯接缝连接。分段或分次成型的产品以及对各种产品的修补要用这种形式(见图 2-5)。

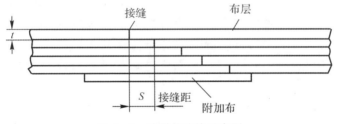

图 2-5 阶梯缝连接示意图

以玻璃纤维布厚度 t 与接缝距 S 之比为铺层锥度 Z,即 $Z=t/S$。

铺层拼接形式有一次铺层拼接和二次铺层。所谓一次铺层拼接是按一定铺层锥度对接各层玻璃纤维布,并一次成型固化。二次铺层拼接是先按一定铺层锥度铺设各层玻璃纤维布,使其形成"阶梯",并在"阶梯"上铺设一层无胶的平纹玻璃纤维布,固化后撕去该层玻璃纤维布,以保证拼接面的毛糙度和清洁;然后,在"阶梯"面上采用湿法工艺对接相应各层,补平"阶梯面",二次成型固化(见图 2-6)。

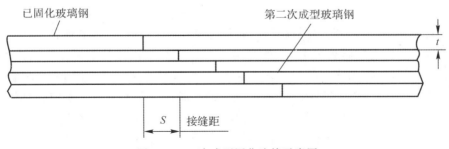

图 2-6 二次成型固化连接示意图

(3) 短切毡的糊制。当用短切毡作增强材料时，最好使用不同规格的浸渍辊子进行操作，因为浸渍辊子对排除树脂中的气泡特别有效。若无此种工具而用刷子进行浸渍时，要用点刷法涂刷树脂，否则会把纤维弄乱，使纤维移位，以致纤维分布不均匀、制品厚薄不一。对于铺在内部深角处的增强材料，如果用刷子或浸渍辊子难使其紧密贴合时，则可以用手抹平压紧。

糊制时，首先用涂胶辊将胶液涂在模具表面上，将裁好的毡片铺在模具上并抹平，再用胶辊上胶，来回反复辊压，使树脂胶液浸入毡内；然后用胶泡辊将毡内的胶液挤出表面，排出气泡之后糊制第二层。若遇到弯角，可以手工将毡撕开，以利于包覆，两块毡之间的搭接长度约为50 mm。

对于许多产品也可以采用短切毡与玻璃纤维布交替的铺层方式。如日本多公司糊制的渔船就是采用交替糊制的方法，据介绍由该方法制作的制品性能很好。

(4) 厚壁产品的糊制。制品厚度在 7 mm 以下的产品可一次成型；而当制品厚度大于 7 mm 时，应分多次成型，否则会因固化散热不良导致制品发焦、变色，影响制品的性能。多次成型的制品，第二次糊制前，应将第一次糊制固化后形成的毛刺、气泡铲掉后方可继续糊制下一铺层。一般情况下，建议一次成型厚度不要超过 5 mm。当然也有为成型厚壁制品而开发的低放热、低收缩树脂，这种树脂一次成型的厚度可以大一些。

(5) 复杂产品的糊制。糊制时常会遇到直角、锐角、尖角及细小的凸起、凸字等复杂的部位。这些部位一般称为死角区。在制品设计时应尽量避免死角区，如不能避免，可酌情处理。对于直角、尖角等部位的具体处理方法是：当制品几何形状规整时，可添加触变剂的树脂填充成圆角，待凝胶后再糊玻璃纤维布；当不仅要求死角区几何形状规整，而且要求其具有一定强度时，必须在树脂中加一些增强材料，如短切玻璃纤维、长玻璃纤维束，甚至可以预埋粗钢丝。

对细小的突起、柱、棱或凸字等的处理方法是：当对其强度要求不高时，可用树脂浇注的办法先把模具的沟槽部位填平，然后再进行正常糊制。当要求其有一定强度时，就不能只用树脂浇注，最好先涂刷一层表面胶衣，待凝胶后用浸胶短纤维填满，再进行其他部分的正常糊制。另外一个比较方便的办法就是将预先加工的金属或玻璃钢件镶嵌在此处，这对于柱体或突起的块状物是很合适的。

三、固化

置于模具中的玻璃纤维和树脂需要一定的时间固化成型。固化是各类复合材料制品必不可少的阶段，固化的优劣直接影响制品质量，例如固化度越高，制品的力学性能、耐腐蚀性能等越好。

正常条件下，手糊成型复合材料制品的固化过程分为凝胶阶段、固化阶段及加热后处理阶段。凝胶阶段是黏流态树脂到失去流动性而形成的软胶状。固化阶段可分为固化过程（或定型过程）及熟化过程。制品从凝胶到具有一定硬度，以至于能从模具上脱离，这时制品的固化度一般为 50%～70%，这段时间称为固化时间。制品脱模后在大于 15℃ 的自然环境自然固化 1～2 周，从而具有一定的力学性能、物理和化学性能可供使用，这段时间称为熟化时间。这时固化度可以达到 85% 以上。熟化通常在室温下进行，亦可采用加热后处理的方法来加速。

1. 常温固化

手糊成型工艺一般采用室温固化，室温应保持在 15℃ 以上，湿度不高于 80%，温度过低、湿度过高都不利于固化。制品从凝胶开始到脱模整个过程受环境温度的影响很大。例如，不饱和聚酯树脂为基体的复合材料制品，当环境温度为 15～19℃时，一般在成型 16h 左右才能达到脱模的固化程度；若环境温度为 20～28℃时，一般在成型 8h 左右就可达到脱模的程度。

即使制品脱模后，仍需一定时间继续固化。例如水泥在遇水 28 d 后才达到最高强度，各种复合材料制品也都有自己的自然固化时间，一般环氧树脂、不饱和聚酯树脂需要 15 d，酚醛树脂、双酚 A 聚酯需要 20 d，环氧呋喃树脂需要 30 d。在此期间，因为产品仍在熟化当中，运输时要防止变形。有资料介绍，聚酯玻璃钢一年后性能才稳定。

因此，对脱模后制品的存放需要注意以下两方面：

(1) 制品不应放在室外，否则因太阳光的不均匀照射，会使有些颜色褪色，而且制品容易变形。

(2) 对于大型的异形制品，存放时要有合理的支撑点，否则制品极易变形、翘曲。

2. 加热后处理

适当提高环境温度和对室温固化的复合材料制品进行加热后处理，都能促进树脂基体充分固化，从而提高制品性能。一般情况下，环氧树脂复合材料制品的热处理温度常控制在 150℃以下；对不饱和聚酯玻璃钢而言，热处理温度不应超过 120℃，一般控制在 50～80℃之间，时间控制在 2～3 h。由于热处理温度与树脂的耐热温度有关，所以耐热温度高的树脂，热处理温度可以高一些，耐热温度低的树脂，热处理温度可以低一些。

有一点要着重指出，就是在进行加热后处理之前，应该将制品在室温下至少放置 24 h。从树脂凝胶到开始进行后固化处理之间相隔时间越长，那么制品的吸水率越小，性能也就越好。

当玻璃钢制品要求在较高的温度下使用时，要选择耐高温的热固化配方，手糊作业完成后，把制品置于一定温度条件下使之固化。在进行后固化处理时，升温速度缓慢，有利于树脂大分子结构的形成；升温速度过快，温度过高，会导致树脂反应剧烈，相对分子质量低，影响制品的性能。

对于某些几何形状糊制、装配精度要求较高的制品，后固化处理时，应该用与其几何形状一致的支架托住，以防制品受热变形、翘曲。

加热处理的方式应根据制品外形尺寸及模具材料等因素确定。一般小型玻璃钢制品，可以在烘箱内加热处理；稍微大一些的制品可以放入烘房内处理；大型制品则多采用加热模具或红外线加热等。

若模具能传热，可采用加热模具进行后固化。其加热方法有把热源布置在模具内、把热源布置在模具外及把热源放在模具底部。

若模具材料不传热，则可采用红外线加热。加热时把红外灯装在有保温层的活动罩上，红外灯与制品间距离可随意调节，最高温度可达 150℃，但这种方法电耗量较大，每立方米加热面的电耗量为 2～3 kW，比模具加热的电耗量要高 4～5 倍。

四、脱模

由于模具大小、形状和材料等方面差异很大，因此脱模方法也不完全相同。总的原则是：脱模前先将超过模具边缘的玻璃钢毛边、纱头剪断或凿去，便于顺利脱模；脱模时，不能硬打、硬敲，应根据模具形状结构，因势利导，以"智"脱模。反对暴力脱模，提倡"以柔制刚"。即使需要锤打,也只能用木槌或橡皮锤,脱模工具最好采用木质或者塑料的,以防止将产品表面划伤。

脱模必须讲究方法。好的脱模方法应达到两个目的:①制品容易与模具分离;②制品和模具不受损伤。这既提高了生产效率,又延长了模具寿命。

制作好复合材料制品后,虽然模具表面光洁,又上了脱模材料,但要将制品从模具上脱离下来,也并非轻而易举。产品脱模必须克服以下两种力:①黏附力,这是合成树脂涂于模具上固化后产生的,虽然有蜡膜或脱模剂形成的膜使之与模具表面层隔离,但仍具有一定的黏附力;②吸附力,由于制品糊制时紧贴模具表面,界面近乎真空状态,在大气压力下产生较大的吸附作用力。因此,脱模必须依靠外力来克服制品对模具的黏附力和吸附力。归纳起来,脱模方法可分为手动法和机械法两大类。

1. 手动脱模

常规的做法是先用橡胶锤敲击模具,通过敲击产生的震动使制品局部与模具脱开。可根据声音判断是否脱开,若击声实而重则未分开,若击声空而轻则为已分开。一处脱开后再逐渐扩展敲震点,使脱开范围逐渐扩大,最后在一端用工具撬动,即可把制品脱下。

用工具撬动时,最好撬制品的翻边部分,如无翻边,可在制品边缘预留几处小块翻边,脱下后再锯去。

不要像加楔似地将金属工具插入制品与模具的间隙中撬动,以免损伤制品和模具。此法耗力耗时,模具胶衣层容易产生裂纹,影响产品质量及模具使用寿命。

复杂制品可采用手工脱模方法,先在模具上糊制两三层增强材料,待其固化后从模具上剥离,再放在模具上继续糊制到设计厚度,固化后很容易从模具上脱下来。

2. 机械脱模

螺杆顶升法——此法较为多用,如生产浴缸、船舶产品等。具体做法是在模具上设置丝杆顶升装置,通过顶升装置对制品慢慢施力至制品局部与模具脱开,再辅助以撬力,即可脱下(见图2-7)。

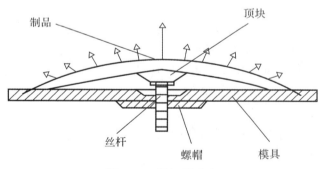

图2-7 螺杆顶升法

牵引法——此法利用卷扬机、吊车等机械设备的牵引力来拉动模具或产品,使之脱模。例如对以钢管为芯模缠绕成的玻璃管,可将芯模一端插入专设的固定挡板中,利用卷扬机的牵引力将芯模拉出。

气压法——此法是将空气压缩机产生的压缩空气导入玻璃管制品与模具的界面层,利用压缩空气的膨胀力,使之分离、脱开(见图2-8)。这是一种简便易行、效果极佳的脱模方法。此法适用范围广,不论制品大小,阴模、阳模均适用,且特别适合于无脱模锥度的筒体。

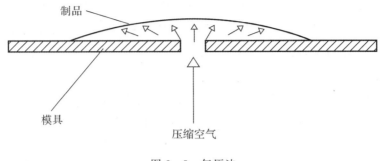

图 2-8 气压法

气压法用的是压缩空气,也可换成水,只是水不像空气那么方便。

由于脱模材料质量问题或者使用方法不当,有时会产生黏模,用常规方法难以脱模,可参考下述方法。

(1)加楔法。楔子为木质,从模具边缘与制品的缝隙处插入,用锤敲打,扩大脱开面。常用多块楔子,再辅以撬动,使制品与模具全部脱开。不能用铁质等硬度大于复合材料制品的物体作楔子,以免损伤模具和制品表面。

(2)灌水法。当制品局部已脱开,但尚有部分黏模时,可往制品与模具已脱开的缝隙中灌水,使水逐渐浸渍到粘连处,再辅以撬楔等方法协助脱开。

(3)温差法。将模具连同制品搬到室外,在阳光下暴晒(此法用于玻璃钢导热慢,模具表面上的制品受热后先于模具膨胀的情况),此时制品和模具之间将产生应力,当应力大于界面的黏附力时,再辅以撬击等方法就可将制品脱下来。

(4)剥离法。当黏结过紧,用各种办法均不能奏效时,只好将制品切割成几部分强行剥离,从而保证模具完好,以利后续生产。

五、尺寸修整与缺陷修补

修整是玻璃钢制品的最后工序,只要精心修饰,制品就可以"容光焕发"地进入市场。修整分两种,一种是尺寸修整,一种是缺陷修补。

1. 尺寸修整

尺寸修整是将成型后的制品按设计尺寸切去多余部分。常用以下加工方法:

(1)锯切。采用砂轮片,精度较高时应在划线外侧 0.5~1 mm 处切割,再磨去余留部分。

(2)车削、铣削。为使切削面平滑不分层,切削速度要快,吃刀要浅,进刀要慢,刀刃要锋利,加工时要用冷却液。

(3)钻孔。在钻孔前先需要在玻璃钢上定位,定位后在孔中心做标记时要避免损伤表层胶衣,因为制品背面凸凹不平,钻孔一般是从制品有表面胶衣一面开始的。钻孔完毕应仔细清除钻孔周围树脂碎屑。

(4)研磨。砂轮或磨床精加工。不论采用什么方法来加工复合材料制品,都应注意以下事项：①能够带水加工的则用水喷淋,防止粉尘飞扬;沉淀物要过滤清除,不能随意排放,污染环境。②如果用抽风除尘,则禁止将粉尘排入空气,需经过除尘净化。③所有的边角废料应按照相关要求进行处理,不准随意丢弃,污染环境。

2. 缺陷修补

(1)穿孔修补。对已穿孔用锉刀或钻头扩孔,清除残渣,装上托板,填入补强材料。

(2)气泡、裂缝修补。用锉刀切开气泡,扩锉裂缝,用钢丝刷打磨,清除粉尘,然后注入树脂胶液。液面稍有凸出时,固化后打磨抛光。

(3)破孔补强。先修整破孔,清除粉尘,然后将增强材料按修补孔尺寸分层裁剪。浸胶铺层时,应和原增强材料的纤维种类、铺设角度一致。

六、检验

最终的产品检验主要有三项内容,即产品的几何尺寸和质量,产品的外观和产品的层间缺陷。

1. 几何尺寸和质量

一般产品都有尺寸要求,尤其是装配与安装尺寸。有的产品对质量标准要求很严格。

2. 外观

对于制品的外观检验,一般都是以目测为主,可检验的有色差、杂质、裂纹、气泡、分层等,若有需要可借助于强光和放大镜进行目测检测。

3. 层间缺陷

常用超声波探伤、X射线等无损探伤的方法来进行非破坏性检验,主要缺陷是层间分层、孔隙率、裂纹、气泡等。表2-10所列为手糊成型常见缺陷产生原因及解决办法。

表2-10 手糊成型常见缺陷产生原因及解决办法

缺陷名称	产生原因	解决方法
气泡和空洞	配胶时混入过多空气	按促进剂、固化剂的顺序加入树脂,搅拌,不要一次便混合大量树脂。一般树脂分成2份,各加促进剂、固化剂,均匀分散、浸渍、脱泡后,把2份混合液混合使用
	层合时树脂浸渍不良	在树脂中加入浸渍剂; 再次检查树脂乃至玻璃纤维的牌号及等级; 降低树脂黏度
	固化时剧烈放热,苯乙烯沸腾,形成空洞	高反应树脂中不要加大量固化剂; 糊制后室温固化再进行后固化
	脱泡不充分	提高手糊工的技术水平; 采用适当的树脂与玻璃纤维的配合比; 使用适当的脱泡工具及正确的操作方法

续表

缺陷名称	产生原因	解决方法
龟裂和白化	使用反应性高的树脂及短时间固化	减慢固化； 再次研究固化剂和促进剂的种类和用量
	增强材料黏附水、油污等，或表面处理剂不均匀	主要增强材料的保管条件、处理和操作方法及环境卫生； 使用前做少量试验，确认正确
	厚制品一次成型	将制品分几次成型，每次铺设 4～5 层，防止固化时剧烈放热； 在已固化的层上铺设时，注意层间密度； 使用低放热性树脂； 研究固化条件
	固化剂和促进剂混合不充分，局部剧烈放热	改进固化剂和促进剂的混合； 使用适当形状和容量的混合容器； 设计优良的搅拌棒
	树脂中混入水分	混入水分的树脂固化不良，不能使用； 改进树脂储藏、处理方法
	苯乙烯含量太多	不进行过度的苯乙烯加混（即常温加入、混合溶剂）
	层合物树脂含量不均匀	选用适当的圆角，圆角半径一般不小于 6 mm，厚度急变的地方使用坡度
皱褶	使用有皱褶的增强材料	重新考虑增强材料的质量，注意增强材料的保管及操作、处理
	增强材料切割或堆叠方法不当	制定适当的操作标准
	糊制时纤维发生移动	避免使用高黏度的树脂
	厚壁部一次成型	每 4～5 层成型，防止发热
层间剥落	增强材料黏附油、水等	注意保管
	厚板一次成型	分次成型
	机械加工不合理	采取正确的机械加工方式
翘曲及变形	固化温度不均匀或太高、固化时间太短	使固化温度均匀； 防止壁厚剧烈变化，设置防止变形的肋
	固化剂、促进剂用量不均匀	至少在同一层面，固化剂、促进剂的用量都要相同

续 表

缺陷名称	产生原因	解决方法
浸渍不良	树脂量不足	使用正确的树脂与玻璃纤维比例,使用玻璃纤维毡时选用1:2~1:2.3,使用玻璃纤维布时选用1:1~1:1.2
	树脂黏度不合要求	35℃时黏度0.2~0.5 Pa·s合适
	手糊工操作不熟练	使用废品标本多练习,尽可能按具体标准进行
不完全固化	使用储存时间过长的树脂固化剂,或使用了保管不善的树脂和固化剂	先购进先使用,在使用期内用完;保存在冷暗处
	固化剂用量太少	固化剂加入量应大于其下限
	固化剂、促进剂混合不充分	使用适当形状和容量的混合器,树脂从表面直到底部都充分混合;注意专器专用
	原材料吸湿或混入水分	妥善保管,作业环境、保管条件、处理方法标准化
	作业时温度低	成型车间的温度为(20±2)℃,以15℃为下限
	后固化条件不充分	标准化,巴克尔硬度20以上时方可脱模

第三节 铺层的计算和设计

一、厚度、质量计算

1. 制品厚度的计算

玻璃钢制品的厚度控制,是手糊工艺设计及生产过程中都会碰到的技术问题。当知道某制品所要求的厚度时,就需进行计算,以确定树脂、填料含量及所用增强材料的规格、层数。手工玻璃钢制品厚度可用下式进行计算,即

$$t = m \times k \tag{2-1}$$

式中:t——制品厚度,mm;其中,$t_{纤维} = m_{纤维} \times k_{纤维}$,$t_{树脂} = m_{纤维} \times c \times k_{树脂}$,$t_{填料} = m_{纤维} \times c \times c_1 \times k_{填料}$。这里$c$为树脂和增强材料的质量比,$c_1$为填料和树脂的质量比。

m——材料单位面积质量,kg/m²。

k——厚度常数,mm/(kg·m⁻²)(即每1 kg/m²材料的厚度),k值见表2-11。

表 2-11 不同材料的 k 值

性能	玻璃纤维			聚酯树脂				环氧树脂		填料 $CaCO_3$		
	E型	S型	C型									
密度/(g·cm^{-3})	2.56	2.49	2.45	1.1	1.2	1.3	1.4	1.1	1.3	2.3	2.5	2.9
k/[mm·(kg·m^{-2})$^{-1}$]	0.391	0.420	0.408	0.909	0.837	0.769	0.714	0.909	0.769	0.435	0.400	0.345

例 2-1：某厂家需要加工玻璃钢制品，其由一层 300 g/m² E 型玻璃纤维毡和 4 层 600 g/m² 玻璃纤维毡铺成，树脂胶液含 40% 填料（$\rho = 2.5$ g/cm³）及 60% 不饱和聚酯树脂（$\rho = 1.27$ g/cm³），树脂含量为 70%，求铺层总厚度。

解：玻璃纤维单位面积总质量为
$$m_{纤维} = 1 \times 0.3 + 4 \times 0.6 = 2.7 \text{ g/m}^2$$

玻璃纤维毡厚度为
$$t_{纤维} = 2.7 \times 0.391 = 1.056 \text{ mm}$$

树脂与玻璃纤维毡的质量比为
$$c = 70 : (100 - 70) = 2.33$$

树脂厚度为
$$t_{树脂} = 2.7 \times 2.33 \times 0.837 = 5.266 \text{ mm}$$

填料厚度为
$$t_{填料} = 2.7 \times 2.33 \times 40/60 \times 0.400 = 1.678 \text{ mm}$$

铺层总厚度为
$$t = t_{纤维} + t_{树脂} + t_{填料} = 1.056 + 5.266 + 1.678 = 8 \text{ mm}$$

例 2-2：计算 1 层 450 g/m² 玻璃纤维毡聚酯树脂玻璃钢厚度，其中玻璃纤维毡含量设计为 30%。

解：玻璃纤维毡部分的厚度为
$$t_{纤维} = 0.45 \times 0.391 = 0.176 \text{ mm}$$

树脂与玻璃纤维毡的质量比为
$$c = 70 : (100 - 70) = 2.33$$

树脂部分的厚度为
$$t_{树脂} = 2.33 \times 0.45 \times 0.909 = 0.953 \text{ mm}$$

铺层总厚度为
$$t = t_{纤维} + t_{树脂} = 0.176 + 0.953 = 1.129 \text{ mm} = 1.1 \text{ mm}$$

例 2-3：计算 5 层 800 g/m² 方格布树脂玻璃钢厚度，玻璃纤维含量为 55%。

解：玻璃纤维部分的厚度为
$$t_{纤维} = 5 \times 0.8 \times 0.394 = 1.576 \text{ mm}$$

树脂与玻璃纤维质量比为
$$c = 45/55 = 0.818$$

树脂部分的厚度为
$$t_{树脂} = 5 \times 0.8 \times 0.818 \times 0.909 = 2.974 \text{ mm}$$

玻璃纤维增强塑料板的厚度为

$$t = t_{纤维} + t_{树脂} = 1.576 + 2.974 = 4.550 ≈ 4.6 \text{ mm}$$

2. 铺层层数计算

手工玻璃钢制品铺层层数可用下式进行计算：

$$n = \frac{A}{m_f(k_f + ck_r)} \quad (2-2)$$

式中：n—— 增强材料层数；

A—— 制品总厚度，mm；

m_f—— 增强纤维单位面积质量，g/m²；

k_f—— 增强材料的厚度常数，mm/(kg·m⁻²)；

k_r—— 树脂基体的厚度常数，mm/(kg·m⁻²)；

c—— 树脂与增强材料的质量比。

若有填料时，k_T 是厚度常数，c_1 是填料与纤维质量比，则采用下式计算：

$$n = \frac{A}{m_f(k_f + ck_r + c_1 k_T)} \quad (2-3)$$

例2-4：玻璃钢制品由 0.4 mm 中碱方格布（单位面积质量 340 g/m²）和不饱和聚酯树脂（$\rho = 1.3$ g/cm³）糊制，含胶量为 55%，壁厚为 10 mm，求布层数。

解：查表 2-11，可得

$$k_f = 0.408 \text{ mm}/(\text{kg·m}^{-2}), \quad k_r = 0.769 \text{ mm}/(\text{kg·m}^{-2})$$

树脂与纤维质量比为

$$c = 55/(100-55) = 1.222$$

布的层数为

$$n = \frac{A}{m_f(k_f + ck_r)} = \frac{10}{0.34 \times (0.408 + 1.222 \times 0.769)} ≈ 22 \text{ 层}$$

3. 树脂质量计算

制品中树脂用量是一个重要的工艺参数，可以用下列两种方法进行计算。

(1) 根据空隙填充原理计算，推算出含胶量的公式。只有知道玻璃纤维布的单位面积质量和相对厚度后，才可以计算出玻璃钢的含胶量。其计算公式为

$$x = \left(1 - \frac{G/10\,000}{\gamma_{玻璃纤维}H}\right) \times \gamma_{树脂} \times 10\,000 \quad (2-4)$$

$$含胶量 = \frac{x}{G+x} \times 100\% \quad (2-5)$$

式中：x—— 需要的树脂质量，g/m²；

G—— 玻璃纤维布质量，g/m²；

H—— 相对厚度，cm；

$\gamma_{玻璃纤维}$—— 玻璃密度，g/cm³，取 2.55 g/cm³；

$\gamma_{树脂}$—— 树脂密度 g/cm³，取 1.20 g/cm³；

$10\,000$—— 将 m² 换算成 cm² 时产生的系数。

(2) 用先算出制品的质量，确定玻璃纤维的质量分数后计算。

1) 制品质量 = 制品密度 × 制品表面积 × 厚度，即

$$G = \rho \cdot s \cdot t \tag{2-6}$$

玻璃纤维质量＝制品质量×玻璃纤维质量分数；

树脂质量＝制品质量－玻璃纤维质量。

2）制品质量＝玻璃纤维质量÷玻璃纤维质量分数；

树脂质量＝制品质量－玻璃纤维质量。

糊制时所需的树脂用量可以根据玻璃纤维的质量来估算。对于短切毡，其含胶量一般控制在 65%～75% 之间，玻璃纤维布含胶量一般控制在 45%～55% 之间，从而保证制品的质量。

4. 制品质量计算

由于复合材料制品是几种密度不同的材料的组合，所以其配合比不同，质量也不同，最大的不同由玻璃纤维含量的差异引起。虽然胶衣树脂与铺层树脂有差别，但其差别不大，所以可以按照铺层树脂的密度来处理。

取玻璃纤维和树脂的混合密度为 ρ，则有

$$\rho = \rho_g \alpha + \rho_r (1-\alpha) \tag{2-7}$$

式中：ρ_g—— 玻璃纤维密度，一般为 $2.5 \sim 2.7 \text{ g/cm}^3$。

α—— 玻璃纤维含量，%。

ρ_r—— 树脂密度，一般为 $1.1 \sim 1.2 \text{ g/cm}^3$。

成品质量为

$$W = At\rho + At_r \rho_r \tag{2-8}$$

式中：A—— 成品表面积，cm^2。

ρ—— 玻璃钢密度，g/cm^3。

t—— 成品厚度，mm。

t_r—— 胶衣层厚度，mm。

二、铺层设计

1. 铺层材料种类设计

由于树脂和玻璃纤维织物的不同搭配，同样手工制成的玻璃钢也形态各异。例如许多手工生产的工程技术人员都有相关经验，不论胶衣层的厚薄，在喷涂胶衣树脂后即铺玻璃纤维布，那么布纹会原封不动地印在制品表面，形成清晰的条纹。

那么根据成型制品要求，玻璃纤维织物的铺层会有所不同。

以下列代号表示各织物。S：表面毡，单位面积质量为 30 g/m^2；M：短切毡，单位面积质量为 450 g/m^2；C：短切毡，单位面积质量为 230 g/m^2；R：粗纱布，单位面积质量为 570 g/m^2。

对于厚度为 7 mm 的玻璃钢，在模具上的铺层可以选用以下几种形式：

（1）希望表面状态优良时

胶衣＋S＋M＋C＋M＋M＋R＋M＋M＋R＋M

（2）希望表面状态良好时

胶衣＋C＋M＋C＋M＋M＋R＋M＋M＋R＋M

（3）希望表面状态一般时

胶衣＋M＋C＋M＋M＋R＋M＋M＋R＋M

2. 铺层角度设计

一般情况下,在增强材料和基体材料确定后,可以利用铺层的变化,得到强度和刚度较为合理的结构。例如,对于单向受力结构件,可以在受力方向多铺设纤维,以获得受力方向上的高强度和高模量。对于多向受力结构,可以采用多向铺层,以满足制品的各向同性的要求。同样的铺层,在不同方向测得性能数据相差悬殊。表 2-12 中树脂基体为 E51,含量为 50%,纤维织物为 0.22 mm 的无碱沃兰处理斜纹布,室温固化。

表 2-12　无碱方格布的铺设方向与性能

方格布的铺设方向	性　能		
	拉伸强度/MPa	弯曲模量/MPa	泊松比
0°	311.3	18.0	0.155
45°	135.7	8.5	0.518
90°	208	15.0	0.12

对于单向受力、双向受力和多向受力结构件,铺层可采用以下方式进行设计:

(1)单向受力。铺层以经纬比例为 2:1,4:1,8:1 等的单向纤维织物为主。

(2)双向受力。以经纬比例大致相等的纤维织物为主,采用双向铺层或多向铺层。

(3)多向受力。尽量选择各向同性的增强毡或多轴向铺层。

第四节　手糊成型工艺特点及应用

一、工艺特点

手糊成型工艺具有以下优点:

(1)产品不受尺寸和形状限制,适宜尺寸大、批量小、形状复杂的产品的生产。

(2)不需要复杂的设备,只需要简单的模具、工具,固定投资少、见效快,比较适合我国乡镇企业的发展现状。

(3)生产工艺简单、生产技术易掌握,只需经过短期培训即可进行生产。

(4)易于满足产品设计需要,可在产品不同部位任意增补增强材料。

(5)对一些不宜运输的大型制品(例如大罐、大型屋面),皆可现场制作。

(6)制品的树脂含量高,耐腐蚀性能好。

手糊成型工艺也存在下述缺点:

(1)生产效率低、速度慢,生产周期长,不宜大批量生产。

(2)人为因素影响比较大,产品质量不易控制,性能稳定性不高。

(3)由于孔隙率和树脂含量高,产品的力学性能较低。

(4)生产环境差、气味大,加工时粉尘多,易对施工人员造成伤害。

二、应用

手糊成型工艺制作的复合材料产品的用途比较广泛,主要有以下几方面:

(1) 建筑制品——波形瓦、采光罩、风机、风道、浴盆、组合式卫生间、化粪槽、冷却塔、活动房屋、售货亭、装饰制品、座椅、门、窗、建筑雕塑、玻璃钢大篷、体育场馆采光层顶等；

(2) 造船业——渔船、游船、游艇、交通艇、救生艇、气垫船、舢板、海底探测船、军用折叠船、水中浮标、灯塔、巡逻艇、养殖船等。

(3) 交通工具——汽车车壳、电动车壳、引擎盖、保险杠、冷藏车、工程车、高尔夫球车、汽车卫生间、消防车、火车门窗、火车卫生间、地铁车厢等。

(4) 防腐产品——各种油罐、酸罐、水泥槽内防腐衬层、钢罐内防腐层、管道、管件等。

(5) 机械电器设备——机器罩、配电箱、医疗器械外罩、电池箱、开关盒等。

(6) 体育、游乐设备——赛艇、舢板、滑板、各种球杆、人造攀岩墙、冰车、风帆车、游乐车、碰碰车、碰碰船、水滑梯、海底游乐设备等。

习　　题

1. 采用手糊成型在糊制过程中，铺第一、二层增强材料时，树脂含量应高些，这样有利于＿＿＿＿＿＿和＿＿＿＿＿＿。

2. 当环境温度为＿＿＿＿＿℃时，手糊成型的制品一般采用室温固化，为了提高模具利用率和生产效率，可以采取＿＿＿＿＿方式加速固化。

3. 有些环氧树脂黏度高，不易浸透纤维，成型困难，可采取什么方式来改善？

4. 手糊成型糊制时，为了保证纤维的平直性，刷胶时需要注意什么？为了赶气泡，刷胶时需要注意什么？

5. 手糊成型用增强材料主要为＿＿＿＿＿，常用增强形式为无捻粗纱、无捻粗纱布（俗称方格布）、加捻布、短切纤维毡、表面毡。其中最常用的是＿＿＿＿＿，局部增强用的是无捻粗纱，提高表面质量的是＿＿＿＿＿。

6. 树脂进入凝胶阶段后期是否还可以刷胶？如何从感官上判断树脂凝胶阶段完成？如何判断制品可以脱模？

7. 复合材料手糊成型工艺中，制品的孔隙率一般比较高，请分析气泡来源。如何降低制品中的气泡？

8. 一手工玻璃钢制品，由一层 30 g/m² 的 S 型玻璃纤维毡和 6 层 500 g/m² 的 S 型玻璃纤维布铺成，树脂胶液为密度为 1.1 g/cm³ 的环氧树脂，树脂含量为 45%，求铺层总厚度。

9. 简述复合材料手糊成型工艺原理、工艺过程及特点。

第三章　喷射成型工艺

喷射成型工艺是为改进手糊成型工艺而创造的一种半机械化成型工艺。其成型工艺原理（见图3-1）是：使混有促进剂和引发剂的不饱和聚酯树脂从喷枪两侧喷出，同时将玻璃纤维无捻粗纱用切割机切断并通过喷枪中心喷出，将其与树脂一起均匀沉积在模具上，待沉积到一定厚度后，用手辊滚压，使树脂浸透纤维，压实并去除气泡，最后固化成制品。

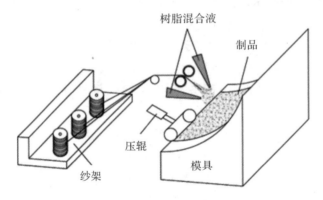

图3-1　喷射成型工艺原理

目前，喷射成型工艺在各种制品生产中所占比例很大，在美国占27％，在日本占16％，其主要用于制造汽车车身、船身、浴缸、储罐的过渡层等。

第一节　原　材　料

一、基体材料

从喷射成型工艺角度考虑，树脂应满足下述条件。

1. 黏度

对于喷射成型工艺，要求树脂黏度低、易于喷射并易于雾化、易浸渍纤维、易于脱泡。一般树脂黏度应控制在0.3～0.8 Pa·s。如需采用黏度大的树脂，则应调整空气压力。

2. 触变性

触变性在喷射成型和手糊成型中很重要。因为在制备大型复合材料制品或在垂直面操作时，树脂容易向下流动，如果采用高黏度树脂，一方面不易浸渍纤维，树脂中的气泡也不易排除，另一方面工艺无法进行，这就需要控制树脂的触变性。对于喷射成型工艺，触变指数一般控制在1.5～4.0。

3. 固化特性

因制品的形状、大小，作业时的温度，树脂的黏度，树脂的喷射量、脱泡作业时间等不同，应选择合适固化特性的树脂。

4. 稳定性

对双喷头喷射机而言,树脂的稳定性特别重要,因此含有固化剂的料罐和含有促进剂的料罐要保持一定温度。

5. 浸渍脱泡性

要求树脂对纤维的浸渍性好,且易脱泡。目前,用于喷射成型工艺的树脂体系主要为不饱和聚酯树脂和乙烯基树脂,大部分产品均采用室温固化体系储存期为 30~40 min。为进一步提高生产效率,也有的采用 80℃ 以下中温固化体系材料。

二、增强材料

喷射成型工艺要求所选用的纤维粗纱与树脂的浸渍性好、带静电少、分散性好,常用玻璃纤维粗纱。为防止粗纱带电,常用沃兰、硅烷系列处理剂。纤维分散性是保证纤维均匀分布和制品厚度均一的重要因素。特别在喷射制品的垂直面时,它可以保证树脂和纤维不易从模具上脱落下来。另外,要求纤维有一定的硬挺性,在经过切断机时容易切断。

第二节 喷射成型工艺用设备

喷射成型工艺所用的主要设备是喷射机。喷射机主要由树脂喷射系统和无捻粗纱切割喷射系统组成,其功能是将由纤维切割器喷射出的、与树脂成一定质量比的、专用的短切玻璃纤维无捻粗纱段,均匀地散落在由树脂喷枪喷嘴喷出的、具有一定速度的、雾化的、含有各种助剂的树脂微粒形成的扇面上,然后将二者同时喷射到模具型面上,经轧辊、辊压、固化、脱模而制成玻璃钢制品。

一、树脂喷射系统

树脂喷射系统由树脂输送、树脂混合和树脂喷射装置三部分组成。

树脂混合按胶液喷射动力可分为气动型和液压型,胶液混合形式可分为内混合型、外混合型和先混合型。

气动型是用空气引射喷涂系统,靠压缩空气的喷射将胶衣雾化并喷射到模具上。部分树脂和引发剂烟雾被压缩空气扩散到周围的空气中,因此这种形式已经很少使用。

液压型是无空气的液压喷射系统,靠液压将胶液挤成滴状并喷涂到模具上。因为没有压缩空气的液压喷涂系统,所以没有烟雾,材料浪费少。

内混合型是将树脂与引发剂分别送到喷枪头部的紊流混合器充分混合,因为引发剂不与压缩空气接触,则不产生引发剂蒸气。但其缺点是喷枪易堵,必须用溶剂及时清洗。

外混合型是引发剂和树脂在喷枪外的空气中相互混合。由于引发剂在同树脂混合前必须与空气接触,而引发剂又容易挥发,因此既浪费材料又容易污染环境。

先混合型是将树脂、引发剂和促进剂先分别送至静态混合器充分混合,然后再送至喷枪喷射。

树脂喷射装置的关键部件就是喷枪,其作用是喷射树脂胶。大部分喷枪都有一个纤维切断器,同一台空气发动机驱动带有切片的切割轮,挤压和带动压辊旋转,纤维束从中间经过,被刀片切割成一定长度,然后以切割轮的圆周速度进入树脂喷流中。喷射质量可由不同规格的喷嘴来控制,改变喷嘴直径可以改变单位时间内树脂的流量。

二、无捻粗纱切割喷射系统

这里主要介绍玻璃纤维切割喷射器。玻璃纤维切割喷射器是玻璃钢制品或半成品生产过程中的通用设备,其类型较多。

纤维切割器的功能有两种:一是将适合工艺要求的玻璃纤维无捻粗纱切割成一定长度;二是将切短的纤维均匀地喷射到由喷枪的喷嘴射出的雾状树脂所形成的扇形平面上。

短切纤维在树脂流的带动下和树脂混合,并一起被喷射到玻璃钢制品成型用的模具上。无捻粗纱的切割是由刀片和作为砧板的胶辊来完成的。工作时,玻璃纤维处于刀辊和胶辊之间,刀片的刃部将纤维压入胶辊而将纤维折断,而不应是切断,因此被切纤维的直径要适中,纤维铺层要均匀,不能太厚。另外,刀片也不是越锋利越好,新刀片在使用前在纸或纱布上反复轻荡数次,这样可以延长刀片的寿命。

切割器壳体后上方有无捻粗纱入口,前下方有箕状的短切纤维喷射出口。另外,在壳上还有一流量可调的短切纤维分散、喷射用的压缩气口。短切纤维在高速旋转的切割辊的离心作用和压缩气吹动下,由箕状出口呈分散状喷射而出,散落在雾状树脂流形成的扇形平面上。

纤维切剖喷射器安装在树脂喷枪的前上方,它与树脂喷射枪的位置可调,以使短切纤维和树脂流处于最佳的相交与混合状态,进而使二者均匀分散,又减少短切纤维的飞扬损耗。

三、手动辅助工具

在喷射成型工艺中,除毛刷、毛辊、剪刀有用外,广泛使用的手工工具是压辊。压辊的作用是将喷射成型过程中带入积层内的气体所形成的气泡驱赶出制品,将散乱蓬松的短切纤维压实,促使纤维浸渍以及改变制品积压厚薄不匀的状况。

总之,喷射成型工艺是一种借助于机械的手工成型工艺,喷射机及辅助工具对制品固然有一定影响,但与其他成型工艺相比,喷射机操作工人的技术素质和认真的态度对制品质量的影响会更大一些。

第三节 喷射成型工艺过程

一、喷射成型工艺流程

在喷射成型开始以前,应先检查树脂的凝胶时间,测定方法是将少量的树脂喷入小罐中,测定其凝胶时间。还必须检查树脂与纤维的比例,一般树脂与纤维的质量比在(2.5∶1)~(3.5∶1)之间。

待胶衣树脂凝胶后,就可以开始喷射成型操作。如果没有胶衣树脂,应先在模具上喷一层树脂,然后开动切割器,喷射树脂和纤维的混合物。第一层应该喷射得薄一些,并且仔细辊压。首先用短的马海毛辊,然后用猪鬃辊或螺旋辊,以确保树脂和引发剂混合均匀以及纤维被完全浸渍。仔细操作,确保在这一层中没有气泡且完全润湿胶衣树脂,待这一层凝胶后再喷下一层。接下来的每一层约喷射2 mm厚,如果太厚,则气泡难以除去,制品质量不能保证。每喷射一层都要仔细滚压除去气泡,如此重复,直至达到设计厚度。

要获得较高强度的制品,则必须与粗纱布并用。在使用粗纱布时,应先在模具上喷射足量的树脂,再铺上粗纱布,仔细滚压,这样有利于除去气泡。对大多数喷射设备,其喷射速率一般是 2.0~10.0 kg/min,亦有的高达 15 kg/min。与手糊成型一样,最后一层可以使用表面毡,再涂上外涂层。固化、修整、后固化及脱模等工序与手糊法相同。喷射完毕,所用容器、管道、喷枪、压辊等要彻底清洗干净,以免残存的树脂固化损坏设备和工具。

具体操作步骤:①喷脱模剂;②上胶衣树脂,固化;③用喷枪沉积纤维树脂混合物,均匀喷射到一定厚度后,滚压排气,压实整平,直至达到设计厚度;④进炉固化,固化完后脱模;⑤修整,检查表面质量、尺寸结构缺陷等。

二、喷射成型工艺参数

在喷射成型工艺中,大部分工艺参数都是通过操作设备来控制的,因此,选用不同类型或不同型号的喷射机,其控制参数的操作会有所不同。在实际生产中,要结合设备自身的参数,制定该设备专用的操作说明书,标明控制点及控制范围。

1. 纤维(品种、含量、长度)

选用经前处理的专用无捻粗纱,这是由于成型过程中纤维快速运动和摩擦会产生静电,所以使用前要进行表面处理。

制品纤维含量控制在 30% 左右,当纤维含量低于 25% 时,滚压容易,但制品的强度太低;纤维含量大于 45% 时,滚压困难,气泡较多。

纤维长度一般为 25~50 mm。纤维长度小于 10 mm,制品强度降低,纤维长度大于 50 mm 时,不易分散且输送困难。

2. 引发剂比例

在喷射系统中,促进剂用量一般是固定的,引发剂用量可根据环境和制品的要求在 0.5%~4% 之间调整,因此每次喷射前应做凝胶试验。在喷射装置中,一般先将树脂与促进剂按比例混合均匀,然后分别通过树脂泵和引发泵将树脂与引发剂在喷枪内部或外部混合。

3. 树脂含量

喷射制品采用不饱和聚酯树脂,含胶量为 60% 左右。含胶量过低,纤维浸渍不均,黏结不牢;含胶量过高,制品强度太低。通过调节喷枪气缸中的气体压力,可以控制单位时间内的树脂喷射量。

4. 胶液黏度

胶液黏度应控制在胶液易于喷射雾化,易于浸渍玻璃纤维,易于排气泡而又不易流失范围内。黏度在 0.3~0.8 Pa·s,触变度以 1.5~4 为宜。在此范围内胶液易于喷射雾化。

5. 喷射量

在喷射成型工艺过程中,应始终保持胶液喷射量与纤维切割量的比例适宜且稳定。在满足这一条件下,喷射量太小,生产效率低;喷射量过大,影响制品质量。

喷射量与喷射压力和喷嘴直径有关,喷嘴直径在 1.2~3.5 mm 之间选定,可使喷射量在 8~60 g/s 之间调变。柱塞泵供胶的胶液喷射量是通过柱塞的行程和速度来调控的。

6. 喷枪夹角

喷枪夹角对树脂与引发剂在枪外混合均匀度影响极大,不同夹角喷出来的树脂混合间距不同,为操作方便,选用20°夹角为宜。

喷枪口与成型表面距离350～400 mm,这样便于操作且胶液混合得均匀,确定操作距离主要考虑产品形状和树脂液飞失等因素。如果要改变操作距离,则需调整喷枪夹角以保证树脂在靠近成型面处交集混合。

7.喷雾压力

要能保证两组分树脂均匀混合,同时还要使树脂损失最小。压力太小,混合不均匀;压力太大,树脂流失过多。

压力的大小与树脂胶液黏度有关,当黏度在0.2 Pa·s时,雾化压力为0.3～0.35 MPa。当压力合适时,喷在模具上的树脂无飞溅、夹带的空气少,气泡能在1～2 min内自行消失,且喷涂面宽度适中。

喷射成型工艺参数归纳如下:

树脂储罐压力:49 kPa;

树脂喷雾压力:343 kPa;

喷射口直径:1.2～3.5 mm;

喷枪口夹角:20°;

玻璃纤维粗纱切断长度:40 mm;

玻璃纤维含量:30%～40%;

喷枪口与成型面距离:350～400 mm。

三、喷射成型工艺要点

通过设备参数的调整,可最终实现对喷射速度、混合效果、纤维含量的控制;通过工人的操作,可实现产品厚度的均匀性、可控性和对复杂产品的工艺适应性。如果刚接触喷射成型操作,对相关参数的设定及其效果判断还不熟练,而熟练的喷射工可以凭经验调整各参数得到高质量的喷射产品。喷射成型工艺总体来说对操作人员的依赖还是十分明显的,主要体现在以下几方面:

(1)喷射成型宜在20～30℃之间进行,温度太高,树脂固化快,不好控制,影响制品质量,且系统易堵塞;温度过低时,胶液黏度骤增,浸渍困难,固化慢。

(2)制品喷射成型工序应标准化,以免因操作者不同而产生过大的质量差异。

(3)为避免压力波动,造成喷射质量不稳定,喷射机应由独立管路供气,气体要彻底除湿,以免影响固化。

(4)树脂胶液灌内温度应根据需要进行加温或保温,以维持胶液黏度适宜。

(5)喷射开始,应注意玻璃纤维和树脂喷出量,调整气压,以达到规定的玻璃纤维含量。

(6)纤维切割不准时,要调整切割辊与支承辊间距,为使纤维喷出量不变,也要调整气压。如必要时,需要用转速表校验切割辊转速。

(7)喷射成型时,在模具上先喷涂一层树脂,然后再开动纤维切割器。喷射最初和最后层时,应尽量薄些,以获得光滑表面。

(8)喷枪移动速度均匀,不允许漏喷,不能走弧线,相邻两个行程间重叠宽度应为前一行程宽度的1/3,以得到均匀、连续的涂层。前后涂层走向应交叉或垂直,以便均匀覆盖。

(9)每个喷射面喷射完后,立即用压辊滚压。要特别注意凹凸表面,压平表面,修整毛刺,排出气泡,然后再喷出第二层。

(10)要充分调整喷枪、纤维切割喷射器喷出的纤维和胶衣的喷射直径,以期得到最好的喷射效果。

(11)特殊部位的喷射:喷射曲面制品时,喷射方向应始终沿曲面法线方向;喷射沟槽时,应先喷射四周和侧面,然后在底部补喷适量纤维,防止树脂在沟槽底部聚集;喷射转角时,应从夹角部位向外喷射,防止在角尖出现树脂聚集。

喷射成型制品存在的问题是离散系数大,其分散性比手糊成型工艺还高,且喷射成型工艺对每个操作者的操作技能要求比较高,这就要求在进行喷射产品设计时应注意以下几方面:

(1)在进行结构设计前,先进行工艺参数的确定,以确保产品达到设计要求。

(2)根据所定工艺参数,制作喷射样板,并进行各项性能测试,测试数据为结构设计的重要依据。

(3)在主要受力部位,可采用喷射短切纱与方格布结合使用的方法,来提高材料的力学性能,满足制品的使用条件。

第四节 喷射成型工艺制品的质量控制

一、喷射成型工艺制品的缺陷与解决措施

1. 流挂现象(垂流)

表 3-1 为流挂现象产生的原因及解决措施。

表 3-1 流挂现象产生的原因及解决措施

产生的原因	解决措施
树脂黏度和触变指数低	提高黏度和触变度,提高树脂喷出的压力
喷射时的玻璃纤维体积大	缩短玻璃纤维切割长度,使喷枪接近型面进行喷涂
玻璃纤维含量低	提高玻璃纤维含量

2. 浸渍不良

表 3-2 为浸渍不良产生的原因及解决措施。

表 3-2 浸渍不良产生的原因及解决措施

产生的原因	解决措施
树脂含量低	增加树脂含量或降低纤维含量
树脂黏度高	使黏度降到 0.8 Pa·s 以下或改用低黏度树脂
粗纱质量不好	改变处理剂或更换粗纱型号
树脂凝胶过快	减少固化剂用量,调节作业场温度

3. 固化不良

表 3-3 为固化不足及固化不均匀产生的原因及解决措施。

表3-3 固化不足及固化不均匀产生的原因及解决措施

产生的原因	解决措施
固化剂分布不均匀	调整固化剂喷嘴,使用稀释的固化剂,增加喷出量,使控制更精确
喷出的树脂没有形成适当的雾状	调整雾化,使树脂呈雾状
树脂反应活性过高	降低树脂的反应活性
压缩空气内混有过多的水分	做好压缩空气的前段干燥处理工作

4. 空洞和气泡

表3-4为空洞和气泡产生的原因及解决措施。

表3-4 空洞和气泡产生的原因及解决措施

产生的原因	解决措施
脱泡不充分	加强脱泡作业,使脱泡工序标准化
树脂浸渍不良	添加消泡剂,确认纤维和树脂的质量
纤维含量高	降低纤维含量
脱泡程度判断困难	模具加工成深颜色的,以便观察脱泡效果

5. 脱落现象

表3-5为脱落现象产生的原因及解决措施。

表3-5 脱落现象产生的原因及解决措施

产生的原因	解决措施
纤维与树脂的比例不当,树脂过量	减少树脂的喷出量,增加切纱量
树脂的黏度和触变度太低	提高树脂的黏度和触变度
喷枪与成型面的距离过小	控制喷射的距离和方向
粗纱切割长度不适宜	按制品的大小和形状,改变纤维的切割长度

6. 玻璃纤维堆积

表3-6为玻璃纤维堆积产生的原因及解决措施。

表3-6 玻璃纤维堆积产生的原因及解决措施

产生的原因	解决措施
树脂黏度太大	保证树脂的黏度、触变性、浸渍性及固化特性
粗纱黏结剂太软	选择更硬的黏结剂
喷出的纤维量不均匀	使树脂和纤维的喷射速度一致,均匀喷射

7. 厚度不均匀

表3-7为厚度不均匀产生的原因及解决措施。

表 3-7　厚度不均匀产生的原因及解决措施

产生的原因	解决措施
未掌握好喷射成型工艺	制定成型面与喷射枪的距离、喷射方向,以及树脂和纤维的黏结剂的一致性等操作标准,并通过训练以提高熟练程度
脱泡操作不熟练	购置合适的脱泡工具,并进行训练
树脂的固化性能不好	根据产品的复杂程度及产品设计的积层,选择合适的树脂固化时间
纤维的切割性、分散性不好	调整及更换切纱器,检查粗纱的质量

8. 白化及龟裂

表 3-8 为白化及龟裂产生的原因及解决措施。

表 3-8　白化和龟裂产生的原因及解决措施

产生的原因	解决措施
树脂固化过快,放热太大,引起树脂和纤维的界面剥离	选择合适的树脂,调整固化剂种类、用量和固化条件
纤维表面附有妨碍树脂浸渍的不均匀性表面处理剂,如水、油、润滑脂等	保证纱的质量
单次积层时太厚	控制单层厚度,增加层数
使用双头喷枪时,树脂喷出量不均匀	调整树脂的喷出量
树脂中混有水	保证压缩空气的干燥,保证树脂的含水量足够低
苯乙烯含量过大	减少苯乙烯的用量,可以加热来降低黏度
树脂与纤维的折射率不匹配	选择折射率与玻璃纤维接近的树脂

二、喷射成型工艺制品的质量控制内容

表 3-9 为手糊成型和喷射成型分散性比较,从表中可以看出,喷射成型工艺存在的最大问题是分散性高。为降低分散性,必须使材料、技术、设备维护、工艺管理制度化、标准化。

表 3-9　手糊成型与喷射成型分散性比较

项　目	手糊成型	喷射成型
质量	±10%	±15%
纤维含量	±8.5%	±9.5%
拉伸强度	±12%	±14.7%
厚度	±10%	±26.6%

1. 验收材料的检验项目

(1)树脂:固化特性、黏度、触变指数。

(2)粗纱:硬挺度、浸渍性、切割性、分散性。

2. 操作标准

操作标准包括喷射参数及喷射方法、脱泡方法、缺陷的解决方法。

3. 工程管理项目

工程管理项目包括树脂温度、模具、喷射树脂与纤维的比例、喷射量、质量、固化温度、模具温度、产品固化后的硬度。

4. 设备管理项目

设备管理项目包括喷射成型机、泵、空气压缩机、固化炉、输送管道。

三、产品检验的主要指标

为了确保生产出质量满足要求的制品,必须实施经过充分研究的管理系统确定的质量生产管理。而产品的检验是生产管理中十分重要的一项。产品检验大致分为常规检验和性能检验。

1. 常规检验

(1)目测。依靠肉眼对中间产品及成品的内、外表面进行观测,查看是否有缺陷和伤痕等。检验时要特别注意涉及增强材料的损伤、纤维分布不均匀、裂纹、浸渍不良和污垢等。

(2)质量检验。通过制品的质量来检验材料用量。质量在规定范围以外,视为不合格。

(3)厚度检验。使用螺旋测微仪或测厚卡钳等工具进行厚度检验。

(4)其他。其他还包括尺寸检查、功能检查和结构检查。

2. 性能检验

性能检验指结构部件及重要组成部分或者整体的强度检验。

各项检测的控制指标,对于不同的产品来讲有不同的要求,检测时可根据相关的标准进行产品质量的评定。

第五节 喷射成型工艺的特点及应用

一、喷射成型工艺的特点

喷射成型工艺具有以下优点:

(1)用玻璃纤维粗纱代替织物,可降低材料成本;

(2)生产效率比手糊高2~4倍,适用于多品种的中小批量生产;

(3)产品整体性好,无接缝,层间剪切强度高,树脂含量高,抗腐蚀、耐渗漏性好;

(4)可减少飞边、下脚料及剩余胶液的消耗;

(5)产品尺寸、形状不受限制。

其缺点如下:

(1)不易制备高强度结构产品;

(2)难控制纤维含量及厚度;

(3)与操作者经验有关;

(4)气味浓,工作环境恶劣,有害人体健康;

(5)两面表面质量不一,产品只能做到单面光滑;

(6)不适合精度高要求和重复性高的制品制造,表面质量和尺寸稳定性难控制。

二、喷射成型工艺的发展及应用

喷射成型工艺速率可高达 15 kg/min,适用于多品种中、小批量制品的生产,也可成型大型制品和形状复杂的制品,同时还能够成型装有嵌件、加强筋的制品。目前,其已广泛用于加工浴盆、机器外罩、整体卫生间、普通列车前端、汽车车身结构件、大型船体及大型浮雕制品等中。

习　　题

1. 简述喷射成型工艺原理。

2. 简述喷射成型用原材料。

3. 在喷射成型工艺中,增强材料一般选择＿＿＿＿,纤维含量一般控制在 30%,若小于 25% ＿＿＿＿,若大于 45% ＿＿＿＿;纤维的长度一般控制在 25~50 mm,若小于 10 mm ＿＿＿＿,若大于 50 mm ＿＿＿＿。

4. 在喷射成型工艺中,特殊部位的喷射:

喷射曲面制品时,＿＿＿＿＿＿＿＿＿＿＿＿＿＿＿＿＿＿＿＿＿＿＿＿＿＿＿。

喷射沟槽时,＿＿＿＿＿＿＿＿＿＿＿＿＿＿＿＿＿＿＿＿＿＿＿＿＿＿＿＿＿。

喷射转角时,＿＿＿＿＿＿＿＿＿＿＿＿＿＿＿＿＿＿＿＿＿＿＿＿＿＿＿＿＿。

5. 简述喷射成型工艺的流程。

6. 喷射成型工艺的参数有哪些?

7. 举例说明喷射成型的应用。

第四章　热压罐成型工艺

热压罐(Hot Air Autoclave,或简写为 Autoclave)是一种针对聚合物基复合材料成型的工艺设备,使用这种设备进行成型的方法叫热压罐成型工艺。热压罐成型工艺开始于 20 世纪 40 年代,在 60 年代得到广泛使用,它是针对第二代复合材料的生产而研制开发的工艺,尤其在生产蒙皮类零件的时候发挥了巨大的作用,现已作为一种成熟的工艺被广泛使用。由热压罐成型工艺生产的复合材料占整个复合材料产量的 50% 以上,在航空航天领域复合材料的占比高达 80% 以上。热压罐成型工艺已经在各个复合材料生产企业大量使用。

第一节　预　浸　料

预浸料(Preimpregnated Materials - Prepreg)是增强纤维经化学处理或热处理后,通过一定的方式浸渍树脂后形成的片状、带状或束状材料,此时树脂处于 B 阶段初期。

热固性树脂的固化可分为以下几个阶段(见表 4-1):

A 阶段——热固性基体反应的早期阶段。在该阶段,材料可熔化,而且仍可溶解在某些溶液中。

B 阶段——热固性基体反应的中期阶段。在该阶段,材料受热软化,而且接触某些溶液会溶胀,但可能不会全部熔化或溶解。

C 阶段——热固性基体反应的最终阶段。在该阶段,材料相对不易溶解或熔化。

表 4-1　热固性树脂固化过程

性能	阶段		
	A 阶段	B 阶段	C 阶段
分子状态及物理化学性能	线型,分子无规则的空间分布,有些带分枝状,彼此卷曲却不连接,相互独立,能各自运动,可溶可熔	分枝型,分子不仅卷曲,而且大量分枝,运动不便,基本可溶可熔,但程度低	网状,分子既卷曲又互相交联,整体性强、刚性、耐热,不熔不溶
相应热固性树脂固化阶段	凝胶阶段,从黏流态到失去流动性,即从黏手到软而不黏	定型阶段,从凝胶失去流动性到表面有一定硬度,可以脱模	熟化阶段,有一定硬度、一定力学性能,直到有稳定物化性能才可以使用
物理状态/固化状态	黏流态/液态	橡胶态/凝胶态	玻璃态/固态
时间性	凝胶时间		
	固化时间		

复合材料制造选用预浸料作为中间材料,它具有以下特点:
(1)可严格控制增强体含量和排列;
(2)易于铺层;
(3)预浸料浸渍完全,无气泡,可生产出高性能产品;
(4)生产期间比较安全;
(5)预浸料制备工序较多,成本高。

1947年,国外首次实验性使用预浸料,1948年转入商业应用。近年来,预浸料经常被用于航空航天产业、汽车产业、船舶产业、运动及休闲用品产业等的生产制造上。

一、预浸料的分类

1. 按制造方法分类

湿法:树脂含量不易控制,挥发分含量高,需要进行预吸胶;

干法:挥发分低、含胶量准确均匀、纤维排列整齐。

2. 按纤维方向分类

按纤维方向可分为单向预浸带、织物预浸料和单向织物预浸料,详见表4-2。

表4-2 按纤维方向分类预浸料特点

预浸料类型	性能特点
单向预浸带	可顺纤维方向拼接,纤维准直/连续,其复合材料力学性能好
织物预浸料	易铺叠,但纤维经过编织,其复合材料力学性能下降
单向织物预浸料	90%以上纤维排列方向为径向,其余为横向,或者在单向带表面覆盖一层很薄的纤维布,防止预浸料散开

3. 按固化温度分类

低温:<80℃,结构件耐热性差,成本低。

中温:80~130℃,结构件耐高温性差,适用于工作温度不高场合。

高温:150~180℃;使用温度:湿态时<130℃,干态时<150℃。

超高温:>200℃,耐高温性能好,成本高。

4. 按增强材料分类

碳纤维:比强度、比模量高,航空航天工业使用,价格高昂;

玻璃纤维:透波性好,价格便宜,次承力结构件使用;

芳纶纤维:拉伸性能高、抗冲击性好,但与基体的界面结合弱。

二、预浸料的制备

预浸料的制备分为两大类,一类是湿法,例如溶液浸渍法、滚筒法、刷胶法;另一类是干法,例如粉末法和热熔法。

1. 湿法

湿法制备预浸料常用的方法有溶液浸渍法、滚筒法和刷胶法。溶液浸渍法为连续机械化生产,而滚筒法和刷胶法适用于实验室或小批量生产。无论采用哪种方法,预浸料的制备过程均按图 4-1 所示进行。

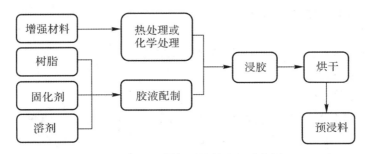

图 4-1 湿法制备预浸料过程示意图

(1)溶液浸渍法生产预浸料。溶液浸渍法是把树脂基体各组分按规定的比例,溶解于低熔点的溶剂中,使其成为具有一定浓度的溶液,然后将增强纤维以设定的速度通过树脂基体溶液,使其浸渍一定量的树脂基体,再烘干除去溶剂,得到具有一定黏性的纤维预浸料(见图 4-2 和图 4-3)。

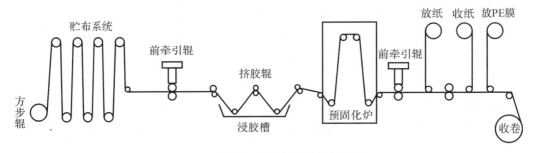

图 4-2 溶液浸渍法制备预浸料示意图

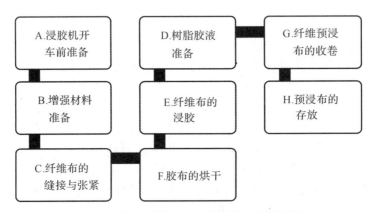

图 4-3 溶液浸渍法制备预浸料工艺流程图

1)浸胶机开车前准备。首先对浸胶生产线进行开车前检测,关闭预固化炉的顶盖、窗口和门等。开启所有电气设备,根据工艺卡的要求将控制系统设在张力控制模式,为每一区设定适当的张力控制值,设定每一加热区的温度值,设定线路牵引速度。开启预固化炉的加热系统、供风及循环风机等,开始加热。

2)增强材料的准备。增强材料的准备主要是除湿或脱蜡处理。

若增强材料含有纺织型浸渍剂,使用之前必须进行相关处理,处理工艺参数为:炉温度为400～430℃,浸渍浓度为 1‰～3‰ 的 KH-570 偶联剂水溶液,偶联剂烘炉的温度为110～120℃。

若增强材料不含蜡(此处以东丽 T300 为例),只需要进行除湿处理,处理工艺参数为:温度为 105～110℃,时间为 60～80 min。

3)纤维布的缝接与张紧。开启空气压缩机系统,打开所有供气阀,将纤维布卷固定在放卷装置上,并从布卷上引出纤维布,将引出纤维布与导布进行缝接,缝接时宽度要适当,需要保证在牵引时不会发生部分或全部断开现象,各截面接缝要均匀。缝接完毕后,上紧所有区域的导布。

4)树脂胶液准备。以环氧树脂 648 为例,树脂配方见表 4-3。

表 4-3 树脂配方

成　分	质量/份
环氧树脂 648	100
NA 酸酐	80
二甲基苯胺	1
丙酮	100～120

首先将树脂加热到 130℃,使树脂的流动性增大,加入 NA 酸酐并充分搅拌,在温度降至 120℃时滴入二甲基苯胺,使之在 120～130℃下反应一段时间,在降温过程中加入丙酮,调整黏度,相对密度要保持在 1.06～1.08。

然后将配制好的胶液添加到带冷却夹套的树脂槽中,利用胶槽的夹套来保证浸胶过程中胶液温度恒定在 25～30℃。当胶槽内溶剂挥发,胶液相对密度增高时,应添加密度为 0.01～0.02 g/cm^3 的稀胶液,并搅拌均匀。不要直接加溶剂。

5)纤维布的浸胶。启动系统驱动器,使纤维布逐渐张紧并缓慢运行,纤维布到达浸胶槽时调节引导装备,提升胶液到指定位置,启动挤压浸渍胶辊。

影响浸胶的主要因素有胶液的浓度、黏度、浸渍时间,此外,对浸渍过程中的张力、挤胶辊等的密切配合也应予以注意。

(a)胶液的浓度。胶液的浓度是指树脂质量在浸渍胶液总质量中所占的百分比,它直接影响树脂溶液对增强材料的浸渍能力和增强材料表面黏结的树脂量。另外,胶槽内胶液浓度是否均匀也是影响胶布均匀性的一个重要因素。采用不同增强材料、不同树脂时,胶液浓度也不一样,通常通过调节相对密度来控制胶液的浓度。

(b)胶液的黏度。胶液的黏度直接影响织物的浸渍能力和胶层的厚度。若胶液的黏度太大,纤维织物不易渗透;黏度过小,会导致胶布的含胶量太低。由于它与树脂的浓度、温度有关,故一般可用胶液浓度和浸胶环境温度来控制。控制浸胶温度的方法有两种:一种是浸胶厂房实行空调恒温;另一种是胶槽采用夹套式恒温。

(c)浸胶时间。浸胶时间是指纤维织物通过胶液的时间。实践证明,一般浸胶时间不宜低于 30s,时间过短会导致胶布含胶量不够,或使胶液大部分浮在织物表面,影响胶布质量,但时间过长也会影响生产效率,应根据实际情况进行合理控制。

(d)张力。在浸胶过程中,纤维织物所受张力的大小和均匀性会影响胶布的含胶量和均匀性,张力的大小应根据织物的规格和特性来决定,不应太大,否则会使织物在运行过程中产生横向收缩和变形。织物的变形会对层压板的平整度产生很大影响,因此浸胶过程中应严格控制纤维织物所受的张力及其均匀性。

(e)浸渍方法。浸胶工序中胶液必须浸透织物。低捻布或薄织物可采取一次浸渍法,而厚织物应采取二次浸渍法。第一次浸渍时胶液由织物的一面向另一面渗透;第二次浸渍时,达到上、下表面充分浸透,再经过对挤辊或刮胶装置,达到所需树脂含量。这种浸渍方法既可充分排出织物内的气泡,又能使树脂浸透织物。

(f)其他因素。挤胶辊的作用是帮助织物浸透胶液,同时保证在织物表面均匀地涂上一薄层胶液,控制含胶量。稀释剂对织物的浸透和含胶量也有一定的影响,一般要求稀释剂能充分溶解树脂、在常温下挥发慢、沸点低、无毒或低毒,如果一种溶剂不能同时满足要求,可采用混合溶剂。此外,树脂品种、织物规格都对浸胶过程有影响,生产中应根据具体情况,结合实践经验和试运行效果,确定合适的工艺参数。

6)胶布的烘干。纤维织物浸胶后必须进行干燥,除去水分与挥发分,同时使少量树脂进一步聚合。预浸料的挥发分含量、可溶性树脂含量就取决于这个工序。

在胶布进入烘箱时,可挥发分均匀分布在树脂胶液中,胶布的表面首先和干燥介质相接触,使表面挥发分气化。这样就造成了物料内部和表面的浓度差,内部挥发分向表面扩散,在表面层不断气化,这样边气化边扩散,使胶布的挥发分不断气化,达到干燥的目的。

烘干过程中应控制的主要因素为烘干温度、干燥时间和布面风速等。

(a)烘干温度。烘干温度原则上是确保树脂反应不过早地由 A 阶段转向 B 阶段。应使挥发分充分气化排尽后再缓慢地由 A 阶段转向 B 阶段。

立式浸胶机预固化炉入口处温度为 30~60℃,中部为 60~80℃,顶部为 85~130℃。卧式浸胶机入口处温度为 90~110℃,中部为 120~150℃,出口处为 100℃以下。在出口处,应使聚合反应停止,如果在过高的温度下收卷,使得余热包覆在胶布里面,导致树脂继续发生聚合反应,胶布中不溶性树脂含量将增加,胶布将失去使用效果。

(b)干燥时间。干燥时间取决于胶布里树脂的可溶性成分的含量及其流动性。干燥时间过长,会使胶布的不溶性树脂含量迅速增加,影响浸胶布质量;干燥时间过短,则会使浸胶布的挥发分含量过高,造成制品质量下降。

干燥时间取决于温度、风速、树脂状况和胶布状况等。在烘箱温度固定的条件下,也可通过调节布的运行速度来调节干燥时间,即

$$t = L/v \tag{4-1}$$

式中:t—— 干燥时间;

L—— 烘箱有效长度;

v—— 胶布运行速度。

(c)布面风速。在胶布的烘干过程中,胶布表面会产生一定速度的气流,使胶布表面挥发分的浓度降低,同时胶布表面上气压降低,有助于挥发分的排除。通常在胶布的烘干过程中,布面风速控制在 3~5 m/s。

7)纤维布的收卷。纤维烘干后经过冷却装置冷却,在牵引机的作用下向前运行。同时将薄膜放卷装置上的 PE 薄膜从卷筒上引出,依次经过后牵引辊、引导辊、收卷装置后,绷紧薄

膜,使纤维浸胶布与 PE 薄膜经挤压复合,并一起卷在收卷装置上。

8) 预浸布的存放。胶布在存放过程中,不溶性树脂含量随着时间增加而升高,尤其是当环境温度较高时,这种升高尤为明显。环境湿度对胶布的存放也有影响,一般来说,湿度不宜过高。存放时间过长时,胶布变老、发脆;环境的温度、湿度过高时,胶布会发黏、流胶,甚至不能使用。

如果环境温度低于 20℃,一般预浸料可存放一个月左右。为了保证质量指标的稳定,胶布应用非渗透性密封袋密封,长期保存需放置于-18℃的冻库中。

(2) 滚筒法生产单向预浸料。纤维从纱团中引出,通过浸胶槽,经过挤胶辊挤去多余胶液,在一定的张力下由送纱器把浸胶纤维依次整齐地排列在贴有隔离薄膜的滚筒上,最后沿辊筒母线切断展开,即成单向预浸料(见图 4-4)。

图 4-4 滚筒法制备预浸料过程

(3) 刷胶法制备编织布预浸料。按手糊成型工艺方式调胶,采取单面刷胶或双面刷胶方式进行。单面刷胶会存在一面胶多一面胶少的情况,可在铺叠时使富胶层全部朝下以中合含胶量。双面刷胶法含胶量虽均匀,但是周期长。

2. 干法

干法又有粉末法和热熔法之分。

粉末法是将树脂粉末附着于纤维上,通过加热使部分熔化,形成树脂不连续、纤维未被树脂充分浸透的一种复合物。

热熔法又称热熔浸渍法,是在溶液浸渍法的基础上演变而来的,由于免去了溶液浸渍法的一些不便,因此得到了广泛的推广和应用。

根据工艺步骤,热熔法可分为直接热熔法和胶膜压延法,即一步法和两步法。一步法(直接热熔法)与溶液浸渍法的工艺过程相似,都是先将树脂基体加热到一定的温度后熔融,纤维依次通过放卷、浸胶、挤压、烘干等工序,最后收卷在芯轴上。该工艺方法主要用于制备窄带预浸料,要求树脂基体的流动性好,利于浸渍纤维束。由其制备出来的预浸料树脂含量低,产品质量无法保证,环境污染严重,故不能长期采用这种制备方法。

两步法(胶膜压延法)分为制膜和预浸两过程,是现阶段应用最广泛的方法。制膜过程是将经过充分混合的树脂基体加热到需要的温度后输送到浸胶辊上,通过调节离型纸的速度和浸胶辊间距,制成不同厚度的胶膜,冷却到一定温度后存在冷库中待用。预浸过程是将放卷装置上的纤维束在一定张力的作用下引出,通过展平辊展平,然后与制好的胶膜夹芯在一起,通过加热辊使树脂基体熔化,浸渍在纤维中,之后经过冷却、加 PE 膜、切边和收卷,制成预浸料。

胶膜压延法制备预浸料的优点是可以精确控制预浸料中的树脂含量、挥发分含量低、不会污染环境、成品外观质量好等,缺点是难以浸渍高黏度的树脂。

三、预浸料的性能

浸胶后的预浸料必须经过三项质量指标的检测,即树脂含量、不溶性树脂含量和挥发分含量,如这三项指标合格,再经外观检查合格后即可裁剪使用或包装入库。外观一般要求不能有油污、严重机械损伤和异常现象、严重浮胶和含胶量不均匀,还要严防掺入其他杂质如粉尘、水分等。

1. 挥发分含量

挥发分含量通常是指胶布里的挥发性物质在胶布质量中所占的百分比,要求适中。如果含量过高,则会影响预浸料的绝缘性能、力学性能,导致产品表面气泡、周围边缘气泡排不干净等;但也不能太低,因为这样会影响生产效率。一般预浸料的挥发分含量为1.8%~4%。可以通过调节干燥温度和时间来控制挥发分的含量。

其测定方法是:在经过烘干的胶布上,取两边及中间不同部位的试样3块,规格为80 mm×80 mm,称重为g_1,取出后放入(180±2)℃的烘箱内烘5 min,取出冷却至常温,称重为g_2,用下式计算:

$$V = \frac{g_1 - g_2}{g_1} \times 100\% \tag{4-2}$$

2. 不溶性树脂含量

不溶性树脂含量表示不溶性树脂在树脂总质量中所占的百分比。不溶性树脂含量过高,则树脂的黏结性降低,成型时树脂的流动性不好;若含量过低,则意味着树脂的流动性好,但相应的挥发分含量增加,成型时流胶多,还可能造成树脂流出,造成浪费,甚至使产品报废。可通过调节干燥温度和时间控制。

其测定方法为:在经过烘干的胶布上,取两边及中间不同部位的试样3块,规格为80 mm×80 mm,称重为g_1,放入盛有溶剂的烧杯内溶解3次。取出后放入(180±2)℃的烘箱内烘5 min,取出冷却至常温,称重为g_3,然后送入500~600℃的高温炉内灼烧5~10 min,取出冷却至常温,称重为g_4,用下式计算(V为挥发分含量):

$$C = \frac{g_3 - g_4}{g_1(1-V) - g_4} \times 100\% \tag{4-3}$$

3. 含胶量

含胶量通常用树脂含量的质量分数来表示。不同规格的纤维织物,含胶量也各不相同。含胶量对制品的力学性能有很多影响,制品的其他性能(例如吸湿性、电气性能及耐化学腐蚀性能)也取决于树脂种类及其含量,因此在预浸料制备过程中,对含胶量的控制极为重要。控制方法有调节树脂胶液的黏度、浸胶时间、刮胶辊的辊距等。

其测定方法是:将取出的胶布样称重为g_1,送入500~600℃的高温炉内灼烧5~10 min,取出冷却至常温,称重为g_5,用下式计算:

$$R = \frac{g_1 - g_5}{g_1} \times 100\% \tag{4-4}$$

对酚醛玻璃钢来说,树脂含量在25%~46%时玻璃钢的力学性能较高,树脂含量在26%~32%时力学性能最佳。

含胶量对电性能的影响较大,一般是随着含胶量的增加,制品的电绝缘性提高,这对于含胶量低于60%的复合材料制品来说尤为明显。

含胶量对复合材料的吸水性和密度也有明显的影响,它们一般随着含胶量的增加而降低。

4. 流动性

流动性表示树脂固化过程中的流动性能,是胶布中含胶量、不溶性树脂含量、挥发分含量三项指标的综合反映。含胶量和挥发分含量高,则流动性好,不溶性树脂含量高,则流动性差。

其测定方法是:将 76 mm×76 mm 的正方形胶布(或 φ76 mm 的圆形胶布)试样,取 12 层叠合在一起,放入预先加热至 160℃ 的 175 cm² 的不锈钢板中,立即施加 6.0~7.0 MPa 的压力,保温 3~5 min 至不再产生流胶为止,取出试样,测量各边流胶量的最大长度,然后取平均值,即为胶布的平均流动度。该方法适用于层压用胶布,其流动度一般控制在 20~30 mm 之间。

表 4-4 为几种常见玻璃纤维布和胶布的指标。

表 4-4 几种常见玻璃纤维布和胶布的指标

布指标	3240 酚醛环氧玻璃纤维布	3230 酚醛树脂胶布	FR-4 环氧玻璃纤维布	酚醛改性二苯醚胶布
含胶量/(%)	38~42	38~42	41~43	38~42
挥发分含量/(%)	1~1.6	≤4	<1	1~1.2
可溶性树脂含量/(%)	>80	70~85	60~80	80~90

第二节 热压罐成型工艺过程

热压罐成型工艺的生产过程主要包括以下几道工序:原材料(预浸料)的制备、准备工序(定位准备、模具准备、材料准备)、成型工序(铺叠、封袋、固化、脱模)、修整及检验工序(修整、检验)。图 4-5 为热压罐成型工艺流程图。

一、原材料

预浸料是制造复合材料的中间材料,是复合材料性能的基础,成型时的工艺性能和制品的力学性能取决于预浸料的性能,因此在实际生产中,对预浸料除了要求挥发分含量、不溶性树脂含量和含胶量必须合格外。此外,对预浸料还有以下要求。

1. 外观

外观质量一般要求无皱褶、纤维排布整齐均匀,不能有油污、严重机械损伤和异常现象、严重浮胶和含胶量不均匀,严防掺入其他杂质(如粉尘、水分等)。

2. 有适当的黏性和铺覆性

黏性是指预浸料表面的黏着性能,是表征预浸料的铺覆性和层间黏合性的指标。理想的预浸料黏性应该是:在室温下预浸料之间能顺利地黏合,但如果铺放错误后又能将预浸料从上一层上顺利地分离开。

3. 有适当的流动性

对于层合板,流动性可大些,以便树脂均匀分布并浸透增强材料。而对于夹层结构,流动性可小些,以使面板和芯材能够牢固地结合在一起。

4. 树脂含量偏差尽可能低

树脂含量偏差至少控制在±3%以内,以保证制品中纤维体积分数和力学性能的稳定性。若不需预吸胶,则控制在±1%以下。干法制备的单向带应控制在(30±3)%,干法制备的编织布应控制在(38±3)%,湿法制备的编织布则控制在(40±3)%。

5. 挥发分含量尽可能小

挥发分含量一般控制在 2% 以内,主承力结构件控制在 0.8% 以内,以降低孔隙含量、提高力学性能。

6. 储存期长

预浸料的室温保存期应大于 1 个月,−18℃ 环境下的保存期应大于 6 个月。

7. 成型工艺性能好

在保证性能前提下,固化温度尽可能低,成型压力尽可能小,成型时间尽可能短,加压带尽可能宽。

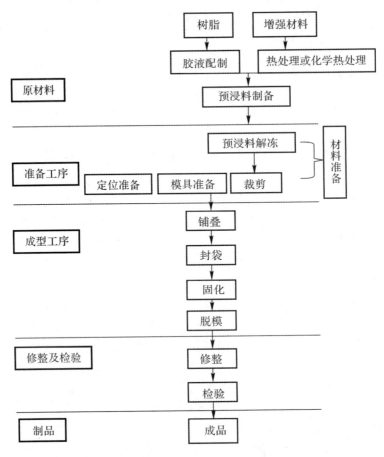

图 4−5 热压罐成型工艺流程图

二、准备工序

1. 定位准备

复合材料结构件的每层纤维铺放角度不一致且制件厚薄不一致,在铺叠过程中为了准确定位,需要样板辅助。样板通常采用透明的聚酯薄膜,样板上应包含铺层编号、铺层角度、铺层临界线以及一个统一的坐标角来定位。样板的制作费时且铺叠效率不高,现已逐渐被弃用,目前主要是采用激光定位。

2. 模具准备

热压罐成型工艺用模具在成型过程中不仅要承受一定的温度,还要承受一定的压力,因此对模具有以下几方面的要求:一是能确保制品的几何形状、尺寸、精度和外观质量;二是不影响树脂的固化;三是脱模容易;四是使用寿命长;五是价格便宜;六是温度场均匀性好;七是热容量小。

目前,使用的模具材料主要为 Q235 钢和铝合金,模具结构主要有阴模、阳模、对模和组装模。

在模具准备过程中要求如下:

第一步:用细砂纸除去毛刺和锈斑;

第二步:用汽油、丙酮或 MEK 反复清洗模具型腔面直至完全无污染;

第三步:用单面压敏胶带沿零件切割线外缘围出制件外形线、铺层角度线及铺层临界线;

第四步:将一层带胶脱模布仔细贴在模具工作面上或喷涂脱模剂;

第五步:检验模具的气密性,通常是在模具上制作一个简易的真空袋,真空度不应小于 0.092 MPa,在关闭真空源 5 min 后的泄漏量不超过 0.017 MPa。

3. 材料准备

(1) 预浸料的解冻。预浸料从冻库拿出来后,必须保持密封状态至外包装无冷凝水产生才可以打开包装袋,这个过程一般需要 6~8 h。

(2) 下料。在预浸料的层数经前期设计确定后,按照预先设计的纤维方向、几何形状和尺寸对预浸料进行裁剪,亦称下料。预浸料下料是复合材料生产的关键工序之一。传统的预浸料下料是按照下料样板或下料图样画线后用手工切割的办法来实现的。手工切割的预浸料尺寸精度差,生产效率低,占用生产面积大,材料利用率不高,且需对使用的大量下料样板进行管理。现在主要采用自动下料机。自动下料机可完成送料、裁剪、打标等一系列工作,大大节省了工时。

三、成型工序

1. 铺叠

铺叠是将裁剪好的预浸料按预定方向和顺序在模具上逐层铺叠至所需厚度或层数。

(1) 环境要求。铺叠工作必须在净化间内进行。对净化间的要求有以下几个方面:温度为 (22 ± 4)℃,相对湿度为 30%~65%,直径大于 10 μm 尘埃粒子小于 10 个/L,以及 1~4 g/cm^2 的正压力。另外,净化间内应有良好的通风装置、除尘装置和照明设施,人员入口处有风淋或其他污染控制设施。

(2) 定序、定位、定角度。复合材料结构件一般由几十或者几百个不同的预浸料铺层的层合板或者夹芯板组成,每个铺层都有各自独特的形状、方向及位置。复合材料结构件生产中铺层工作量非常大,其中的困难之一是铺层准确对位困难。

人工铺叠采用同一基准顺序铺层,越靠后的铺层,误差越大,因此要求使用样板,或在激光投影定位下辅助进行。

铺叠时要求必须定序、定位、定角度,即:

1)按给定顺序铺叠、定位铺叠,注意排除层间空气;

2)应严格按照规定的纤维方向铺叠。为了控制复合材料结构件的变形,在设计阶段一般要求铺层角度对称,且相邻两层的铺层角度不宜相差太大,否则固化后会翘曲。

3)在预浸料铺层过程中要求纤维方向顺直,且与设计方向一致,注意不能折叠预浸料。

(3)拼接。铺叠时允许顺纤维方向拼接,且同方向铺层的拼接缝应错开至少 25 mm,平行纤维方向不允许拼接。

(4)铺层排气。初始铺放铺层时,会有一定量的空气滞留在铺层之间,空气的弹性会使铺层的表面不光滑。所铺放的铺层越多,越有可能产生皱褶,并存在于固化后的层合板中,最后成为不合格的层合板。在厚层合板铺层的铺放过程中,需要不断重复挤压铺层,使其与模具表面贴实,以减少皱褶,并使预浸料密实的铺在模具上。

为了保证铺叠时层与层之间排气充分铺叠密实,在铺叠过程中要求使用刮板压实预浸料。对于铺层的第一层,以及对层数较多或形状复杂的制件,必须进行预压实,保证层与层之间贴合紧密、排气充分。预压实时,可在不加温的情况下进行一次或多次真空压实,通常每 3~4 层预压实一次,每次 10~15 min,真空度≥-0.06 MPa。

若零件外观要铺叠表面膜,也须进行一次预压实。若是蜂窝夹层结构,铺叠上下胶膜的前后、胶膜上的第一层也必须各进行一次预压实。

预压实的真空袋组成可参考图 4-6。

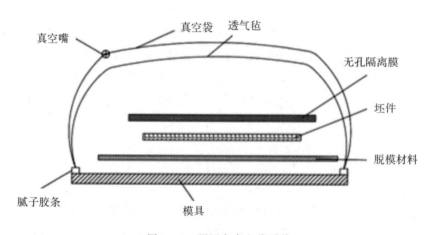

图 4-6 预压实真空袋系统

(5)其他注意事项。

1)抓紧装置。为了防止铺层移位,对某些结构件需要做一些抓紧工作。例如在制件临界线和铺层临界线区域的模具工作面做一些细小的凸点,或者用玻璃纤维和胶带将边缘纤维固定住。

2)预浸料随模性。一般情况下,铺叠时可用电熨斗或电吹风对已铺叠的预浸料加热,使其变软而具有较大的黏合性,以便它可以随模具变形。操作过程中需要不停地移动加热枪或电熨斗,以防止预浸料局部提前固化;也可借助设计允许的工具例如刮板进行压实,避免局部架桥或皱褶。

3) 拐角处。在拐角处,为了防止铺层在复杂外形处出现空洞,在设计允许情况下可以额外使用填充层进行填充。填充层材料一般应与零件所用材料相同。

4) 隔离纸。目前,使用的预浸料一面有离型纸一面有 PE 膜,在铺叠时应先除掉离型纸,完成铺叠后除去 PE 膜,再进行下一层铺叠。在铺叠操作过程中,应特别注意防止 PE 膜遗留在铺层内,以免造成制品出现夹杂缺陷。

5) 铺叠中断。若铺叠未完成又必须中断铺叠工作,应使用无孔隔离膜或其他类似材料覆盖,并进行真空袋密封,防止吸潮和粉尘污染。

6) 铺层错误。当需要对某一铺层进行重新铺层时,可用便携式带空气过滤的冷风机、压缩的冷气枪或其他冷气源对铺层进行降温,揭掉需要重新铺层的预浸料后再重新铺叠新铺层。操作过程中应避免预浸料的温度过低,防止预浸料表面出现潮湿迹象,如有潮湿迹象,应废弃该层预浸料。

2. 封袋

零件铺叠完毕,需要在零件表面铺放辅助材料,并用真空袋密封,典型真空袋系统如图 4-7 所示。真空袋需要使用大量辅助材料,且大多是一次性使用,这也是热压罐成型工艺制造成本高的原因之一。常用辅助材料种类和用途如下:

(1) 脱模材料。脱模材料是保证制件顺利脱模不可缺少的一部分,没有脱模材料,任何精心制作的模具都会与制品发生黏结,造成脱离时的损伤,从而增大表面粗糙度。

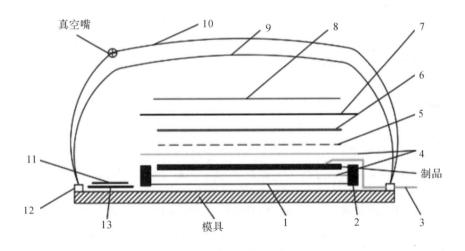

图 4-7 典型真空袋系统

1—脱模材料; 2—挡条; 3—热电偶; 4—可剥层; 5—有孔隔离膜; 6—吸胶材料; 7—无孔隔离膜; 8—均压板; 9—透气毡; 10—真空袋薄膜; 11—随炉件; 12—腻子胶条; 13—底模板

脱模材料应是在复合材料制品铺叠之前,在模具工作面涂敷的一层可以使其与制品分离的物质,这种物质不应腐蚀模具,不会影响树脂固化,成膜均匀、光滑,还要求成膜时间短,使用方便,价格便宜。

脱模材料是决定复合材料制品质量的重要因素,脱模材料的选用与模具材料、树脂种类、固化温度、制造周期等众多因素有关(见表 4-5)。

表 4-5 脱模材料的种类及特点

种类	示例	优缺点
片状	玻璃纸、涤纶薄膜、聚氯乙烯薄膜、聚乙烯薄膜、聚酰亚胺薄膜、聚四氟乙烯薄膜	使用方便,脱模效果好;因形变小,在复杂型面上不易贴平。聚酯树脂中苯乙烯可溶聚氯乙烯和聚乙烯,故高温玻璃钢制品不能使用聚氯乙烯和聚乙烯薄膜,而要用聚四氟乙烯、聚酰亚胺薄膜
液状	聚乙烯醇溶液(PVA)	价廉、无毒、来源方便、使用性好,使用温度<150℃,在120℃以下效果最好。干燥慢,涂刷周期长,如不干燥完全,残余水分对树脂固化不利
液状	聚苯乙烯脱模剂	用于环氧玻璃钢脱模效果较好,不能用于聚酯玻璃钢(聚苯乙烯会受溶),成膜时间短,膜层平滑光亮,有毒,使用温度<100℃
液状	硅油、硅脂、硅橡胶	脱模效果好,耐高温,可在 200℃下使用,未挥发溶剂对制品固化和质量不利,必须彻底干燥。易起皱褶、影响制品质量,将模具表面擦干,取少量均匀涂抹,连续数次,可获得高级光洁表面,不影响表面喷漆,使用方便,价格较高
蜡状油状	石蜡、汽车蜡、地板蜡、耐热油膏、石蜡汽油乳液、凡士林	方便、无毒、无腐蚀作用,易使制品混污,不光洁,只能室温固化,制品涂漆困难
复合	过氯乙烯溶液	对大型或形状复杂制品效果理想,适用木模、石膏模封孔,使用温度<120℃,有毒
复合	醋酸纤维素溶液	成膜光洁,平整,使用方便,毒性小,价高,适用于聚酯,不能用于环氧,最好与聚乙烯醇混合使用

(2)挡条。挡条布置在制件边缘处,用来阻挡树脂从制件边缘流出。挡条的高度应该比固化后层合板的厚度稍大,或与层合板、分离膜以及吸胶材料的厚度大致相等,以防止零件边缘变形。在整个固化过程中,挡条必须保持原位不动。

(3)可剥层。可剥离层或表面涂有聚四氟乙烯编织布铺放在铺层的表面,起着限制层合板的作用,但它并不阻碍树脂从层合板中溢出。

大多数可剥离层是多孔或穿孔材料,孔的尺寸与间距决定了层合板表面能够流出的树脂量。如果在固化时不要求树脂流出,则应使用无孔可剥离层。

可剥离层也起着控制复合材料制件表面粗糙度的作用。固化后须进行二次胶接的面,通常使用可剥离层来获得粗糙的表面状态,并在胶接操作之前才撕掉可剥离层,以保持表面的干净。

(4)分离膜/隔离膜。分离膜的作用是用来防止复合材料零件与模具表面黏结在一起。

分离膜也可用作隔离膜,布置在吸胶材料与透气毡之间,防止树脂流入透气毡,保护真空抽气管。在真空袋系统中,树脂可能阻塞真空抽气管,使其无法使用。

由于在固化过程中,树脂会产生挥发分,因此使用带小通孔的分离膜来防止排气通道被树脂阻塞;对于固化过程中不产生挥发分的树脂,通常使用无通孔分离膜。

(5)吸胶材料。吸胶材料通常为玻璃纤维布,一般用来吸收多余的树脂,并使挥发分排出。必须将固化过程中预浸料内的各种溶剂和化学反应所产生的其他挥发性化学物质抽出,否则会造成制品孔隙含量高。

吸胶方式可分边缘吸胶和垂直吸胶两种。

1)边缘吸胶。边缘吸胶过程中,胶从制件边缘流出。它具有以下特点:

(a)用于比较小的层合板零件,也就是长度小于 30 cm 的零件,因为这样的结构架桥的可能性较小;

(b)由于不使用吸胶材料、分离膜和透气毡,真空袋的成本降低;

(c)制品表面起皱褶的可能性较小;

(d)因为没有吸胶材料,固化完毕后除去真空袋容易。

边缘吸胶需要注意的事项:

(a)在固化零件时,挥发分存在的可能性非常大;

(b)树脂流动不均匀很可能导致层合板的中心处树脂较多,边缘处的树脂不足。

2)垂直吸胶。垂直吸胶过程中,胶沿着垂直于制品厚度的方向(即顶部)流出,或从边缘和顶部同时流出。这意味着挥发分和多余的树脂从制品表面流到真空袋内。垂直吸胶法具有以下特点:

(a)由于树脂流动的距离和层合板的厚度基本相当,所以树脂流动容易控制;

(b)能更好地去除滞留在制件内的气体和挥发分。

大型层合板的热压罐固化一般采用垂直吸胶方式。

垂直吸胶需要注意的事项如下:

(a)由于使用了吸胶材料、隔离膜和透气毡等材料,因此材料成本增加;

(b)劳动力成本增加;

(c)模具凹面上的真空袋长度缩短时,铺层有可能产生皱褶,这时可以利用均压板来进行防止;

(d)成型压力较大会导致制品厚度减少,在拐角处容易产生架桥;

(e)尖角转弯处可能会有挥发分残留和树脂富集;

(f)需要使用挡条,以防止树脂从制件边缘渗漏。

流入吸胶材料的树脂量可以通过热压罐的压力和时间来进行控制。在增加压力前,要求排出复合材料制件内的绝大部分挥发分,因为压力一旦开始增加,挥发分通过透气材料的能力就会受到限制。增加压力后,如果过量的树脂被压入吸胶材料而无法回流到层合板的话,那么层合板就会贫胶,进而使所生产的零件出现缺陷。

现在的预浸料制备技术已经可以很好地控制预浸料中的树脂含量,固化过程中不再需要吸出多余的树脂,所以零吸胶真空袋系统得到了广泛的应用,表 4-6 列出了两种系统的区别。

表 4-6 两种真空袋系统的区别

吸胶系统特点	零吸胶系统特点
由于树脂被吸出,质量减轻2%~10%; 铺放/固化成本高15%~20%; 树脂占预浸料质量的比例通常为40%; 固化期过程中,多余的树脂被吸胶材料吸走; 要求进行很好的控制,才能保证零件的可重复生产性	预浸料中树脂的含量为32%~35%,固化过程中,无树脂排出; 由于不使用吸胶材料,因此成本较低; 由于无法进行表面吸胶,因此面板与蜂窝芯共固化时通常使用这种方法; 建议在一般情况下使用这种方法

(6)均压板。均压板是有一定刚度的光滑板,它拥有与成品相同的尺寸和表面形状,并与复合材料铺层直接接触,这样做的目的是:

1)使制件与真空袋接触的表面光滑;
2)防止排出过多的树脂;
3)使转角保持光滑,防止变厚度区域发生皱褶;
4)通过轻轻按压可以调整制件的外形;
5)甚至可以辅助对整个零件上的压力进行重新分配。

均压板上有很多小孔让气体通过,孔径≤2 mm,否则制件表面会留下孔迹。若预浸料挥发性含量小,可不带孔。均压板可采用金属,若是软模,则是未硫化的橡胶,可重复使用6~10次。

(7)透气毡。透气毡通常用的是玻璃纤维织物或者其他无纺布材料,将它们放在分离膜上面,再将真空压力扩散到整个铺层,并在固化过程中排出滞留在制件内的空气和挥发分。如果不用透气毡,制件可能发生架桥和真空袋破坏。

(8)真空袋。真空袋是复合材料铺叠过程中的最后一道工序。真空袋必须密封,使热压罐内的气体不能进入铺层内。如果真空袋或边缘密封发生破坏,热压罐的气体会进入铺层内,则无法排出其中的气体和挥发分,甚至导致制件分层。如果真空袋过小而使真空袋紧绷,则容易导致其发生破裂,从而造成制件的真空泄露和加压气体进入铺层,严重影响零件的固化质量甚至有可能导致零件报废。

因此,真空袋的作用是用来辅助排出滞留在制件内的气体和挥发分,并使树脂按要求发生流动,它的设计和安装非常重要。通过抽真空和调节压力-温度的变化情况,使内部的气体尽量排除、树脂的流动最好。

真空袋材料包括以下2种类型:

1)尼龙薄膜真空袋——到目前为止,这是使用最普遍的真空袋材料。其他薄膜,例如硅橡胶、Mylar(迈拉、PET)、Kapton(聚酰亚胺)和Upliex-R(聚酰亚胺)等,全都可以使用,具体选择则需要根据薄膜的耐热性以及薄膜与模具表面的密封性来决定。

使用尼龙薄膜真空袋时必须考虑以下几方面因素:

(a)固化期间,在温度和压力作用下薄膜会变长;
(b)真空袋的皱褶一般会传递给铺层,铺放薄膜和密封时必须小心;

(c)固化时真空袋薄膜只能使用一次,只有预压实时真空袋薄膜可多次使用;

(d)需要使用腻子胶条将真空袋薄膜和模具连接并密封。

2)可重复使用的真空袋——人造橡胶真空袋和薄金属袋等可重复使用,通常是模具的一部分,而且密封方法亦与薄膜真空袋不同。

如果零件是平的或形状不复杂,可以使用低模量的橡胶膜。未固化的 B 阶段硅橡胶具有黏性并易于弯曲,可以铺在模具上制成真空袋,然后加热固化。也可使用已固化的超低模量硅橡胶板做成的真空袋。

使用可重复使用真空袋时需要考虑以下因素:

(a)需要使用一些夹紧机构将真空袋密封到模具表面上;

(b)密封必须能在室温和固化温度下正常工作;

(c)密封真空袋各组成部分的热膨胀系数应该在模具设计阶段加以考虑;

(d)可重复使用的真空袋一般需提前模塑成固化零件的形状;

(e)在一定的热循环次数后,真空袋发生老化,这时必须对其进行更换。

(9)密封腻子胶条。密封腻子胶条将真空袋与模具密封,组成真空系统,要求在复合材料固化温度下不变形失效。

(10)真空嘴。使真空袋系统与真空管路相连,并进行抽真空和检测真空度。

(11)热电偶。用于监测固化时的温度变化,以确保生产出满足规范要求的高质量复合材料零件。每间隔 500 mm 安放一个热电偶,整个固化体系至少需要安放两个热电偶。热电偶一般安放在升温最快和最慢的地方,安放位置不应破坏零件表面,可放在制品的加工余量处,或可包住贴于模具上面。

(12)底模板。如果需要制备随炉件考察固化工艺,真空袋内还需使用 230 mm×230 mm×(1.5~2.0) mm 的铝板或钢板作为底模板,用于铺叠 200 mm×200 mm 共 16 层的平板件,用于固化脱模后测三点抗弯强度和层间剪切强度等来考查固化工艺的正确性。

真空袋封袋完毕后,应对真空袋进行泄漏检测。在泄漏检测前,视零件大小,抽真空时间应保持在 15 min 以上。泄漏检测时,先关闭真空系统,检查真空表或真空显示,应保证 5 min 内真空表或真空显示数据读数下降不超过 0.017 MPa。如果真空检测不合格,需要仔细检查真空袋的漏点,并用密封胶条密封漏气处。如果检查不出漏点,但真空检测仍然不合格,则需要重新制备真空袋,避免零件在固化过程中破袋导致零件报废,引起更多的损失和浪费。

3. 固化

坯料的固化全部在热压罐内进行,热压罐提供温度、压力条件,使坯料完全固化,主要工艺参数如下:

温度的作用是使树脂流动并固化。

压力的作用是驱除气体使制品密实和防止分层、排出多余树脂并控制含胶量、控制制品形状。

真空的作用是提高树脂流动性,排出气体、低分子物质和水分。一般情况下,体系从一开始就需要抽真空,一是为了使坯件等在模具上定位,二是为了抽出坯件中的空气和挥发分。

固化时间的选择依据是应使树脂充分固化。

升温速度应控制在(1~3)℃/min。树脂热传导慢,若升温速度过快,则反应不均匀,导致零件变形,强度降低。

加压时机应在树脂凝胶前后几分钟加压,若加压太早,树脂会外溢,制件可能会贫胶;若加压太晚,多余的树脂又排不出来,导致制件树脂含量偏高制件偏厚。对于传统吸胶-保温-加压预浸料,通常是先将温度升到指定温度并保温一定时间,在加压带进行加压;而对于零吸胶-常温加压预浸料,则可以同时进行加热和加压。在降温过程中,应保持罐内的压力为固化时的压力不变,直到零件温度低于 60℃ 或更低才可以卸压。降温过程中由于空气温度降低导致的压力下降是正常的,一般情况下热压罐会自动补压,同对保证储气罐的压力大于固化压力,且储气罐与热压罐保持连通状态。

降温速率应小于 5℃/min,或小于 3℃/min,尽量释放制件内部的热应力。若降温速度太快,热应力会导致零件变形。

零件的固化应该按照技术文件中的固化曲线进行。按固化台阶来分,可分为单平台固化、双平台固化和多平台固化。如图 4-8 所示为单平台和多平台固化的典型曲线。

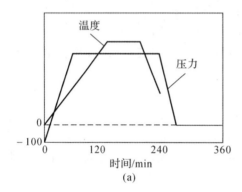
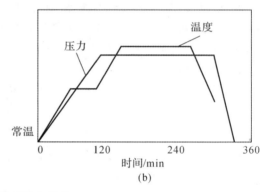

图 4-8 典型固化程序
(a)单平台固化; (b)多平台固化

关闭热压罐罐门并推上安全锁以后,需要根据预浸料固化制度设定固化曲线,主要包括温度、压力的设定,以及保温时间、压力加压和卸压时机、升温和降温的速率,以及升压和降压的速率,此外还有温度传感器的设定。

固化曲线设定好以后,即可开始运行曲线,在运行曲线之前需要打开主控制界面,还需要打开风机、水泵,并根据需要打开或关闭真空泵,确定正确以后,即可运行曲线,热压罐自动运行到曲线结束。结束以后即可打开罐门,将零件推出,进行下一步的处理。

4. 脱模

固化完成后,待热压罐内温度降到一定温度后再卸压、卸真空,方能开罐取件,待组件降到室温后,清除辅助材料,脱模,取出制品。

脱模时应达到两个目的:一是使制品顺利从模具上取下来;二是保证制品和模具不受损,因此脱模时应以柔克刚,必要时可使用适当工具,例如可以使用楔形脱模工具辅助脱模。注意脱模工具应采用木质或塑料,禁止使用金属工具,因为它可能对零件或工装带来损伤。

脱模主要工作流程如下:

(1)拆装。剥去辅助材料,取出热电偶,并注意保护热电偶。

(2)取出均压板或软模并清洗干净。

(3)检查零件贴模度和表观质量,零件的不贴模度应小于 1 mm。

(4) 在零件的余量部分按模具上的占位线标记,然后脱模。

(5) 按零件内表面的占位线标记或借助样板总图在零件的外表面用记号笔标记出占位线并标出零件质量编号。

(6) 贴上标签,注明制件图号、质量编号。标签一般应贴于制件贴模面中部。

(7) 对制件和随炉件分别称重,计算含胶量,则有

$$含胶量 = (制件重 - 纤维重)/制件重 \times 100\%$$

含胶量按要求判定是否合格,含胶量一般在 28%～34%视为合格。

(8) 测量随炉件的厚度,对每条边分别均匀地选择两个测量点进行测量。

四、修整及检验

1. 修整

复合材料制件成型后,需要进行机械加工,包括外形尺寸加工、钻孔等,要求具有很高的加工质量。复合材料制件属于脆性且各向异性材料,常规的加工方法不能满足复合材料加工质量要求。

传统切割方式在加工纤维材料时具有以下缺点:切割速度慢、效率低;复合材料制件属于易变形材料,切割精度难以保证;在切割高韧性材料时,刀具和钻头等磨损快、损耗大;加工复合材料层合板时易发生分层破坏等。

因此,复合材料生产需配备大型自动化高压水切割机、超声切割设备和数控自动化钻孔系统等专用设备,以满足复合材料制件经加工后无分层且符合装配尺寸精度的要求。

2. 检验

制件的质量波动是由原材料和固化工艺参数本身所造成的。这类质量波动常会引起厚度不均匀和制件翘曲,厚度不均匀是由所使用模具的结构特点造成的,而翘曲的主要原因是材料的各向异性。

固化工艺参数的不合理,例如压力不足,将使制件坯件中的多余树脂不能被完全吸去,使制件厚度大于设计厚度。但是,制件厚度的波动不仅仅由固化工艺参数所控制,在某些情况下,所用预浸料的不均匀性是造成制件厚度波动的主要根源。据统计,制件和预浸料的厚度波动范围大约为 6%～10%。

先进复合材料制件很少具有和它们的制造模具一样精确的形状,它们均会有不同程度的翘曲变形,这主要是由复合材料的纵向和横向热膨胀系数的差异造成的。热膨胀系数对复合材料制件的影响可以用有限元理论和层板理论进行计算。

制件的厚度波动和翘曲变形等因素造成的尺寸不稳定性将对复合材料后期的装配成本造成严重的影响。

表 4-7 为热压罐成型工艺常见操作错误对制品质量的影响。可见必须对制品进行检验,检验的内容包括无损检测、性能检测、外观检测和终检。

无损检测主要是采用 A 扫描(层间缺陷)和 C 扫描(黏结层缺陷),也有用 X 射线和红外线检测。

性能检测主要是对随炉件进行层间剪切和弯曲强度测试,若是夹芯结构,还要测试抗剥离强度。

表 4-7 热压罐成型工艺常见的操作错误及其对制品质量的影响

工艺步骤	产生缺陷原因	对制件质量的影响
模具准备	模具表面清理不完全	制件表面缺陷
模具准备	没有涂脱模剂或贴脱模布	制件黏在模具上
铺层	铺层方向不对或不准确	制件力学翘曲或性能下降
铺层	隔离纸或其他外来物被埋入坯件	制件分层,力学性能下降
铺层	预浸料存在缝隙	力学性能下降
辅助材料组装	没用隔离膜	吸胶材料黏在制件上
辅助材料组装	吸胶材料用量不足	纤维体积分数低
辅助材料组装	辅助材料折叠	制件表面粗糙,有压痕
装袋	真空袋破裂或密封不严	孔隙率增加,甚至制件分层
固化	不正确的升温程序	不均匀固化,翘曲,纤维体积分数低,孔隙,树脂降解
固化	压力不足	孔隙,纤维体积分数低
固化	真空袋破坏	若未固化前无法重新制备真空袋,则制件报废

外观检测主要是对尺寸、表面质量、质量和厚度进行检测。例如某企业要求不贴模度<1 mm、质量误差控制在±10%、厚度误差控制在±5%。

终检是检查制品是否符合图纸和技术条件,核实所有原始记录是否齐全、有效。

第三节 热压罐成型工艺用设备

一、热压罐

热压罐成型工艺中最重要的设备是热压罐。热压罐是一种普遍使用的通用系统,任何结构件只要能放入其中,它就能满足这些结构件的固化要求。

在复合材料制造领域所有的加热系统中,热压罐最为普遍。其主要有以下特点:
(1)获取成本高;
(2)温度可达650℃;
(3)压力可达3.5 MPa;
(4)需要制备真空袋;
(5)固化周期长。

1. 热压罐的组成

热压罐主要由罐门和罐体、加热系统、风机系统、冷却系统、真空系统、控制系统、安全系统以及其他机械辅助设施等部分构成(见图4-9)。在复合材料制品的固化工序中,根据工艺技术要求,完成对制品的真空、加热、加压,达到使制品固化的目的。

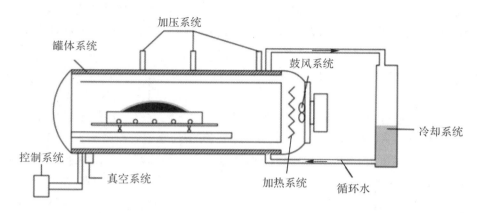

图 4-9 热压罐系统组成示意图

(1)罐门和罐体。热压罐罐门用于零件进出热压罐体,采用压制成型。罐门通常采用液压杆,由电脑进行控制开、关门操作,在发生紧急情况时可手动开门以保证人员和设备安全。罐门装备耐高温密封圈、保温层护板和风道。

热压罐罐体内放置模具与零件,罐体应具有足够高的耐热性和保温性,以及足够高的耐压性和密封性。在最高使用温度下,罐体外表温度≤60℃。

热压罐罐体通常为圆筒形,采用钢板卷筒焊制,平卧在地基上。罐体内筒焊有底板,上置轨道和小车。将零件放置在小车上,小车在轨道上行驶,方便零件出入。轨道需安全可靠,能承受最大装载质量。加热与冷却装置安装在内、外筒之间。罐体内装有风机,使空气通过内、外筒涵道强制循环流动。此外,罐体内需布置热偶接口和真空接口。罐体内的有效尺寸至少能满足正在制造的最大尺寸的复合材料结构件的要求。

(2)加热系统。加热系统主要用于对罐内空气或其他加热介质的加热,再通过空气或其他加热介质对模具和零件进行加热。热压罐通常采用电或油的加热方式,加热元件管道材质通常为耐高温、耐腐蚀材料,且要求有短路和漏电保护。

按制造结构件的最高工作温度要求,一般罐内各点的温差≤5℃,在装入固化模具环境下,升温速率为1~8℃/min,并且可以调节。

(3)风机系统。风机系统的作用是使热压罐内的空气或其他加热介质循环流动,便于温度的均匀分布,以及对模具与零件的均匀加热,罐内风速为1~3 m/s,噪声小于60 dB。热压罐通常采用内置式全密封通用电机,放置于热压罐罐体的尾部,用于热压罐内空气或其他加热介质的循环。风机必须能够有效冷却,且转速可通过计算机控制变频可调,根据固化过程智能变速,还应该配有电机超温自动保护和报警系统。

(4)冷却系统。冷却方式采用循环水冷却,降温速率为0.5~6℃/min,并且可以调节。冷却系统通常分为两路:一路用于罐内空气的冷却;另一路用于风机等电机的冷却。冷却系统通常配备水冷却塔与水泵,进水口有过滤装置。冷却系统包括主冷和预冷,并可根据热压罐温度状态由计算机控制冷却过程,换热器最低点有排水装置,能将换热器内的余水排净。

(5)压力系统。压力系统用于罐内压力的调节。采用充气加压方式,气体为空气或惰性气体,最大工作压力按制造的结构件工艺要求确定。

压力系统主要分为空气压缩机、储气罐、压力控制和补偿系统以及压力排放管路消声装置等部分,并设有安全防爆和放气装置。压力消声应满足相关工业噪声规范和速率规范。压力由计算机根据工艺需要自动控制和补偿。

(6)真空系统。真空系统主要是对零件进行抽真空,真空泵放置在罐体旁边与真空管路相连。复合材料固化时零件通常由真空袋和密封胶带密封在模具上,在零件固化前需要对真空袋和模具内的零件进行抽真空,防止在零件固化过程中进入空气。在热压罐内壁布置自动抽真空及真空测量管路,抽测分离,并能够自动切断。每条抽真空管路需配上一条通大气管路和树脂收集器。通大气功能可自动控制,树脂收集器用来收集冷凝液化的树脂。每条真空管路都配备有真空软管、快速接头、堵头、模具真空嘴。真空度由计算机根据工艺程序自动控制。在工作时,当其中一根真空管现漏气时,由计算机控制自动关闭这根真空管,避免影响其他管路的制件质量,其信息用数字和光柱显示。

(7)控制系统。热压罐控制系统分为两部分:一部分是计算机控制系统,实现热压罐过程控制及互锁保护,具有数据采集、数字显示、存储、打印等功能;另一部分是触摸屏控制系统,具有热压罐的压力、真空、温度等的数据录入和显示、图像显示等功能。

控制系统的主要控制方式包括自动控制、手动控制和全自动控制三种方式。其中,自动控制采用计算机控制,手动控制采用触摸屏控制。手动控制应包含在计算机系统中,应配有计算机控制与手动控制的切换装置。

控制系统要求能够对热压罐的每一个元器件(包括所有的阀、电机、各类传感器以及热电偶)实现有效的监控。可单独对各种参数(温度、压力、真空、时间)进行快速设定和控制。对各种参数进行实时监控并实时记录和显示。在运行过程中,用户可以对参数进行修改,可选定任意热电偶作为控温的热电偶,可对每一个零件的实时工艺参数进行预设,根据预设质量标准形成质量检测报告,并进行存储和打印。

(8)安全系统。热压罐的安全系统主要包括以下几方面:

1)应具有超温、超压、真空泄漏、风机故障、冷却水缺乏的自动报警、显示、控制功能。

2)能够对温度、真空、压力、风机等的报警参数及保护极限参数进行设置,当运行的程序数据指标超出设置的温度或压力时即报。达到所设定的保护极限参数时,整个系统针对该项报警应具有自动切断保护功能。

3)罐内未恢复到常压时,罐门自锁紧。

4)热压罐顶部安装安全阀,并在罐体明显位置配备符合测量范围的压力表。

(9)软件。热压罐操作软件主要具有以下特性:

1)采用客户端/服务器模式,支持多客户端远程监控。

2)能够实现预完整性检测,包括工件匹配检测、工件附件检测、真空检测、探测头读值检测和连接检测。检测结果能够记录、存储及形成报告打印。

3)能够实现对设备温度、压力和真空等的全部控制。

4)能够为操作人员、管理人员创建账户,为每个账户设定单独的允许/限制权限,并能够跟踪每个账户的登录历史记录。

5)可生成存取数据的档案,实现数据和图形的显示及打印。

6)当运行到所改定的保护极限参数时,整个系统针对该项报警应具有自动切断保护功能。

7)计算机软件应具有热压罐运行总工况图,即温度、压力、真空、水冷、加热运行工况图。

8)计算机系统配备网络通信接口,用于远程读取主控制室计算机的热压罐运行工况参数。

(10)辅助设施。热压罐辅助设施主要包括罐内装料的小车、相应的托架、真空用金属软管、储气罐、空压机等,易损零件应有足够备份,特种工具齐全,应有全套图样、使用和维护说明书、操作规程等。

2. 热压罐工作原理

(1)热压罐加热原理。热压罐的加热介质有电、燃气、燃料、油和蒸汽,主要取决于经济性及其可用性。在鼓风系统的高速运转下,由加热介质将热量通过内外涵道首先传递到罐门,再向罐尾传递,然后加热介质再次受热,如此反复循环进行。加热方式主要是靠强迫对流换热将热量传递到制品上,而热辐射的影响较小。另外,整个热压罐内的温度分布是罐门最高,向罐尾递减。因此,在模具结构设计方面要考虑温度场的均匀性,尽量保证模具厚度一致,并使围绕或穿过模具的热气流通量尽可能地大(模具结构形式见图 4-10),在局部升温太快的地方加透气毡。零件上每间隔 500 mm 放置一个热电偶,实时监控温度的均匀性。

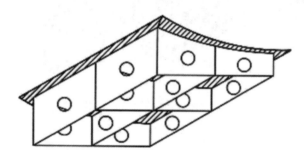

图 4-10 模具结构形式

(2)热压罐加压原理。用于热压罐加压的典型气体有 N_2、CO_2 和空气。

N_2 是热压罐使用最普遍的气体,能在 340℃ 的温度和大于 1.5 MPa 的压力下使用。但是 N_2 比较昂贵,特别是用于高压操作下的大型热压罐时更是如此。

CO_2 是排在第二位的使用最普遍的气体,但是高密度的 CO_2 对操作人员存在潜在危险,所以操作必须小心。

当使用 N_2 或 CO_2 气体时,必须配有足够的氧气。

在压力范围为 0.7~1 MPa、温度≤120℃ 的情况下,使用空气进行加压是很廉价的;当温度>150℃ 时,热压罐内辅助材料容易发生自燃。

热压罐成型过程中制品受到的压力有两种:①依靠热压罐内的压强进行加压,而且压强直接作用于真空袋表面;②依靠零件的上、下表面压力差对零件进行加压。

二、预浸料自动切割机

预浸料切割的基本方法有手工刀片切割、激光切割、超声往复式刀片切割、平板冲裁和划切式刀片自动切割等。

当前,划切式刀片自动切割设备已发展得十分完善,将逐渐取代传统的依赖于模线样板的手工切割方式。该类设备主要由数控下料系统的 CAD/CAM 系统、数控下料系统、自动上料系统和自动打标系统等四部分组成。数控下料系统具有对 CATIA,Auto CAD 软件资料的读取能力以及对 2D 零件的设计能力。结构件的 CAD 三维设计数据通过专门的处理程序转化为各个铺层的二维展开形状数据,转化后的数据文件被用于控制切割设备的运行,从而避免了手工式操作不可缺少的切割样板,具有人工和智能化排料功能。设备具有自动下料系统,可同时实现上料、裁剪、打标、卸料。上、下料系统的输送带涂有 TEFLON 涂层,能防止胶黏污,同时具有自动磨刀装置、除胶装置、自动打标系统和裁片识别系统。图 4-11 为杭州爱科科技股份有限公司生产的适用于复合材料的 BK2 高速度数字化切割系统。

图 4-11　BK2 高速度数字化切割系统

三、激光投影系统

激光投影系统通过在模具上显示铺层轮廓来减少复合材料铺层错误和缩短铺层时间,这些轮廓在铺层过程中起到定位和确定铺层方向的作用,从而无需传统的铺叠样板(见图 4-12)。铺叠样板和切割样板的废弃可以使复合材料层合板结构件的制造过程与飞机整体化、大型化、数字化设计制造高度契合。

激光投影系统由激光发生扫描头和操作系统组成。激光发生扫描头可生成最大不超过 5mV 的对人眼安全的红光或绿光束,通过高精度电流及固定在其上的特殊反射镜,使直径为 0.8～1 mm 的光束以 300 m/s 以上的速度沿工装表面生成图形轮廓。投影的图形是通过 CAD 软件生成的,激光发生扫描头并不生成真正的曲面,而是通过一系列非常小的直线生成图形轮廓,此图形对人眼视觉表现为曲面。

为了在工装表面生成正确的三维图形,激光发生扫描头首先检测一系列固定在工装表面的定位目标,通过与计算机中设置的定位位置进行比较,确认图形在工装上投影的位置。一旦工装校准完成,使用者即可从计算机里的图形序列中选择图形投影到工装上。

操作系统可安装在任意计算机上,可通过网络与激光发生扫描头通信,进行修改、操作。运用 3D 展开成 2D 软件可从复合材料零件三维模型上建立激光数据文件,极大地提高了生产效率,减少了失误,并使激光投影数据的保持和升级变得容易。

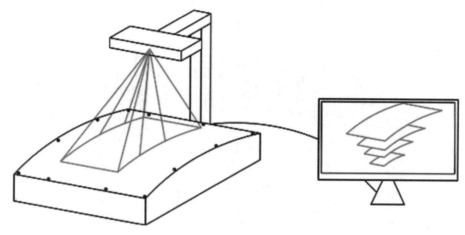

图 4-12 激光投影系统示意图

四、自动铺叠设备

航空产品采用的铺叠方法有手工铺叠和自动铺叠。手工铺叠适用于试制件和小批量生产,受操作者的技术影响较大。自动铺叠能够显著降低劳务费用,并提高铺叠的稳定性,但设备投资大,而且铺叠复杂型面的产品有一定困难。

自动铺叠工艺主要包括自动铺带工艺和自动纤维铺放工艺。自动铺带技术最早是在 20 世纪 60 年代由美国空军材料实验室发起并研制的,经历几十年的发展,Cincinnati Milacron 公司已经成功开发了商业化的 7 坐标和 10 坐标计算机控制的铺带机。这种设备的生产柔性大,适合于制造大面积、大厚度的复合材料结构件。为了进一步提高复合材料自动化效率,克服自动铺带技术的不足,在自动铺带技术的基础上发展了纤维铺放技术。图 4-13 为 Mikrosam 公司设计的自动铺叠设备。

自动铺带就是按照计算的纤维方向和顺序对一定宽度的连续预浸料进行机械化连续铺叠。自动铺带具有以下优点:

(1)由于进行连续自动化操作,比人工铺叠节约 70%~85% 的劳动力;

(2)比手工裁剪、手工铺叠节约材料,使材料得到了最大限度的利用;

(3)在自动铺带过程中,铺带压辊可以对铺好的预浸料施加合适、均匀的压力,这样使铺出的坯料规整、密实,并能驱赶出夹在层间的气泡,有利于提高固化制件的质量;

(4)自动铺带机铺叠精度高,在铺叠机翼蒙皮之类的大面积制件时,能将纤维取向精度控制在 $0.1°$ 之内(而人工铺叠要达到 $±0.5°$ 的精度已十分困难),而且其铺带质量稳定,重现性好,能很好地控制每片预浸料之间的缝隙;

(5)铺带机对操作人员的技术要求低,而手工裁剪、铺叠预浸料要求工人必须具有熟练的操作技能。

但自动铺带机的一次性投资大。表 4-8 是三种裁剪、铺叠方法的经济性比较。自动铺带技术效率高,但只有当预浸料的消耗量在每天 200 kg 以上时,才能充分发挥自动铺带技术的经济效益优势。

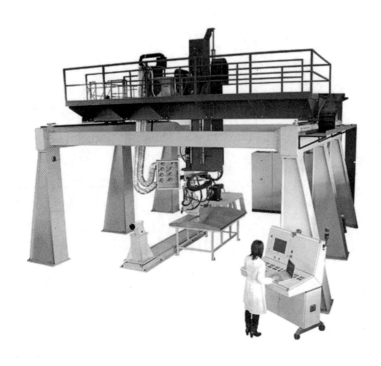

图 4-13 Mikrosam 公司设计的自动铺叠设备

表 4-8 三种裁剪、铺叠方法的经济性比较

制造工艺	设备投资	生产效率	工人熟练程度要求	制件复杂性	制件再现性	材料成本	材料利用率
手工裁剪、手工铺叠	1	10	10	5	10	3	7
机器裁剪、手工铺叠	5	5	5	5	5	3	4
自动铺叠	10	1	1	5	1	6	2

注：10 为最高成本，1 为最低成本。

针对生产效率和所铺叠工件型面的复杂程度，自动铺带机可分成 3 种不同系列，分别为生产效率较高、能够铺设相当程度的复杂型面工件的标准系列，生产效率更高、加工较平坦表面工件的系列以及生产效率一般、但适应非常复杂型面工件的系列。

1. 标准铺带机

此类设备采用 150 mm 或 300 mm 带宽的标准碳纤维带子，具有非常高的生产效率和最佳的压实能力。这种铺带机的典型应用是制造水平尾翼、襟翼、方向舵、升降舱、机翼等飞机部件，基本上已成为制造上述所有部件的标准技术方案。

TORRESLAYUP 标准铺带头具有较高的生产效率，转向能力也很高。当然，在某些情况下，有的零件表面曲率的要求超出了 150 mm 带宽的铺带转向能力，这样就需要使用 75 mm

宽的带子。

2. 多带铺带机

多带铺带机可以用于解决大而厚的零件制造所产生的问题。需要采用 75 mm 和 50 mm 的带宽,因为零件表面曲率需要这种窄带,以避免在铺带过程中产生皱褶。

多带铺带机的最大优点是能铺叠需要 75 mm 甚至 50 mm 带宽的高转向曲面表面,这是 300 mm 和 150 mm 带宽铺叠设备所不能铺叠的。另外,多带铺带头具备对 4 条 75 mm 带宽的带子同时进行开卷和铺叠的能力,生产效率与采用 300 mm 带宽的标准铺带机等同。换而言之,多带铺带机既保持了 300 mm 带宽铺带机的高的生产效率,又兼顾了 75 mm 或 50 mm 窄带所具备的很高的转向能力。

多带铺带机的另一个优点是它可以使用一条标准的 300 mm 带宽的带子,或使用两条 150 mm 带宽的带子,或 4 条 75 mm 带宽的带子,这样在很大的范围内满足了生产效率和转向的需求。

高效多带铺带机可以同时实现 4 条 150 mm 带宽带料的开卷和铺叠,这样总的带宽是 600 mm。该方案可以大幅度提高生产效率。迄今为止,高效多带铺带机在无曲率工件的制造方面,具有全球最高的生产效率。

3. 铺丝机

与铺带机不同,铺丝机可以满足纤维的增减、凹面的缠绕、尺寸的变化、切口的缠绕等的需要。

7 轴纤维铺丝机,可以独立控制高达 24 束的纤维沿同一方向铺放,每束纤维的宽度为 3.2 mm。机械手拥有多个独立的丝束进料以及分段的压实辊筒,压实辊筒使预浸纤维束铺叠在复杂形状的模具上或缠绕在模具上,并直接压实在模具的表面上。

采用铺丝机具有以下优点:纤维可以缠绕、可以对带形状的面进行铺放、铺层厚度控制精确、在铺放过程中可以压实、孔隙率低、纤维角度不受限制。与缠绕成型工艺相比,生产废料少。

铺丝机相对铺带机而言,其主要特点在于前者更适合于制造复杂形状的制件,原材料利用率更高,铺放速度更快。铺丝机能加工任意复杂型面的工件并具有极高的生产效率,因此可以称得上是终极解决方案。它能够适应所有碳纤维零件的铺敷。

自动铺叠完成的仅是复合材料制件的坯件,这些坯件还必须经过热压罐成型工艺等固化成型,也可以和微波固化、电子束固化技术等结合以进一步降低复合材料的制造成本。

随着高压水切割技术的推广应用,它独特的优点使得其被人们应用于生产、生活的许多方面。

五、高压水切割

高压水切割技术首先被用于军工企业,解决了各向异性的复合材料的加工难题。

从近期国内外研究动向中可以看到,高压水切割技术应用水射流的多种性质,以及射流与目标物的多种作用方式,成为一种适合现代化建设需要的破碎、切割、清洗方面的多功能新型工具。图 4-14 为南京大地水刀有限公司生产的 DWJ1525FB 三轴悬臂水切割机。

图 4-14　DWJ1525FB 三轴悬臂水切割机

1. 高压水切割的优点

高压水切割技术首先由苏联发现,后由美国麦克卡特尼公司第一个取得了专利权。随着这一技术的广泛应用,高压水切割技术的优点也越来越明显地体现出来。

(1) 改善了工作环境。高压水切割时,加工切屑量少,只有传统机械加工的 15%～20%。高压射流形成的水射流和平台底部配的真空吸盘,使结构件紧贴于平台底部,切屑同水流一并流走,避免了切屑与尘埃飞扬的情况。在加工过程中噪声小,不会产生有害气体,有利于保护操作者的身体健康。

(2) 工艺性能好。高压水切割制品的切缝狭窄,只有 0.1～0.8 mm,原材料损耗率低。切口整齐、光滑、无毛刺、不产生分层和变形问题,加工完成后,无须对工件加以修边。另外,高压水切割是冷加工,加工部件不产生热变形、热应力。当高压水切割系统与光电仿形装置、数控系统配合时,能作特型切割。高压水切割速度快,一次可切割数层至几十层,由于它可产生内切口,内切缝与外切缝能产生圆角半径小于 1.58～3.18 mm 的过渡圆弧,因此对内切缝不需要另钻起刃孔,省去了准备工序。

(3) 成本低。高压水切割是无刃切割,不会出现卡刀现象,更不需要磨刀和换刀,并且射流中的磨料和废水可以回收处理后重复使用。与其他机械加工设备相比,高压水切割设备低廉,并且加工后不需要修整,也节省了人力,降低了加工成本。

2. 高压水切割系统

高压水切割系统由液压泵、增压器、蓄能器、高压元件、喷嘴和收集器等元件组成。

(1) 液压泵。液压泵由 30 马力、40 马力或 60 马力(1 马力=735.499 W)的马达驱动。用标准的远程压力补偿控制油压,油压反过来影响增压器送出的水压,油路中还有一个冷却器和一个过滤器。

(2) 增压器。压力较低的油作用于增压器大活塞,使其往返运动,大活塞上有两个小的柱塞泵连续出高压水。这种往返式的液压泵是整个系统的核心。

(3) 蓄能器。为了保持高压水的连续流动、减少系统内的压力脉动,需要一个高压水的蓄能器。蓄能器内没有运动件,当增压器活塞换向时,依靠水的可压缩性而保持输出压力。

(4) 高压元件。高压管路把水从泵站输送到切割点,这些管路的直径有 6.35 mm、9.53 mm、14.23 mm 等。通过安装单作用或双作用的小扭转接头,或者把钢管绕成圆形回路,可使喷嘴得到多轴运动,并且系统中所应用的元件和管路接头处有可靠的密封。

(5) 喷嘴。喷嘴一般用人造蓝宝石制成,这种喷嘴寿命长、成本低。喷嘴的大小、形状以及内表面质量直接影响切割质量。为达到最佳效果,喷嘴直径应为 0.1~0.3 mm,喷流离开喷嘴的出口压力为 100~500 Pa。

(6) 收集器。收集器用以收集切割物料之后的流水,它可以降低噪声,使水流回收处理。

第四节　热压罐成型工艺特点及应用

一、热压罐成型工艺特点

近年来,热压罐成型工艺被视为"高成本"的复合材料结构件制造方法,而被排除在"低成本"方法体系之外,似乎热压罐成型工艺应走向淘汰之路。实际上,无论在成熟度还是规模化方面,热压罐成型工艺都是当今复合材料结构件的主要成型方法,这是由它的特点决定的。

1. 罐内压力均匀

因为用压缩空气或惰性气体向热压罐内充气增压,作用在真空袋表面各点法线上的压力相同,能使真空袋内的结构件在均匀压力下成型、固化。

2. 罐内空气温度均匀

因为热压罐内装有大功率的风扇和导风套,加热或冷却气体在罐内高速循环,罐内各点气体温度基本一样,在模具尺寸合理的前提下,可保证密封在模具上的结构件升温、降温过程中各点温差不大。

3. 适用范围较广

热压罐的温度和压力条件几乎能满足所有聚合物基复合材料的成型工艺要求(其中包括无论是低温成型的不饱和聚酯树脂基复合材料,还是温度在 300~400 ℃、压力大于 10 MPa 成型的 PMR-15 和 PEEK 复合材料),还可完成缝纫/RFI 等工艺的成型。

另外,热压罐成型工艺的模具相对比较简单、生产效率高,适合于大面积复杂型面的蒙皮、壁板和壳体的成型和胶接。若热压罐的尺寸大,一次可放置多层模具,同时成型或胶接各种较复杂的结构及不同尺寸的结构件。

4. 成型工艺稳定可靠

由于热压罐的压力和温度均匀,可保证成型或胶接结构件的质量稳定。零件真空袋的真空度容易控制,一般热压罐成型工艺制造的结构件孔隙率较低,树脂含量均匀,相对其他工艺,成型的结构件力学性能稳定、可靠;能保证航空航天胶接结构件的胶接质量。迄今为止,高性能复合材料结构件绝大多数都采用热压罐成型工艺。

但是,热压罐成型工艺的初始投资成本、运行维护成本很高。与其他成型工艺相比,热压罐系统庞大、结构复杂,属于压力容器,投资建造一套大型热压罐的费用很高;由于每次固化都需要制备真空密封系统,将耗费大量价格高昂的辅助材料,同时成型中要耗费大量的能源。

二、热压罐成型工艺的发展及应用

热压罐成型工艺适合于制造结构较复杂、尺寸精度要求高的复合材料结构件,因此它主要用于航空航天、兵器等行业。

早在20世纪70年代早期,波音公司就已应用热压罐成型工艺制造B737飞机的扰流板。在此之后,用此方法成型的复合材料结构件在多种民机和军机上得到广泛应用,结构件有次承力制件,也有主承力结构件(见表4-9和表4-10)。

热压罐成型工艺不仅在飞机结构上有大量应用,而且应用热压罐成型工艺制备的聚酰亚胺复合材料在发动机冷端部件上也有广泛应用。

此外,热压罐成型工艺在体育、医疗、交通等民用行业中也有大量的应用。

表4-9 热压罐成型复合材料在多种军机上的应用

复合材料制件	F-15	F-16	F-18	F-22	F-35	B-1	B-2	AV-8B
门			√	√		√	√	√
方向舵	√							√
升降舵								
垂尾	√	√	√	√	√	√		√
平尾	√	√	√	√	√	√		√
副翼					√			√
扰流板								
襟翼						√	√	√
翼盒							√	
机身			√	√			√	√

表4-10 热压罐成型复合材料在多种民机上的应用

复合材料制件	Lear Fan 2100	B737	B757	B767	B787	A380	A350
门	√		√	√	√	√	√
方向舵	√		√	√	√		
升降舵	√		√				
垂尾	√				√	√	√
平尾	√	√			√	√	√

续表

复合材料制件	Lear Fan 2100	B737	B757	B767	B787	A380	A350
副翼			√	√	√	√	√
扰流板		√	√	√	√	√	√
襟翼	√			√		√	√
翼盒	√				√	√	√
机身	√				√		√

第五节 典型航空复合材料结构件的成型

随着热压罐成型工艺在航空主承力复合材料结构上的应用，结构设计逐渐趋于大型化和整体化，其目的是更好地发挥复合材料的优势、降低成本和减轻质量。但由此也带来了相关结构件制造上的困难。例如过去热固性预浸料的固化过程需要吸胶，在预浸料升到一定温度并保持一段时间后才能对其施加压力，以保证制件的质量。随着复合材料结构件大型化和整体化程度的不断提升，其在热压罐内固化过程中的温度场分布也变得越来越不均匀，如果还采用传统的"吸胶-保温-加压"的固化工艺，则难以保证预浸料加压带的要求，从而导致结构件制造质量的下降和固化成型时间的增加。

为解决这一问题，需要改善预浸料本身的工艺特征，以适应复合材料结构变化所带来的新需求。为此，国内外通过大量的研究，均已开发出多种可实现"零吸胶""常温加压"工艺的预浸料，从而保证了热压罐成型工艺复合材料制件的质量一致性，并减少了进罐时间。

一、整体化成型工艺

随着复合材料结构设计的发展，考虑进一步减重和降低成本，航空复合材料主承力结构件已越来越倾向于使用整体化制造工艺，将多个结构件一体化制造，以减少复合材料之间的装配连接。目前，热压罐成型工艺的整体化制造技术可分为共固化、共胶接和二次胶接三种方案。每种方案均有各自的特点，因此需根据实际的结构和工艺要求来选择相应的整体化制造技术。

在整体化制造中，各结构件之间的连接最为关键，因为它往往是整个结构最为薄弱的环节。如盒段整体结构，其弱点是承受面外载荷的能力较差，因此需要使用一些手段对该位置面外拉伸方向的性能进行加强。从目前的研究来看，Z-Pin技术、缝合技术虽然能改善面外拉伸性能，但其对结构的面内力学性能有一定的影响。针对整体化结构R区的面外承载能力弱的特点，还可以采用缝合技术，提高填充材料的韧性和黏结性能等措施。例如ZXC195增强芯材已应用于某飞行器复合材料的整体化结构，大大提高了整体盒段T形接头的面外拉伸承载能力，而对该区域结构的面内性能没有任何影响。

二、各主承力结构件成型工艺

1. 壁板类结构件

复合材料壁板主要用于飞机尾翼、机翼和非筒体成型的机身。该类结构主要由蒙皮和长桁组成。

早期复合材料制造的壁板通常是由各自成型好的蒙皮和长桁通过机械连接组装而成的,这样的方式增加了结构的自重,不能很好地发挥复合材料的优点。随着复合材料整体化制造技术的出现,壁板类复合材料结构也逐渐摆脱了机械连接,实现了一体化制造。其制造工艺方案主要有以下几类。

(1)蒙皮与长桁共固化。分别铺叠蒙皮和长桁;通过模具工装将二者组合在一起,接触面铺胶膜;之后整体进热压罐完成共固化。

(2)蒙皮先固化,再与长桁共胶接。蒙皮先固化;再铺叠长桁,通过模具工装将其固定在已固化好的蒙皮上,接触面铺胶膜;之后进罐完成共胶接。

(3)长桁先固化,再与蒙皮共胶接。长桁先固化,并进行必要的机加工;再铺叠蒙皮,通过模具工装将固化的长桁与其组装,接触面铺胶膜;之后进热压罐完成共胶接。

(4)二次胶接。分别固化蒙皮和长桁;将长桁进行必要的机加工;通过模具工装将蒙皮与长桁组装,接触面铺胶膜;之后进热压罐完成二次胶接。

(5)混合工艺。该工艺主要用于结构复杂的壁板结构。其制造工艺根据蒙皮和加筋的先后固化顺序分为多种工艺方案,统称为混合工艺。

以上的壁板类结构件制造工艺方案各自具有不同的特点,在实际的工艺方案制定中,设计人员需要考虑具体的情况和相应的工程经验,来选用不同的成型工艺。

2. 大长细比长桁和C形梁成型工艺

在飞行器复合材料结构件中,有一类大长细比的结构件,如机翼长桁、机翼C形梁、机身长桁、机身地板梁等。这类结构件的结构虽然相对简单,但却无法使用自动铺叠设备直接铺叠出毛坯,用手工铺叠却又不能在成本和周期上满足批量生产的要求。基于这类结构件的结构特点,国内外工艺研发人员相继开发出了基于自动铺叠技术的适用于大长细比结构件的毛坯制备工艺。

(1)热隔膜成型。热隔膜成型工艺是在欧洲推出的ALCAS计划中,开发的一种用于加工飞机前梁的典型成型工艺方法,可以将梁类制件的毛坯制备实现自动化。

采用热隔膜成形工艺制备C形梁毛坯的过程如下:首先,将C形梁展开成平面;然后,通过自动铺叠机铺叠平板毛坯;最后,利用热隔膜成型机使平板毛坯贴合到模具上。

在热隔膜成型过程中,平板毛坯被置于两个可以自由变形的隔膜之间,隔膜被夹持在模具的边缘;将双隔膜之间抽成真空以便提供一个加持平板毛坯的压力;将平板毛坯和隔膜组装在真空箱内;在平板毛坯上面进行加热;达到工艺温度时开始对真空箱抽真空;两隔膜之间的平板毛坯受大气压力会缓慢贴合到模具表面。

在成型过程中,被夹持在真空箱边缘的隔膜处于拉伸状态。因此,薄膜和平板毛坯之间存在相互摩擦作用,这有助于使平板毛坯保持张力,从而防止纤维在成型过程中发生屈曲和皱褶,如图4-15所示。在成型过程结束后,将毛坯在大气压力下冷却到预浸料软化温度以下,最后卸压并从模具上剥去隔膜取出制件。

热隔膜成型具有成型过程中纤维不易滑动、不易产生皱褶的特殊功效,非常适于加工大型飞机机翼前梁的C形截面。近年推出的A400M飞机的C形前梁的毛坯制备采用了这种工艺方法。

需要指出的是,该工艺方法并非针对所有的预浸料都适用,相应的树脂应具有一定的流动性。有资料表明,由于空客 A350XWB 在选材中坚持选用三代增韧的 M21E/IMA 预浸料,其所用树脂是用热塑性树脂韧化的,缺乏流动性,用隔膜成型较困难,因此只好用自动铺丝技术来完成。

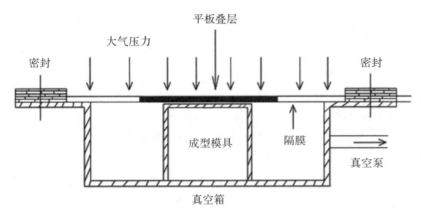

图 4-15　热隔膜成型工艺模具方案原理示意图

(2)叠层滑移工艺。叠层滑移工艺的基本原理和热隔膜成型一样,都是使平面毛坯发生层间滑移,而纤维不发生屈曲或皱褶。不同的是叠层滑移工艺可以采用机械装置来完成长桁毛坯的制备,有利于将长桁毛坯的制备实现自动化。

如图 4-16 所示,叠层滑移工艺首先将结构件的复合材料模型进行平面展开,可用自动铺叠机铺叠展开后的平面毛坯。再将平面毛坯放入专用装置并进行加热软化,利用压力使其贴于相应的模具表面,形成最终的制件毛坯。

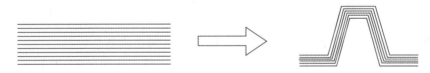

图 4-16　叠层滑移原理示意图

T 形、工字形、J 形和 Ω 形长桁可以由 L 形、C 形、Z 形和 Ω 形基本单元组合而成,L 形、C 形、Z 形和 Ω 形的基本单元均可采用叠层滑移工艺制备毛坯,并将其组合成为 T 形、工字形、J 形和 Ω 形长桁毛坯。基于这种工艺,国内已研制出了 10m"C"形梁以及 10m"工"形、"J"形、"T"形长桁,且结构件的质量完全满足要求。

3. 盒段整体结构

在现行的飞机翼面类复合材料整体化结构中,有多种结构设计方案,较为经典的如上、下蒙皮与骨架一体成型的整体盒段,下蒙皮与骨架一体成型并与上蒙皮机械连接的整体盒段等。针对这些不同的复合材料结构形式,需要开发相应的制造工艺方案。几种典型的成型工艺方案如下:

(1)基于"π"形接头的盒段结构成型工艺。这一类结构方案主要用于飞机平尾、垂尾。其成型路线是先成型上、下"π"形加筋壁板和腹板,然后将腹板与上、下"π"形加筋壁板合拢胶接,组成盒段整体结构。目前,该种结构和成型工艺已在我国某机型的垂直安定面上得到应用。

(2) 基于 T 形接头的骨架与上、下蒙皮一体成型工艺。该类结构先铺叠(或固化)上、下蒙皮，通过模具工装将未固化的骨架与上、下蒙皮毛坯(上、下蒙皮)组装在一起，接触部位填充胶膜，再与骨架和胶膜的共固化(或共胶接)。通常这类结构适用于飞机平尾、垂尾部分，如目前 B787 的平尾即采用了这类成型工艺。

(3) 基于 T 形接头的骨架与下蒙皮一体成型工艺。该类结构先铺叠(或固化)下蒙皮，通过模具工装将未固化骨架与下蒙皮毛坯(或下蒙皮)组装，接触面共固化(或共胶接)；固化上蒙皮；上蒙皮再与骨架/蒙皮一体成型下壁板进行机械连接。该类结构主要用于战斗机的机翼主承力结构，目前有多种飞机机翼采用了该类结构，如欧洲 EF2000 机翼、日本 F2 机翼。国内对于该类结构的成型工艺已完成了相关的工程验证，并得到应用。

4. 机身筒体

目前使用复合材料制造机身的结构方案有两类：一类是将机身的每段筒体分为 4 块壁板分别成型后，再用机械连接方式对接，A350XWB 即为这种工艺方案；另一类则是将机身每段筒体整体成型，其代表机型是 B787。

B787 的机身是用直径为 5.8 m 的成型模胎成型，模胎安装在一旋转夹具上面沿长轴转动，用自动铺丝机进行纤维铺放，先铺长桁然后铺蒙皮。结果是可形成外表光滑的变厚度的壳体以及共固化的桁条组成的机身段，经过热压罐固化后，取下模胎，这一工艺可以代替由上百块蒙皮壁板、加强筋及长桁、上千个紧固件组成机身的工艺。

三、复合材料数字化/自动化制造技术

1. 自动铺带/铺丝技术

一直以来，热压罐成型工艺都属于先进复合材料制造工艺中成本较高的成型方式。其中在复合材料毛坯的制造过程中，预浸料的裁减和铺叠是人工成本和人工时间消耗最大的一个环节，在国外，人工成本高昂的问题尤其突出。特别是在制件批量生产的前提下，不改变这种局面，制件的制造成本无法降低到市场能够接纳的程度。基于此原因，以及考虑到大尺寸结构件制造的质量性，自动铺带/铺丝技术应运而生。

2. 手工铺叠的自动化/数字化技术

目前，手工铺叠工艺具有明显的数字化特征，在整个铺叠过程中使用了许多专用设备来控制和保证铺层的质量，如复合材料预浸料自动裁剪下料系统和铺层激光定位系统等。采用专门的数控切割设备来进行预浸料和辅助材料的平面切割，从而将依赖于样板的制造过程转变为可根据复合材料设计软件产生的数据文件进行全面运作的制造过程，大大增加了手工铺叠的工作效率和铺叠质量。目前，我国在研和批量生产的航空用先进复合材料结构件大部分仍在使用手工铺叠，其在数字化水平上已完全与国外看齐。

习 题

1. 什么是预浸料？为什么要使用预浸料？
2. 预浸料的制备方法有哪些？湿法制备预浸料后为什么要烘干？
3. 对预浸料有哪些性能要求？

4. 预浸料存放需注意什么？

5. 如何对预浸料进行解冻？

6. 为了确保铺叠时预浸料位置和角度的准确性，可采用什么措施？

7. 和手糊成型工艺相比，使用新模具时，热压罐成型工艺使用的模具需要多做哪项准备工作？

8. 铺叠时使用抓紧装置的目的是什么？如何实现抓紧？

9. 预浸料铺叠性能不好时，可采取什么办法改善？

10. 铺叠时为什么要定序、定位、定角度？

11. 铺叠预浸料时允许拼接，接缝间距要求多少？

12. 人工铺叠预浸料时会用到刮板，刮板的作用是什么？

13. 人工铺叠层数较多或形状复杂的制件，如何保证层间铺叠密实，这种方法还适用于其他什么情况？

14. 面板各 30 层的蜂窝夹芯结构，采用热压罐共固化成型，手工铺叠时需要预压实至少几次？并请说明何时进行预压实。

15. 请说明手工铺叠和自动铺叠的特点。

16. 请说明标准铺带机、多带铺带机、高效多带铺带机、自动铺丝机的区别。

17. 请手绘预压实真空袋系统。如何实现真空袋重复利用？

18. 请手绘固化时典型真空袋系统，并说明各自组成的作用。

19. 对真空袋进行真空检漏时，要求抽真空至少多长时间才关闭真空泵？关闭多长时间？真空表读数下降不超过多少视为合格？

20. 在热压罐真空袋系统里，真空袋破损或漏气会对制件有何影响？如何避免真空袋破损或漏气？

21. 在热压罐成型工艺中，请说明简单固化程序和复杂固化成型的特点。高性能结构件为何选择复杂固化程序？

22. 热压罐成型工艺为什么必须打真空袋？在固化过程中，真空袋破损会有什么影响？如何处理？

23. 目前热压罐的加热和加压是如何实现的？

24. 请说明热压罐系统的组成。

25. 热压罐成型的生产过程分为哪几个步骤？试简述之。

26. 热压罐成型有哪些优缺点？请举例说明热压罐成型的应用。

27. 预浸料的制备、解冻、裁剪、铺叠都需要在净化间内进行，净化间对温度、湿度和尘埃粒子控制在什么范围？室内是正压力还是无压力或负压力？

28. 若热压罐成型制品出现翘曲，试分析有哪些原因。

第五章　层压成型工艺

层压成型工艺是玻璃钢成型工艺中发展较早也较成熟的一种成型方法。其成型原理：采用增强材料经浸胶机浸渍树脂，烘干后制成预浸料，将预浸料裁剪、叠合，在压力机中施加一定的压力和温度，保持适宜的时间而制成层压制品（见图5-1）。

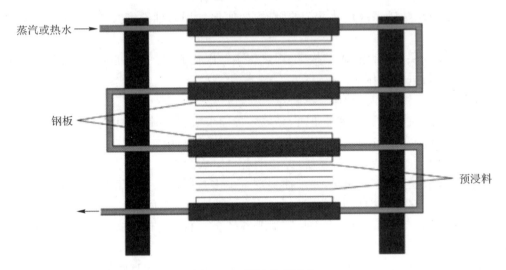

图 5-1　层压成型原理

层压成型工艺直接继承了木胶合板的生产方法和设备，并根据树脂的流变性能进行了改善。与手糊和喷射成型工艺不同，层压成型工艺将逐层铺叠的浸胶玻璃纤维布放置于上、下平板模之间加压、加温固化，使产品质量得到改善，易于实现连续化大批量生产。1994年，美国采用玻璃钢机翼的军用飞机试飞成功，这种机翼的上、下蒙皮均是玻璃纤维布层合板，其采用层压成型工艺，制品的密度、表面质量和强度均大大优于之前使用的手糊成型工艺。

层压成型工艺主要用于生产各种平面尺寸大、厚度大的层压板、绝缘板、波形板、覆铜板或结构形状简单的制品。其优点是生产机械化、自动化程度较高，产品质量比较稳定等；缺点是一次性投资较大，且制品规格受到设备的限制，适用于批量生产复合材料板材，且生产效率较低。

当前，纤维增强热固性树脂的层压制品已形成比较完整的系列，在航空航天、汽车、船舶以及电信等工业领域得到了广泛应用，已成为现代科学技术发展中不可缺少的一种新型工程材料。随着电气工业的发展，印刷电路用覆铜板和作为高压电器用电容式套管的胶纸电容套管芯的生产规模也得到了迅速发展，层压成型工艺制品仍被认为是制造印刷电路板的理想材料。

第五章 层压成型工艺

第一节 原 材 料

层压成型工艺所用的原材料主要有基体材料和增强材料。基体材料和增强材料的千差万别导致了层压产品性能的差异,所以合理选择原材料对最终产品尤为重要。

一、基体材料

适合用作预浸料的树脂基体主要有不饱和聚酯树脂、环氧树脂、酚醛树脂、聚酰亚胺树脂、有机硅树脂和聚四氟乙烯乳液等。

不饱和聚酯树脂价格低廉,工艺性能良好,固化后树脂综合性能良好,但耐热性不如其他树脂。环氧树脂具有优良的黏结性能,强度高,耐化学腐蚀性好,尺寸稳定性好,吸水率低,综合性能良好。酚醛树脂耐热性好,电性能良好,具有优良的耐腐蚀性。聚酰亚胺树脂具有极高的耐热性和优良的电性能,但价格较高。有机硅树脂耐热性好,性能优良,在 $260\sim427$℃仍保持其强度和电性能。聚四氟乙烯乳液耐化学腐蚀性好,电绝缘性好,耐热,尺寸稳定性好。

二、增强材料

层压成型工艺常用的增强材料为玻璃纤维布、碳纤维布、石棉布、合成纤维布、棉布、石棉纸、牛皮纸等。

玻璃纤维布一般为平纹无碱玻璃纤维布,具有良好的电绝缘性及力学性能,它的缺点是易被无机酸侵蚀。

碳纤维织物具有良好的耐腐蚀性和耐烧蚀性,强度高;与之相匹配的树脂主要有环氧树脂、酚醛树脂和聚酰亚胺树脂等。

棉布具有良好的浸渍性能,柔性好,耐磨。棉布层压制品加工性能比纸质层压制品和玻璃纤维布层压制品好,黏合强度和冲击强度比纸质层压制品高,但吸水率大,吸湿后电绝缘性下降,且易长霉,不适于湿热地区使用。因此一般用于低压电机电器的绝缘结构零部件,如垫圈、槽楔、螺杆等。

纸质层压制品能承受锯、钻、车、铣、刨等加工,厚度在 3 mm 以下的可冲孔加工,用于高低压电机电器及电子工业的绝缘零部件。生产纸质层压板的纸要求有较好的浸渍能力,湿态时要有足够的机械强度,并要有一定的纤维长度。一般制造电工材料及高压绝缘的层压板材料都采用木质纤维素硫酸盐纸。

三、辅助材料

辅助材料包含固化剂、促进剂、染色剂等,主要根据树脂及其性能和制品的要求选择。

对溶剂的选择主要根据树脂的种类进行,应遵循以下四项原则:

(1)能使树脂充分溶解;

(2)毒性小;

(3)价格低廉;

(4)适当的沸程。

在实际中常采用混合溶剂,如环氧树脂主要使用丙酮、乙醇和甲苯。

第二节 层压成型用设备

层压工艺使用的设备主要为热压机组,辅助设备有装卸机、模板回转机、模板清洗机、铺模清理机(叠铺机)等设备。从生产组合上分为单机热压、冷却和两台热压、冷却机。

目前,国内外使用的热压机有开式热压机和真空热压机两种。与开式热压机相比,真空热压机具有两个突出优点:一是成型单位压力低 1/3~1/2,即降低胶的流动,布的经纬线移动小,层压板的内应力降低,最终达到降低制品翘曲度的目的;二是可避免板内和边角产生气泡,产品的质量较高。真空热压机在复合材料成型中的应用越来越广泛。

热压机的性能和控制水平直接影响产品的质量,同时与成型工艺有直接关系。热压机主要控制加热板的温度场和压力。

一、加热板

加热板的结构和所使用的热介质直接影响加热板温度场的均匀性、板面温度的均匀性、胶布胶熔化的均匀性,以及胶化后产生的气体和胶布层间空气的排出。因此加热板升温速度要快且均匀,板面温度差应小于 3℃。

加热板的通道有单进单出和双进双出两种。后者制造工艺复杂,配管也复杂,且成本较高,一般很少使用。前者采用蒸汽加热,板面温度差较大;当采用热水或热油时,板面温度差小于 3℃;采用导热油效果更好,因为导热油的压力低、温度高。

二、热压机

目前,热压机大多采用液压机,可满足产品成型所需的单位压力,最高可达 12.5 MPa,压力稳定,压力差小于±500 kPa,可根据工艺要求设定。多层压机的吨位一般较大,通常为 2 000~3 000 t。多层压机的层数一般为 7~18 层,压机两侧各设一个升降台和推拉架,其作用是装板与卸板,滚道用来输送垫板、叠层、制品等。

第三节 层压成型工艺过程

层压成型的工艺流程图如图 5-2 所示。尽管层压成型工艺简单,但对制品的质量控制是一个较为复杂的问题,因此对工艺操作规程的要求十分严格。

图 5-2 层压成型工艺流程图

一、下料

下料是将胶布裁剪成一定尺寸,通常用连续切割机定长裁剪,也可手工裁剪。胶布的裁剪要求尺寸准确,不能过长或过短。

不同用途胶布的裁剪方式也不同：用于层压的胶布按生产规格进行裁剪，同时留有加工毛边的余量；用于布带缠绕的胶布则先把胶布切割成缠绕成型所要求的胶布带，然后通过缝纫搭接、倒盘、卷成一定直径的胶布带盘使用。

另外，压制厚板时应将胶布裁小一些。特别是布的纬向，纬纱收缩性较大，压制时会展开。裁小的比例应由经验和具体实验确定。

将剪好的胶布整齐叠放，把不同含胶量及流动性的胶布分开堆放，做好记号储存备用，例如面层布、芯层布。为了尽可能避免胶布挥发分的增加及可溶性树脂含量的降低，胶布应储存在净化间。

二、铺叠

胶布铺叠工序对层压板的质量好坏至关重要，如果铺叠不当会发生层压板裂开、表面发花等弊病，所以操作时应注意以下几点：

(1) 两表面分别用 2～3 层面层胶布。面层胶布的含胶量应比内部胶布略高，易于获得光滑表面。

(2) 胶布的挥发分含量不宜过大，控制在 1%～6%，否则应干燥处理。如果挥发分含量太大，会影响制品的电性能和耐热性能，易产生边角气泡和表面发花。

(3) 临近面层的 10～20 层胶布，应选用平整无破损的胶布，更不能搭接。

(4) 要使压制的板材厚度准确，一般采用质量法确定板材的胶布用量。每块板材所需的胶布材料的质量与层压板的厚度、面积、成板后的密度及成板后切去废边率的因素有关，计算公式为

$$m = Fhd(1+a)/1\,000 \tag{5-1}$$

式中：m——需要层压胶布（纸）的总质量，g。

F——压制板材的面积，cm^2。

h——压制板材的厚度，cm。

d——成品的密度，g/cm^3。密度在压制布质、纸质板时按 $1.40～1.45\ g/cm^3$，环氧酚醛玻璃纤维布按 $1.65～1.70\ g/cm^3$ 计算。

a——修正系数，也称为物料损失系数；视板的厚度而定，$h<5\ mm$ 时，a 取 $0.02～0.03$；$h>5\ mm$ 时，a 取 $0.03～0.08$。

大面积的层压板可先取几张胶布，称取质量，确定 1 mm 所需胶布的厚度，然后视要求的厚度点清张数。对薄板可按张数下料法即实验法确定下料量。

三、组合

组合顺序如下：铁板→衬纸→单面钢板→板料→双面钢板→板料→……→双面钢板→板料→单面钢板→衬纸→铁板。

组合基本原则如下：对于厚度在 20 mm 以上的板材应单独压制。厚、薄板一起压制时，应将薄板排放在两侧，厚板排放在中间，这样对产品质量有利。

垫衬材料的作用是使钢板及板材受压、传热均匀，并起到传热、冷却的缓冲作用。

四、热压

将组合好的模具工装推入多层压机的热板中间，热板缓慢上升，闭合后加压通入蒸汽

压制。

压制工艺中的关键是确定工艺参数,其中最重要的工艺参数是温度、压力和时间,称之为三大工艺参数。压力制度首先取决于物料的品种和性质,其次考虑制品的厚度、板面积和设备条件。

1. 温度

一般压制工艺的升温过程可分为 5 个阶段,如图 5-3 所示。

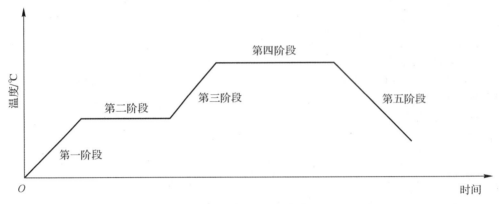

图 5-3 热压温度制度

第一阶段为预热阶段。物料的温度从室温升到树脂开始交联反应的起始温度,此时树脂熔化,并进一步渗入增强材料中,同时排出部分挥发分,压力一般为全部压力的 1/3~1/2。

第二阶段为中间保温阶段。树脂在较低的反应速度下进行交联固化反应。保温时间根据胶布的固化程度和制品板的厚度而定。当流出树脂接近凝胶化并拉长丝时,开始加大压力并升温。

第三阶段为升温阶段。将温度和压力升至最高,加快交联反应。

第四阶段为热压保温阶段。在规定的温度和压力下,保持一定时间,使树脂充分交联固化。

第五阶段为冷却阶段。达到保温阶段终点即可停止加热,然后缓慢冷却,并保持所需要的最高压力。冷却速度对制品表面的平整度有影响,应控制冷却速度,开始冷却时不宜过快,温度降至 60℃ 以下时才可以脱模。

2. 压力

压力的作用是克服挥发分的蒸汽压,使黏结树脂流动,使胶布层间密切接触,防止板材冷却时变形。

压力在 5 个阶段各不相同:第一、二两阶段压力较低,当树脂的流动性下降到一定程度时,才可在第三阶段升温和加足压力。

成型压力根据树脂特性、板厚、树脂含量、流动度和升温速度确定。以树脂特性为例,固化时若有小分子物质逸出,成型压力应大些;树脂固化温度高时,成型压力也要相应增大。

几种常见的玻璃纤维布层压板的热压制度见表 5-1。

表 5-1　常见层压板热压制度

压制工艺	3240 酚醛环氧玻璃纤维布	3230 酚醛树脂胶布	FR-4 环氧玻璃纤维布	酚醛改性二苯醚胶布
加压条件	110～120℃ 6 MPa,15 min	80℃ 7～9 MPa	130～150℃ 3 MPa,30～50 min	110～120℃ 6 MPa,15 min
成型温度、压力	160℃,6 MPa	160℃,保压	120℃,6 MPa	120℃,6 MPa
保温时间	5～8 min/mm	8 min/mm	5～8 min/mm	5～8 min/mm
脱模	室温脱模	室温脱模	室温脱模	室温脱模

3. 时间

从预热加压开始到取出制品为止的时间即为压制时间，它是预压时间、热压时间和冷却时间之和。压制时间与树脂的固化速度、层压板的厚度和压制温度有关，以层压板能否充分固化为依据。

预压时间取决于胶布的性能。若胶布的不溶性树脂含量高，挥发分含量低，则预压时间短；反之要相对延长。

热压时间应保证胶布中树脂充分固化，太短则树脂固化不完全，太长则使制品性能下降，需要通过反复试验来确定。

冷却时间是保证产品质量的最后一个环节，冷却时间过短则容易使产品产生翘曲、开裂等现象，太长则降低生产效率。

五、冷却脱模

保温阶段结束后，关闭热源，采用自然降温或冷风、冷水等冷却方式使制品在保压状态下冷却，过早降压会使制品表面起泡或产生翘曲现象。

冷却时间根据板材厚度确定，一般冷却到 60℃ 以下，除去压力并完成制件脱模。板材取出温度过高时，表面易起泡且易翘曲变形。

六、后处理

后处理是在烘房内进行的处理程序，目的是使树脂进一步固化，同时消除制品的部分内应力，提高制品的性能。

对不同的树脂后固化处理的温度、时间不同。环氧板、环氧酚醛板的后处理是在 120～130℃ 的环境中保温 120～150 min，而对后阶段固化慢的环氧-酚醛板材，压制定型后，需要在 120～130℃ 下处理 48～75 h。

第四节　制品常见缺陷及解决措施

尽管层压成型工艺比较简单，但对制品的质量控制是一个较为复杂的问题，因此对操作规程的要求十分严格，表 5-2 为层压板生产常见缺陷、产生原因及解决措施。

表 5-2 层压板生产常见缺陷、产生原因及解决措施

常见缺陷	产生原因	解决措施
颜色不均（表面发花）	多出现在薄板中，产生原因可能是：胶布所用树脂流动性差、压制时压力不足或受压不均、预热时间过长、加压过迟	生产胶布时应注意树脂中不溶性树脂含量和树脂的流动性，预热时间不要过长并及时加全压，适当增大压力，增加衬纸数量并经常更换
中间开裂	坯料中夹有老化胶布、胶布含胶量过小、压力太小或加压过迟、坯料中夹有不洁净的杂物、坯料叠合体搭配不当	严格检查胶布质量；注意坯料的叠合；压制时注意掌握好加压时机并注意保压
板心发黑、四周发白	胶布可溶性树脂含量和挥发分含量过大，导致坯料在压制时流向四周，并且四周挥发分容易溢出而中间残留过多	适当增大不溶性树脂含量和降低挥发分含量、防止胶布受潮
厚度偏差	钢板不平、胶布含胶不均匀、可溶性树脂含量过大、胶布流动性过大、热板温度不均匀	检查钢板厚度，控制胶布质量、胶布中可溶性树脂含量、控制好热板温度分布
坯料滑移	在环氧酚醛复合材料坯料中较为常见。产生原因可能是胶布不溶性树脂含量过低、胶布含量不均匀、预热阶段升温过快压力过大或第二次加压过早、压力分布不均匀	适当控制不溶性树脂含量；对含胶量不均匀的胶布要适当搭配叠合；合理控制预热阶段的升温速度和加压速度；确保压力在坯料上均匀分布
板材翘曲	热板温度不均匀、胶布质量不均匀	升温及冷却要缓慢、胶布质量要严格控制并搭配合理
厚板树脂聚集和开裂	在酚醛胶布压制厚板时常出现，产生原因可能是加压时机控制不当、树脂固化反应速度太快	提高胶布中不溶性树脂含量、适当降低预热及压制温度、降低升温速度、延长操作时间

第五节 层压成型工艺应用实例

层压成型工艺主要适用于平面尺寸大、厚度大的层压板。根据所用增强材料的不同，层压制品可分为玻璃纤维布层压制品、棉布层压制品、纸质层压制品、石棉纤维层压制品、复合层压板等。玻璃纤维布层压制品可作为结构材料，用于飞机、汽车、船舶及电气工程与无线电工程等；棉布层压制品在机械制造工业中多用来制造垫圈、轴瓦、轴承和皮带轮和无声齿轮等；纸质层压制品用来制造电绝缘部件。

另外，由层压成型工艺衍变发展的卷管成型工艺广泛用于小尺寸管类零件的成型，例如钓鱼竿、网球拍和羽毛球拍等。

一、玻璃钢卷管成型工艺

玻璃钢卷管成型工艺是层压成型工艺的一种变形,是使用玻璃胶布在卷管机上经热卷成型玻璃钢管材的一种方法。玻璃钢卷管可用作化工管道、轻质结构材料、电工绝缘材料等,其成型工艺与层压板成型有许多共同之处。

1. 工艺原理

卷管成型工艺是借助于卷管机上的热辊将预浸料胶布软化,使胶布中树脂熔融;在一定张力作用下,借助滚筒与芯模的摩擦力将胶布连续地卷到芯模上,经冷辊冷却定型,然后在固化炉中固化得到产品的一种生产方式(见图5-4)。

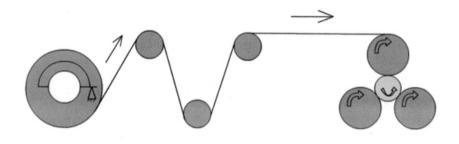

图5-4 卷管过程

制备卷管所用的管芯可用铸铁管、无缝管和钢来制造,一般要求其具有较好的表面质量,并有一定的锥度以便于脱模。

2. 工艺过程

卷管成型工艺按其上布方法的不同,可分为手工上布法和连续机械法两种(见图5-5和图5-6)。

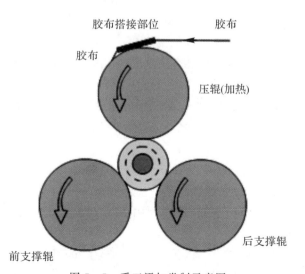

图5-5 手工添加卷制示意图

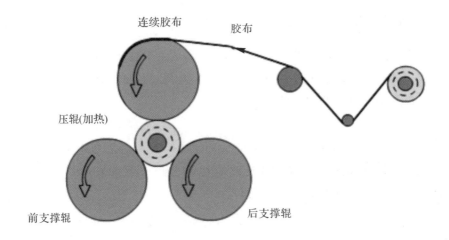

图 5-6 连续添加卷制示意图

其基本过程是:清理各辊筒,将辊筒加热到设定温度,调整好胶布张力。在压辊不施加压力的情况下,先将引头布在涂有脱模剂的管芯模上缠上约 1 圈,然后放下压辊,将引头布贴在热辊上,同时将胶布拉上,盖贴在引头布的加热部分,与引头布搭接。引头布的长度和管径相关,一般为 800~1 200 mm。引头布与胶布的搭接长度,一般为 150~250 mm。在卷制厚壁管材时,可在卷制正常运行后,将芯模的转速适当加快,在接近壁厚时再减慢转速,达到设计厚度时再切断胶布。然后在保持压辊压力的情况下,继续使芯模旋转 1~2 圈。最后提升压辊,测量管坯外径,合格后,将其从卷管机取出,送入固化炉中固化成型。

卷管成型工艺一般采用平纹布或人字纹布。与层压板所用胶布相比,其不溶性树脂含量相对低一些,含胶量则相对高一些,这是由于卷管成型工艺所用压力较低。

3. 主要工艺参数

(1)前支承辊的温度。前支承辊的温度是一个重要的工艺参数,卷管温度是否合适需根据胶布预热的情况来判断。胶布在卷入时必须充分发软发黏,以保证层间有良好的黏结性,但也不能有明显的流胶情况。当胶布中不溶性树脂含量较高时,前支承辊的温度应相应提高一些,而当不溶性树脂含量较低时,则应相应降低温度。

在连续卷制过程中,前支承辊表面会黏上一些树脂,影响操作和温度的均匀性,因此在黏附的树脂量达到一定程度后,应临时停车将表面清理干净。

(2)压力和张力。压辊的作用是将胶布压紧,并使管芯持续转动达到卷管的目的。支承辊之间的距离大,管芯受到的压力就大,两个支承辊之间的距离一般控制在管芯直径的 1/3~1/2。

胶布张力是卷管工艺中一个重要参数,一般来说,张力大一些有助于将管卷紧和清除气泡,同时应注意控制张力的均匀性,避免出现一边紧一边松的情况。

(3)固化制度。固化制度是指管坯在固化炉中固化时的控温制度,主要根据所用黏结剂的类型和管子的壁厚来确定。

以壁厚小于 6 mm 的酚醛管为例,其固化制度为:80~100 ℃入炉,2h 内均匀升温到 (170±4)℃,保温 40 min 后取出,在炉外自然冷却降至常温。

(4)底布。底布的卷制操作比较简单,但对管材的质量影响却比较大。为了使胶布能黏到管芯上并使玻璃钢管卷紧,应先在管芯上包上底布。底布的长度以管周长的2倍为好,底布应选比较平整的胶布。手卷底布时要卷紧卷齐,在卷管机上空转2～3圈使底布卷紧后再卷管。

二、覆铜箔层压板成型工艺

覆铜箔层压板,简称覆铜板,是由绝缘基材、黏合剂、铜箔经一系列成型工艺制作而成的,是现代电子工业发展的重要基础材料。覆铜板经照相制版、化学蚀刻和电镀等工序,可制成印刷电路板。印刷电路板简化了错综复杂的布线,使电路紧凑地排列在绝缘板上,它广泛应用于宇航、计算机、电信、电子及机电产品中。

覆铜板按所使用的基材可分为许多品种,还可分为单面和双面。双面覆铜板可两面布线,并可与半固化片黏结复合制成多层线路板。不同品种的覆铜板具有不同的特性和用途。

1. 原材料

(1)铜箔。用于覆铜板的铜箔,其技术要求符合 GB/T 5230—1995《电解铜箔》的规定。覆铜板一般使用 35 μm 厚度的铜箔。随着印刷电路的高密度化,为了减少刻蚀,有利于制作精细线条,增加布线密度,节省蚀刻时间和材料,压制薄板使用了 9 μm 和 18 μm 厚度的铜箔。

铜箔除化学成分、力学性能、电性能和工艺性能等应满足 GB/T 5230—1995 的规定外,铜箔的表面质量对覆铜板的质量也有很大影响。要求铜箔表面无污垢、皱褶、麻点、凹坑、划痕、针孔、渗透点等。

铜箔表面一面是光面,另一面是粗糙面,铜箔表面须经化学或电化学处理,以提高铜箔与基材的黏附力。使用偶联剂处理也可以提高黏附力。用于纸基板的铜箔还在铜箔的粗糙面上涂胶。选择铜箔时应考虑铜箔与基材之间具有良好的黏附力,并具有良好的电绝缘性、浸焊性等。一般选用聚乙烯醇缩丁醛、丁腈橡胶改性的酚醛树脂作为铜箔胶。

(2)增强材料。

1)浸渍纸。生产纸基覆铜板所用的浸渍纸,要求具有良好的吸收性、一定的机械强度和电绝缘性,纸面不光滑以利于上胶和增加层间的黏结力,但纸质材料的结构应均匀,不存在纤维束、腐浆、斑点等,浸渍纸应呈中性。

浸渍纸有棉浆纸和木浆纸两种,分别作为覆铜板的表面纸和芯纸。表面纸用棉浆纸,芯纸用漂白木浆纸。如果仅用棉浆纸作为芯纸,其板子的翘曲性大。

2)玻璃纤维布。应使用无碱玻璃纤维平纹布,其成分为铝硼硅酸盐玻璃,碱金属氧化物含量不大于 0.5%。为提高玻璃纤维布层间黏结力,玻璃纤维布浸胶前须经脱浆和偶联剂处理。

3)黏结剂。不同型号的覆铜板使用不同种类及牌号的黏结剂。酚醛覆铜板一般使用改性酚醛树脂。

2. 工艺过程

覆铜板的成型方法与一般层压板制品方法相同,一般工艺流程如下:配胶、浸胶、裁片,再经叠合、层压、切边。

(1)配制黏结剂。

1)双氰胺溶液配制。双氰胺为白色结晶固体,熔点为 207～209℃,在极性溶剂中可溶解,其溶解度随温度升高而增加。

双氰胺是一种潜伏型固化剂,为了与环氧树脂充分分散混合,须先配成溶液,适当加热能加速双氰胺溶解。双氰胺溶液中不得有未溶解的或再结晶的双氰胺颗粒,否则会影响树脂的流动性及产品性能。

2)黏结剂配方。表 5-3 为常用黏结剂配方。

表 5-3 黏结剂配方

组 分	质量配比
溴化环氧树脂	100
双氰胺溶液	2%～4%(以 100 双氰胺含量记)
苄基二甲胺	0.1～0.3
丙酮	适量

3)黏结剂凝胶速度和胶液浓度的控制。凝胶时间一般为 180～200 s(170℃)。凝胶速度直接影响浸胶时胶液的流动性、压制工艺及产品的性能。一般来说,凝胶速度快,可缩短压制时间。胶液浓度用密度或黏度控制,一般用丙酮调节。胶液浓度影响浸胶时胶布的含胶量。胶液太浓不利于胶液渗透玻璃纤维布。胶液的相对密度一般为 1.05～1.1。

(2)浸胶。玻璃纤维布在立式浸胶机上进行浸胶,采用两次浸胶法。第一次采用反挤辊或胶液喷射法,使胶液从玻璃纤维布的一面向另一面渗透,以利于玻璃纤维布间隙内气体的排出和胶液渗透均匀。第二次为浸渍,通过控制一对挤辊间隙调节含胶量的大小和均匀性。胶布从烘箱出来后收卷或裁片。

浸胶时调整车速和烘箱温度,以利于严格控制胶布的含胶量、挥发分含量、可溶性树脂含量或胶液的流动性。

(3)铺叠。铺叠必须在净化间内进行。根据覆铜板的厚度,确定每张板子所需胶布的张数。铺叠前将有瑕疵点的胶布挑出来,然后将每块板按照所需层数铺叠并做好标记,避免弄混。再按铜箔—胶布—铜箔(双面覆铜板)、铜箔—胶布—薄膜(单面覆铜板)顺序叠合在一起,以利于在铺模时整理。

(4)铺模。在净化室中使用铺模整理机完成铺模。在铺模中应注意每模所压的块数和总厚度。以 1.6 mm 厚的覆铜箔为例,每模以 8 块为宜,块数多对排气泡和平整度均不利。铺模时在垫板上和盖板下应加放 20 层左右的绝缘层,作为压制缓冲层,以保证压制时物料内的气泡排出。

(5)压制。层压板一般含有 18 层或 20 层。先将已铺好的浸胶布一单元一单元地堆放在装卸机里的各层上,然后开动机器将所有的浸胶布一次推进层压机里。层压机模板的温度为 120～130℃,预压力为 3～5 MPa,预压时间约 15～20 min,这时胶布里的树脂凝胶。然后在 10 min 内将温度升至 170～175℃,将压力逐渐升至 7～8 MPa,保温 75～90 min,停止加热,开冷水管冷却,冷却至 50℃以下脱模。

如采用真空压制,压制时可把真空度升至 91.2～96.3 kPa,预压和最高压力均可减少 1/3。这样有利于边缘的气泡排出,并提高制件的平整度。

(6)裁剪。按规定的尺寸裁剪,一般为 1 220 mm×1 020 mm 或 1 220 mm×915 mm。采用剪板机或自动剪板机裁边。裁边时为避免损伤覆铜板的铜箔面,剪板机上应垫放软质材料后裁边。裁剪时应保持板面的垂直度。

(7)成品检验。按国家标准 GB 4725—1992 技术要求或订货合同要求的标准和技术指标进行检验。

习　　题

1. 简述层压成型工艺原理及特点。
2. 热压过程中温度可分为几个阶段？简要叙述各阶段现象。
3. 请写出层压成型工艺过程。
4. 举例说明层压成型的应用。
5. 以层压成型为例,试阐述钓鱼竿制备过程。

第六章　模压成型工艺

模压成型工艺是指将一定量的模压料放入金属对模中,在一定温度和压力下,固化成型为异形制品的工艺方法(见图6-1)。

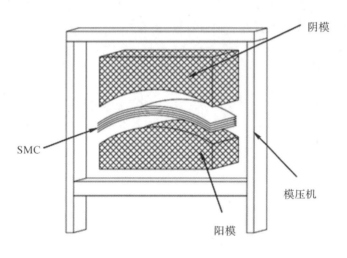

图6-1　模压成型原理

从定义可以看出,模压成型必须满足以下基本条件:
(1)模压料在模具开启状态下加入;
(2)成型过程中,模压物料需要在一定温度条件下塑化、流动充模、固化定型;
(3)在充模流动过程中,不仅树脂流动,增强材料也随树脂流动,成型过程中需要较高的成型压力,压力一般由液压机施加;
(4)制品尺寸和形状主要由闭合状态下的模具型腔保证,需要高强度、高精度、耐高温的金属模具。

模压制品作为一种复合材料,它的历史较之玻璃钢要更久一些,可以追溯到19世纪末期。当时发明了酚醛树脂,开始在树脂中加入木粉或石棉粉作填料,采用金属对模压制生产电器绝缘零件。玻璃钢问世后,用玻璃纤维取代木粉/石棉等通过此种工艺制成了复合材料制件。开始是湿法成型,即将纤维与树脂直接加入模具内加压固化。它的缺点是混料不易均匀,劳动条件差,费时费工。

从1949年开始,就有事先混好的面团状模压料——"团状模压料(DMC)"出售。它由专门的车间将不饱和聚酯树脂、短切玻璃无捻粗纱、填料、颜料、固化剂等混合搅拌均匀,将呈半干态的团状料作为原料出售。复合材料厂家只需购买DMC,按制品质量将料块加入模具中,加温加压固化成型。由于原料准备工作由专业厂集中进行,极大地改善了模压工艺条件,也在一定程度上提高了工作效率,改善了制品质量,这是模压工艺的一个划时代的进步。

DMC 流动性好,成本低,缺点是制品收缩较大。稍后,根据 V. J. Frilette 提出的聚酯树脂增稠理论和化学增稠方法,将低收缩技术应用于模压工艺的预混料,出现了块状模压料 BMC。BMC 是在 DMC 配方基础上加入化学增稠剂和低收缩添加剂,并采用较长的纤维,提高纤维含量。这一改进大大提高了模压制品的物理性能、机械性能和表面光洁度。

为了适应大尺寸薄壁制品模压件的要求和降低压机的吨位,20 世纪 60 年代初在联邦德国出现了片状模压料(Sheet Molding Compound,SMC),1965 年左右美日等国相继发展了片状模压料的成型工艺。现在片状模压料成型工艺已广泛应用于汽车车身、船身、浴盆等薄壁深凹形制品的自动化连续生产。

我国 SMC/BMC 工业的起步时间与国外差距仅 5 年,但在 20 世纪 90 年代中期之前的近 20 年间,它的发展受到当时 SMC/BMC 技术成熟度、原材料品质、设备水平和市场培育周期较长等因素的影响,发展十分缓慢。到 1989 年,全国 SMC/BMC 的总产量仅为 2000 t,到 1991 年约为 3000 t。其后,尤其是在 2000 年以后,我国 SMC/BMC 工业得益于我国改革开放多年的成果,相关行业产品品种增加,质量水平提高,市场需求变旺,在行业内有多年的经验积累,并且企业队伍不断成熟,它的发展取得了过去数十年所无法比拟的成绩。据统计,到 2000 年,全国年产量达到 4 万吨,2007 年 SMC/BMC 产量已经达到 6 万多吨,至今产量已达到 40 万吨的水平,它已逐渐成为我国模压料工业主角。

第一节 原 材 料

一、原材料的种类

1. 片状模压料

片状模压料是指用树脂基体(不饱和聚酯树脂、乙烯基酯树脂等)、增稠剂[MgO,$Mg(OH)_2$,CaO,$Ca(OH)_2$ 等]、引发剂、交联剂、填料等混合成树脂糊,浸渍短切玻璃纤维或玻璃纤维毡,并且在两面用聚乙烯(PE)或聚丙烯(PP)薄膜包覆起来形成的片状模压成型材料。

SMC 是干法生产复合材料制品的一种中间材料,它与其他成型材料根本区别在于它的增稠作用。在浸渍玻璃纤维时体系黏度较低,浸渍后黏度迅速上升,达到稳定并处于可供模压的程度。

SMC 的特点如下:

(1)操作方便,易于实现自动化,生产效率高,改善了湿法成型的作业环境和劳动条件。

(2)成型流动性好,可成型结构复杂的制品。

(3)制品尺寸稳定性好,表面光滑,光泽好,纤维浮出少,简化了后处理工序。

(4)增强材料在生产和成型过程中均无损伤,制品强度高。

不足之处:设备造价较高,设备操作和过程控制较为复杂。

2. 块状模压料/团状模压料

块状模压料/团状模压料(Bulk/Dough Molding Compound,BMC/DMC)是将树脂基体(不饱和聚酯树脂)、低收缩剂、固化剂、填料、内脱模剂、玻璃纤维等经充分混合而成的团状或块状预混料。其与 SMC 的区别主要在形态和制作工艺上。

BMC/DMC 有以下特点:

(1)成型周期短,可模压,也可注射,适合大批量生产。
(2)加入大量填料,可满足阻燃、尺寸稳定性要求,成本低。
(3)复杂制品可整体成型,嵌件、孔、台、筋、凹槽等均可同时成型。
(4)对工人技能要求不高,易实现自动化,节省劳动力。
其不足之处:仅适于制作尺寸较小、强度要求不高的产品。

3. 短纤维模压料

短纤维模压料是指以热固性的酚醛树脂、环氧树脂等为基体,以短切纤维为增强材料,经混合、撕松、烘干等工序制备的纤维模压料。

短纤维模压料有以下特点:
(1)纤维松散无定向。
(2)适于大批量生产。
(3)模压料流动性好,易于成型复杂制件。
(4)成型技术要求不高,易实现自动化。
其不足之处:①纤维在制备过程中强度损失大;②模压料比容大,需增加模具加料腔的高度。

4. 预浸纤维布

预浸纤维布是指以热固性的环氧树脂、酚醛树脂、不饱和聚酯树脂等为基体,以布状纤维为增强材料,经浸胶、烘干、收卷等工序制备的布状纤维模压料。

5. 单向预浸料

单向预浸料是指以热固性的环氧树脂、酚醛树脂、不饱和聚酯树脂等为基体,以均匀分布的单向纤维为增强材料,经浸胶、烘干、收卷等工序制备的连续纤维模压料。

6. 厚片状模压料

厚片状模压料(Thick Molding Compound,TMC)的组成和制作与 SMC 相似,厚达 50 mm。由于 TMC 厚度大,玻璃纤维能随机分布,树脂对玻璃纤维的浸渍性得到改善。此外,该材料还可以采用注射和传递成型。

7. 高强度模压料

高强度模压料(Hight Molding Compound,HMC)主要用于制造汽车部件。HMC 中不加或少加填料,采用短切玻璃纤维,纤维含量为 65% 左右,玻璃纤维定向分布,具有极好的流动性和成型表面,其制品强度约是 SMC 制品强度的 3 倍。XMC 是美国 PPG 公司发明的高强 SMC,XMC 沿纤维方向的强度是 SMC 的 5~8 倍,纤维含量达 70%~80%,不含填料。

8. ZMC

ZMC 是一种模塑成型技术,ZMC 三个字母并无实际含义,而是包含模压料、注射模塑机械和模具三种含义。ZMC 制品既保持了较高的强度指标,又具有优良的外观和很高的生产效率,综合了 SMC 和 BMC 的优点,获得了较快的发展。

二、SMC 模压料制备工艺

1. SMC 的组分材料

SMC 的组分材料主要包括不饱和聚酯树脂、玻璃纤维、引发剂、交联剂、填料、增稠剂、低收缩添加剂、阻聚剂、内脱模剂和颜料等。

(1) 交联剂。加入交联剂和聚酯发生共聚反应，使不饱和聚酯树脂大分子通过交联单体自聚的"链桥"而交联固化，改善了树脂固化后的性能。同时交联剂用量增加，会使体系黏度降低。

常用交联剂为苯乙烯，另外还有甲基丙烯酸甲酯、乙烯基甲苯、邻苯二甲酸二丙烯酯。

(2) 引发剂。SMC 对引发剂的要求有五方面：①储存、操作安全；②室温下不分解；③SMC 储存期长；④达到某一温度时，分解速度快，交联效率高；⑤价格低。

引发剂对树脂糊适用期、流动性和模压周期起主要作用。用量过多，会使生成物相对分子质量较低，力学性能差。另外，由于加入过多，反应速率过快，导致树脂因急剧固化收缩，而使制品产生裂纹。用量过少，会使制品固化不足。

常用的引发剂种类及其用量如下：过氧化苯甲酰（BPO）2%；过氧化二异丙苯（DCP）12%；过氧化环己酮（CHP）1%。

(3) 阻聚剂。阻聚剂的作用是防止不饱和聚酯树脂过早聚合，延长储存期。

选用原则有两个：一是在引发剂和树脂的临界温度内起作用；二是不能明显影响树脂的交联固化和成型周期。

常用的阻聚剂有苯醌类和多价苯酚类化合物、对苯二酚（HQ）、对苯二醌（TBC）、对叔丁基邻苯二酚（TBC）。

(4) 增稠剂。增稠剂的作用是使黏度由很低迅速增高，最后稳定在满足工艺要求的熟化黏度，并长期相对稳定。

增稠剂主要是第二主族的金属氧化物或氢氧化物，例如 MgO，$Mg(OH)_2$，CaO，$Ca(OH)_2$ 等。

增稠机理如下：

第一阶段：金属氧化物或氢氧化物与聚酯端自由基进行酸碱反应，生成碱式盐。碱式盐进一步脱水。脱水方式有两种：碱式盐同聚酯之间脱水和碱式盐之间脱水。

第二阶段：络合反应，碱式盐中的金属离子和聚酯端自由基中的氧原子以配位键形成络合物。大量络合键的形成使分子间摩擦力升高，进而使物料黏度上升。

第一阶段主要决定达到熟化黏度的时间，第二阶段主要决定最终熟化黏度。

(5) 低收缩添加剂。低收缩添加剂的作用是降低或消除固化收缩，保证制品的表面质量。

低收缩添加剂主要有两类：热塑性高分子聚合物、液态丙烯酸单体。

1) 热塑性高分子聚合物。随着温度升高，热塑性树脂和不饱和聚酯树脂都发生热膨胀，接着不饱和聚酯树脂和苯乙烯开始交联聚合，在热塑性聚合物施加内压下固化。当热塑性聚合物开始固化时，不饱和聚酯树脂已经固化完，热塑性聚合物虽然发生聚合收缩，但只是局部收缩，不会引起整体收缩，使它与外部物料中间形成微孔结构。

热塑性聚合物的存在使固化时间延长，放热峰温度下降，对不饱和聚酯树脂交联网络有增稠作用，但降低了树脂体系的强度，所以添加量必须控制在 5% 左右，粒径小于 30 μm。

2) 液态丙烯酸单体。不饱和聚酯树脂不起反应，但当不饱和聚酯树脂发生反应时放热，使丙烯酸单体发生均聚作用，并且留下泡沫状吸着物，利用泡沫状吸着物生成时产生的压力来阻止不饱和聚酯树脂的聚合收缩（见图 6-2）。

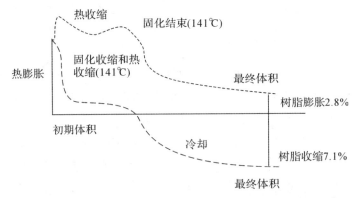

图 6-2 普通不饱和聚酯树脂与低收缩不饱和聚酯树脂固化时的体积变化

(6) 无机填料。无机填料的作用主要是降低成本,改善 SMC 的表面质量以及其他一些性能。常用的无机填料有碳酸盐类如 $CaCO_3$,硫酸盐类例如 $BaSO_4$ 和 $CaSO_4$,氧化物类如 $Al(OH)_3$。

(7) 内脱模剂。内脱模剂的作用是使制品顺利脱模。

内脱模剂是一些熔点比普通模压温度稍低的物质,与液态树脂相容,与固化后树脂不相容。热压成型时,脱模剂从内部逸出到模压料和模具界面处,熔化并形成障碍,阻止黏着,从而达到脱模目的。

常用的内脱模剂有硬脂酸盐、烷基磷脂酸、合成和天然蜡等。硬脂酸盐呈粉末状,国内常用硬脂酸锌,日本常用硬脂酸亚铅,欧美常用硬脂酸钙和镁。用量一般为 1%~3%。

常用的内脱模剂的熔点为:硬脂酸 70℃,硬脂酸锌 133℃,硬脂酸钙 150℃,硬脂酸镁 145℃。

(8) 增强材料。SMC 主要使用玻璃纤维,要求玻璃纤维易切割、易分散、浸渍性好、抗静电、流动性好、强度高。

SMC 对纤维长度要求在 40~50 mm 时,纤维含量为 25%~35%。三种类型 SMC 的配方见表 6-1。

表 6-1 三种类型 SMC 的配方

组 分	配 方			
	S2510	S2511	S2512	质量分数/(%)
不饱和聚酯树脂(196 或 198)/kg	18	18	18	100
聚乙烯(PE)/kg	2.7	2.7	5.4	15~30
过氧化二异丙苯(DCP)/g	180	200	200	1~1.1
碳酸钙(双飞粉)/kg	21.6	21.6	21.6	120
聚醋酸乙烯(PVAc)/kg	3.6	3.6	—	20
聚苯乙烯(PS)/kg	—	—	3.6	20
氧化镁/g	540		540	3
硬脂酸锌/g	360	360	360	2

续表

组　分	配　方			
	S2510	S2511	S2512	质量分数/(%)
氧化钙/氢氧化钙(1.6/1.0)/g	—	460	—	2.6
色浆/g	360～540	适量	适量	2～3
水(视环境而异)	—	—	—	0.4

2. SMC的制备过程

(1)选取原材料。熟悉工艺卡片，并根据工艺卡的要求选取适合的树脂、低收缩添加剂、引发剂、阻聚剂、助剂、填料、增稠剂、脱模剂、色料等原料，并根据各种原材料的配比要求准备原材料。

(2)原材料准备。将固体粉料添加物放入烘房中进行烘焙干燥处理，去除固体粉料在储存、运输等过程中吸收的水分。烘干后将固体粉料取出过筛，去除固体粉料中大的颗粒，过筛后的固体粉料分别用各自的容器密封包装，并检测固体粉料中水分含量是否达标，待用。

将树脂、苯乙烯、低收缩添加剂混合均匀待用。

(3)设备准备。搅拌前检查搅拌锅的内壁、搅拌桨叶、出料口等是否干净无杂色，如不干净应及时清理干净；检查电子秤是否水平放置，显示是否正常；检查称量小料的器皿是否干净无杂质；操作人员清洗自己佩戴的手套使其无杂质、无杂色。

SMC片材生产工艺流程和SMC片材成型机分别如图6-3和图6-4所示。

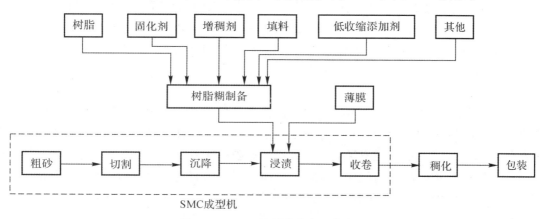

图6-3　SMC片材的生产工艺流程

(4)树脂和低收缩添加剂称量。先将搅拌锅的出料口关闭，并将电子秤归零，把树脂桶和低收缩添加剂桶依次放置在电子秤上，以减量法称取工艺配方要求的树脂和低收缩添加剂并将其放到搅拌锅内，若发现有杂质混入，必须立即将其挑出。打开搅拌锅的搅拌桨叶开始搅拌，调节搅拌机转速，使其达到配方工艺卡的要求，搅拌均匀。

(5)引发剂、阻聚剂和助剂等的称量与添加。把称量小料的容器放到电子秤上并去皮，按配方工艺卡的要求称量出所需的引发剂、阻聚剂和助剂等，不同的材料对应不同的容器，不得混用。将称量好的引发剂、阻聚剂和助剂等加入搅拌锅内，开动搅拌桨叶，搅拌2～3 min，使引发剂、阻聚剂和助剂等均匀分散在树脂中。

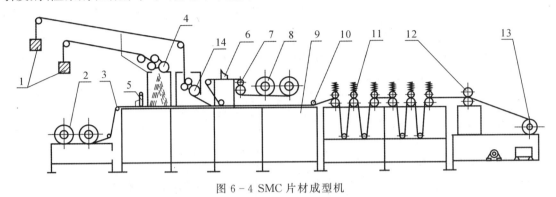

图6-4 SMC片材成型机

1—纤维纱团；2—下薄膜；3—展幅辊；4—三辊切割器；5,6—下、上树脂刮刀；7—展幅辊；8—上薄膜；9—机架；10—导向辊；11—浸渍压实辊；12—牵引辊；13—收卷装置；14—长纤维切割器

(6)硬脂酸锌的添加。用干净无杂质的称量工具将经烘焙干燥处理并过筛的硬脂酸锌和色料按配方工艺卡的要求称量，加入搅拌锅中，采取先慢后快的方式搅拌3～5 min，搅拌过程中要注意及时用工具把搅拌锅内壁黏附的脱模剂等铲入搅拌锅中。

(7)苯乙烯的添加。按配方工艺卡的要求用干净的容器称量苯乙烯，并分批分次将称量好的苯乙烯加入搅拌锅中，启动搅拌桨叶使其与树脂体系混合均匀。

(8)碳酸钙、氢氧化铝等的添加。提升搅拌桨叶的转速，使树脂糊呈涡流状。选择干净无杂质的装盛工具，按配方工艺卡的要求称取烘焙干燥并过筛的$CaCO_3$和$Al(OH)_3$，缓慢加入粉料，并持续搅拌。搅拌过程中时刻注意搅拌锅内树脂糊的温度，超过40℃必须停机。粉料加入后在搅拌过程中用铲子等工具把搅拌锅内壁黏附的粉料铲入或刮入搅拌锅中。加入粉料后搅拌5～8 min。观察树脂糊，树脂糊适宜的标准为颜色均匀、无未搅开的粉料、黏度合适。

(9)增稠剂的添加。在加入粉料搅拌5～8 min后，提升搅拌桨叶的速度使树脂糊呈涡流状，加入增稠剂并搅拌1～2 min。

(10)树脂糊的添加。达到搅拌过程终点后把搅拌锅推至放胶槽，打开出料口放胶。放胶完毕后把搅拌锅内壁与锅底黏附的树脂糊铲至放胶槽中，将搅拌锅推离放胶槽，准备下一锅的搅拌。一锅放完后下一锅放之前要将放胶槽内的树脂糊刮净。

(11)SMC纱线准备。选择2400TEX的SMC专用纱，将每根纤维纱头理顺，并依次将各纱线从对应的纱管中穿出，保证纱卷处于对应纱管的正下方，并且将引出的纱线引入纤维切割器中，待用。

(12)PE薄膜的准备。将上、下层PE薄膜卷筒放置在薄膜放卷装置上，并将PE薄膜从卷筒上引出，依次穿过导辊、展幅辊、刮刀、纤维沉降室、导向辊、浸渍辊、牵引辊、收卷装置等，并将薄膜固定在收卷轴上，绷紧薄膜，并保证PE膜处于载膜轴的中心处。

(13)试车。开启卷料机和电控装置，检查开关是否有效，各控制阀门是否有效；试切纱，检查短切纱的铺覆均匀性；检查乘载膜的铺展情况，同时胶槽两侧挡板应无刮膜现象；检查浸渍区压辊是否处于工作状态，挤压带是否绷紧。

(14)上糊操作。开启出料口使树脂糊均匀分布在放胶槽中，生产过程中控制放胶速度，使胶槽内树脂糊量保持在总量的1/2左右。

上糊的宽度和厚度主要由刮刀控制,分别控制上、下膜的刮刀与PE薄膜的间距控制上胶量;上糊的宽度需要调整挡板的宽度,使其与切纱宽度吻合。上糊时,涂覆树脂糊的宽度应比薄膜每侧窄75 mm,上、下膜以及膜宽应对齐,否则可能造成复合不齐。

树脂糊可以采用分批混合的方式添加,也可以采用连续计量混合法,混合供料系统如图6-5所示。如采用连续计量混合法则需要利用计量泵将混合原材料送入静态混合器,利用静态混合器的混合特性将物料混合均匀,并通过连续喂料机将混合均匀的物料喂入成型机的上糊区。

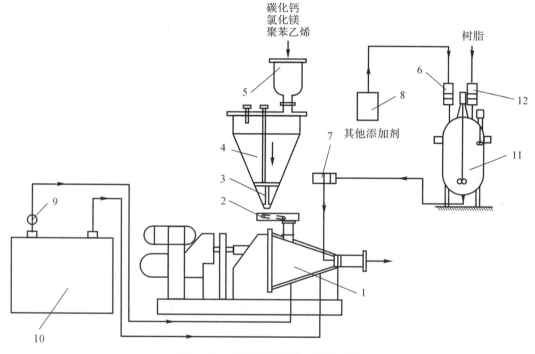

图6-5 树脂糊连续混合供料系统
1—带挤压卸料头的旋转供料器; 2—预混合供料器; 3—带搅拌器的下料斗; 4—脉动料斗; 5—带式混合器; 6—计量泵; 7—树脂泵; 8—引发剂储箱; 9—泵; 10—冷却器; 11—反应釜; 12—树脂泵

(15)纤维的切割与沉降。开启三辊切割机,使从排纱装置引入的玻璃纤维无捻粗纱顺利切割,并均匀铺撒在涂有树脂糊的下薄膜上。玻璃纤维的长度可以根据需要适度调节,主要通过调节切割辊上刀片之间的间距控制纤维的长度。纤维的添加量要通过调整纤维的股数和切割辊的转速进行调节。

切割辊与垫辊直径应不相同,如果相同刀片的切割点在垫辊上始终不变,则很容易使橡胶套损坏。如果直径不相同,而且切点沿圆周均匀分布,可延长橡胶套的使用寿命。

(16)片材的复合。利用刮刀将树脂糊均匀涂覆在上、下PE膜上,并在下膜上均匀沉降短切的玻璃纤维层,通过导向辊将上、下膜及树脂糊和纤维层叠合在一起,形成复合带。

(17)浸渍和压实。在SMC成型机里,浸渍、脱泡、压实主要靠各对挤压浸渍辊的挤压作用,以及片材自身所产生的弯曲、延伸、压缩和揉捏等作用来实现。

挤压浸渍辊由一系列上下交替排列的成对辊筒组成,小辊外表面带有环槽,大辊外表面是平的,相邻两个槽辊的环槽是错开的,这样交替环压,反复数次,使物料沿辊筒来回流动,反复挤压捏合,起到均匀混合和充分浸渍的作用。

(18)收卷。在收卷过程中要保持恒定的张力,即需要调整卷筒轴的转速,使其卷筒的线速度保持恒定。若转速不能调控,随着收卷卷径的增大,线速度增大,最终会使 SMC 片材被拉断。

在收卷时复合膜要完全将纤维及树脂糊包裹住,并用胶带将接口与两端处封闭,以减少苯乙烯的挥发。称量卷料的净重,并将标明生产日期、质量、型号、颜色、批号的标签贴到对应卷料的接口处。

SMC 片材也可以采用折叠的方式按箱包装,并在折叠料层用锡箔纸等反辐射材料包装成箱。

(19)熟化间的准备。在 SMC 熟化之前,首先应该检查熟化间的热风循环装置是否处于运行状态。再检查熟化间的温度控制是否均匀、稳定。一般熟化间的温度应保持在 35~45℃之间,40℃最为适宜。

(20)熟化与存放。片状模压料从成型机卸下后,必须经过一段时间熟化,在黏度达到模压黏度范围并稳定后才能使用。在室温下 SMC 熟化需 1~2 周,40℃下需 24~36 h。

SMC 存放与储存状态和条件有关。为防止苯乙烯挥发,存放时必须用非渗透性薄膜密封包装。环境温度对 SMC 的存放寿命影响较大,所以应与热源保持 2 m 以上的距离,以免片材固化;SMC 片材的码放装置离墙应保持 0.5 m 以上的距离,可使热风充分循环。

SMC 片材的熟化时间由其熟化程度决定,熟化程度由树脂糊的锥入度判定。锥入度越大,表示树脂越软;反之就越硬。

第二节 模压成型工艺参数控制

一、充模流动过程控制

在模压成型工艺过程中,重点在于选择合理的成型工艺条件,以控制模压料的充模流动特性,使模压料顺利地充满模腔,制备出满足制件结构和尺寸要求的模压制品。

1. 成型温度和时间对模压料流动性的影响

在模压成型工艺过程中模压料的温度随加热时间的增加而升高,模压料在温度升高过程中呈现复杂的物理和化学变化,而这些变化对模压料的流动性起决定作用。

温度由加热时间来决定。在加热初期,随加热时间增加,流动性增大,也就是说黏度对温度敏感。随着温度升高,分子链活动能力增加,体积膨胀,分子间作用力减小,流动性增大。但温度继续升高,聚合交联反应加快,熔体的黏度增大,流动性降低。可见,温度对流动性的影响是由黏度和聚合交联反应速率两种因素决定的。

图 6-6 所示为温度对热固性聚合物流动性综合影响。从图 6-6 中可以看出,当温度 $<T_0$ 时,黏度随温度升高而降低,流动性随温度升高而增加;当温度 $>T_0$ 时,聚合交联反应起主导作用,随温度升高,交联反应速率加快,熔体流动性迅速降低。可见,在模压成型工艺中,物料充满模腔最适合的温度,应当在黏度最低点附近而又不引起迅速交联反应的温度。

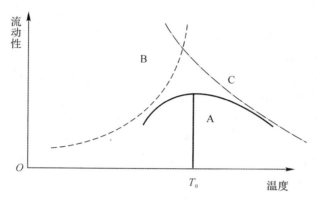

图 6-6 温度对热固性聚合物流动性的影响

A—总的流动曲线； B—黏度对流动性影响曲线； C—固化速率对流动性影响曲线

2. 成型压力对模压料流动性的影响

一方面压力使物料流动产生剪切变形，使聚合物熔体剪切变形和剪切速率增大，使大分子链局部取向及触变效应等导致黏度下降和流动性增加；另一方面剪切作用又增加了活性分子间的碰撞机会，降低了反应活化能，使聚合物交联反应速率加大，因而熔体黏度随之增大。

因此，压力增加使切变速率达到一定值后，黏度下降不多，基本上趋于不变，在这种速率下加工，产品质量比较稳定。继续增加压力，将导致切变速率过高，这样不但不能降低黏度，反而增大了功率的消耗。

二、压制工艺

模压成型工艺周期如图 6-7 所示，典型的模压成型工艺一般分快速成型工艺和慢速成型工艺两种，选择何种工艺主要取决于模压料的类型。

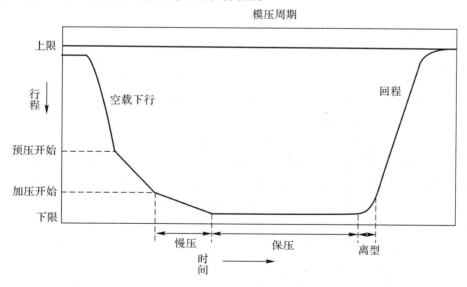

图 6-7 模压成型工艺周期

1. 快速模压成型工艺

（1）温度制度。快速模压成型工艺的装模温度、恒温温度、脱模温度都是同一温度，在成型过程中不存在升温和降温问题。

（2）压力制度。快速模压成型工艺中从上模与模压物料接触开始到解除压力，其压力施加没有明确的界限，即不存在明确的加压时机；而加压速度的确定需要根据实际情况来判断。

快速模压成型工艺不存在加压时机，但由于装模和加压时温度接近成型温度，在短时间内会放出大量的挥发性气体，很容易使制品出现气泡、分层等缺陷。所以在快速压制时，需采用放气措施。在加压初期，压力上升到一定值后，要卸压开模放气，再加压充模，反复几次。

2. 慢速模压成型工艺

慢速模压成型工艺参数控制如图6-8所示。

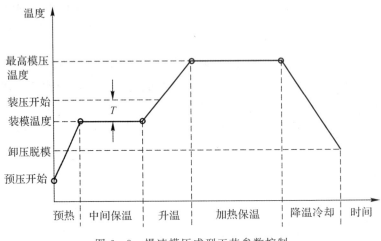

图6-8 慢速模压成型工艺参数控制

（1）温度制度。在慢速模压成型工艺过程中，其成型温度制度分为五部分：装模温度、升温速率、最高模压温度、保温时间、降温。

1）装模温度。指物料放入模腔时模具的温度，此时物料的温度逐渐由室温升高到装模温度，同时加压力至全压的1/3～1/2，使物料预热预压，并保温保压一段时间。一般这个温度选择在溶剂的挥发温度，既有利于低分子物质挥发，又易于物料流动，还不会使树脂发生明显的化学变化。复杂结构及大型制品一般在室温至90℃范围内。

2）升温速率。指由装模温度到最高温度的升温速率。

对快速模压成型工艺，装模温度即为压制温度，不存在升温速率问题。在慢速成型工艺中，必须选择适宜的升温速率。特别是较厚制品由于模压料本身导热性差，升温过快，易造成内外固化不均而产生应力，形成废品；速度过慢又降低生产效率。升温的同时，注意观察模具边缘流出的树脂是否能够拉丝，如能够拉丝，表明此时的温度达到了树脂的凝胶温度，并可能伴随有大量的低分子物质放出，即热压开始，加全压。一般采用的升温速率为10～30℃/h，对铵酚醛的小制品可采用1～2℃/min的升温速率。

3）成型温度。树脂在固化过程中会放出或吸收一定的热量，根据放热量可判断树脂缩聚反应的程度，从而为确定成型温度提供依据。一般情况下，先确定一个比较大的温度范围，再通过工艺性能试验选择合理的成型温度。成型温度过高，树脂反应速度过快，物料流动性降低过快,常出现早期局部固化,无法充满模腔。温度过低,制品保温时间不足,则会出现固化不完全等缺陷。

模压温度由树脂放热曲线来确定。通过 DSC 实验做出树脂的放热曲线,然后根据放热曲线和实际情况来决定模压温度。

4)保温时间。指在成型压力和模压温度下的保温时间。热压保温过程始终保持全压的作用有两点:一是使制品固化完全;二是消除内应力。最高模压温度下的保温时间主要由两个因素决定:一是不稳定导热时间;二是模压料固化反应的时间。不同种类的物料保温时间不同,不同厚度的制品保温时间不同。几种典型模压料的保温时间见表 6-2。

表 6-2 几种典型模压料的保温时间

模压料	镁酚醛型	酚醛环氧型	铵酚醛型	硼酚醛型	F-46 环氧/NA 型	聚酰亚胺型
$\dfrac{\text{保温时间}}{\text{min} \cdot \text{mm}^{-1}}$	0.5～2.5	3～5	2～5	5～18	5～30	18

5)降温冷却。在慢速成型工艺中,保温固化结束后要在保持全压的条件下逐渐降温,直至模具温度降至 60℃ 以下时,方可进行泄压、脱模操作,取出制件,主要是确保在降温过程中制件不发生翘曲变形。一般采用自然冷却和强制冷却两种方式。

6)制品后处理。制品后处理是指将已脱模的制品在较高温度下进一步加热固化一段时间,其目的是保证树脂的完全固化,提高制品尺寸稳定性和电性能,消除制品中的内应力,减少制品变形。

模压制品定型出模后,为满足制品设计要求还应进行毛边打磨和辅助加工工序。毛边打磨是去除制品成型时在边缘部位的毛刺飞边,打磨时一定要注意方法和方向,否则,很有可能把与毛边相连的局部打磨掉。

对于一些结构复杂的产品,往往还需进行机械加工来满足设计要求。模压制品对机械加工是很敏感的。如加工不当,很容易产生破裂、分层。

(2)压力制度。在慢速模压成型工艺过程中,其成型压力制度包括成型压力、合模速度、加压时机等。

1)成型压力。成型压力是指制品在水平投影面积上所承受的压力。它的作用是克服物料中挥发分产生的蒸气压,避免制品产生气泡、分层、结构松散等缺陷;克服模压料的内摩擦、物料与模腔间的外摩擦,使物料充满模腔;增加物料的流动性(见图 6-9),使物料充满模腔;压紧制件,使制件结构密实,机械强度高;保证制件的形状和尺寸精度。

成型压力的选择取决于两方面的因素:

(a)模压料的种类及质量指标。如酚醛模压料的成型压力一般为 30～50 MPa,环氧酚醛模压料的成型压力为 5～30 MPa,聚酯型模压料的成型压力为 7～10 MPa。

(b)制品结构及尺寸。厚壁制品较薄壁制品需要的成型压力大;制品壁越厚需要的成型压力越大;圆柱形制品较圆锥形制品需要的成型压力大;制品结构越复杂,需要的成型压力越大;模压料流动方向与模具移动方向相反时比相同时成型压力要大。外观性能及平滑度要求高的制品一般也选择较高的成型压力。常见模压料的成型压力见表 6-3。

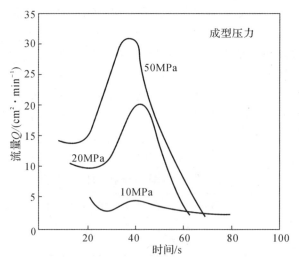

图 6-9 物料在不同成型压力下的流动性

表 6-3 常见模压料的成型压力

模压料名称		成型压力/MPa
镁酚醛预混料		28.8~49
环氧酚醛模压料		14.7~28.8
环氧模压料		4.9~19.6
聚酯料团	一般制品	0.7~4.9
	复杂制品	4.9~9.8
片状模压料	特种低压成型料	1.7~2.0
	一般制品	2.5~4.9
	复杂深凹制品	4.9~14.7

一般情况下,成型压力高,有利于制品质量提高,但压力过高会引起纤维损伤,使制品强度降低,而且对压机寿命和能耗不利。

2)合模速度。装模后,上、下模闭合的过程称为合模。上模下行要快,但在将与模压料接触时,其速度要放慢。下行快,有利于操作和提高效率;合模要慢,有利于模内气体的充分排除,减少气泡、砂眼等缺陷的产生。

3)加压时机。合模后,在一定时间、温度条件下进行适宜的加压操作。加压时机是保证制品质量的关键之一。

加压过早,树脂反应程度低,相对分子质量小,黏度低,树脂在压力下极易发生流失或形成树脂聚集或局部纤维外露。加压过迟,树脂反应程度过高,相对分子质量过大,黏度过高,物料流动性差难以充满模腔,易形成废品。通常,快速成型不存在加压时机的选择。

根据实践,最佳加压时机应在树脂剧烈反应放出大量气体之前。判断的方法有三种:①在树脂拉丝时开始;②根据温度指示,当接近树脂凝胶温度时进行加压;③按树脂固化反应时气体释放量确定加压时机。表6-4为几种常用模压料的加压时机。

表6-4 几种常用模压料的加压时机

模压料	镁酚醛模压料	氨酚醛模压料	环氧酚醛模压料		
			小制品	中制品	大制品
加压时机	合模10~50 s在成型温度下加压,多次抬模放气反复充模	80~90℃装模后经30~90 min,在105±2℃下一次加全压	80~90℃装模后经20~40 min,在105±2℃下一次加全压	60~790℃装模后经60~90 min,在90~105℃下一次加全压	80~90℃装模后经90~120 min,在90~105℃下一次加全压

4)保持温度和压力的时间。树脂在模内固化的过程始终处于高温高压之下,从开始升温、加压到固化至降温、降压所需要的时间称为保持温度和压力的时间。

根据树脂性能制定适当的保压时间,过长过短均不适宜。过长,延长生产周期,使树脂交联过大,导致物料收缩过大,密度增加,树脂与填料间产生内应力,严重时会使制品破裂;过短,导致树脂固化不完全,降低制品性能,同时制品在脱模后会继续收缩而出现翘曲现象。

5)卸压排气。在模具闭合后,再将模具开启一段时间,以排除模内的空气、水气及挥发分。排气一定要在物料尚未塑化时完成。排气可以缩短固化时间,保证制品的密实性,避免制品产生气泡、分层现象,从而提高制品的力学性能和电性能。

3. 典型模压成型工艺

表6-5和表6-6所列分别为几种常见模压料的快速成型工艺和慢速成型工艺。

表6-5 快速模压成型工艺

模压料	预热工艺参数		模压工艺参数		
	温度 ℃	时间 min	成型温度 ℃	成型压力 MPa	保温时间 min/mm
玻璃纤维-改性酚醛料 (FX-501)			155±5	44±5	11.5
玻璃纤维-改性酚醛料 (FX-502)	90±5	2~5	150±5	34±5	11.5
玻璃纤维-镁酚醛料			145±5	9.8~14.7	0.3~1.0
SMC			135~150	29~39	1.0

表 6-6 慢速模压成型工艺

工艺参数	616 酚醛预混料	环氧酚醛预混料	F-46 环氧+NA 层模压料
装模温度/℃	80~90	60~80	65~75
加压条件	合模后 30~90 min，在 (105±2)℃下一次加压	合模后 20~120 min，在 90~105℃下一次加压	合模后即加全压
成型压力/MPa	12~39	15~29	10~29
升温速率 ℃/h	10~30	10~30	150℃前为 36~42；150℃后为 25~36
成型温度 ℃	175±5	170±5	230
保温时间 min/mm	2~5	3~5	150℃保温 1 h，230℃按 15~30 min 保温
降温方式	强制降温	强制降温	强制降温
脱模温度/℃	<60	<60	<90
脱模剂	硬脂酸	硅脂	硅脂 10%甲苯溶液

表 6-7 是模压料预热对制品性能的影响。在压制前将模压料预热有以下作用：

(1) 提高物料流动性，可预压成型，便于装模；

(2) 去除物料中大部分的水分和挥发分，提高制品性能；

(3) 降低模压压力，减少对型腔的磨损，延长模具的使用寿命。

对模具进行预热的作用如下：

(1) 模具温度与物料预热温度基本相同，因此两者之间不会产生温度差；

(2) 降低模压压力，减少对型腔的磨损，延长模具的使用寿命；

(3) 缩短固化周期，提高生产效率。

表 6-7 预热对线型酚醛模压料制品性能的影响

压制温度 ℃	预热情况	冲击强度 kJ/m²	弯曲强度 MPa	马丁耐热 ℃	24 h 吸水率 %
175	未预热	98	9.8	100	100
	预热	109	10.7	110	74
190	未预热	111	10.3	101.7	61
	预热	118	11.5	124.3	50

预压是将松散的粉状或纤维状的模压料预先用冷压法压成质量一定、形状规整的密实体。采用预压作业可提高生产效率、改善劳动条件，有利于产品质量的提高。

第三节 模压成型工艺过程

一、SMC 模压成型工艺

1. SMC 模压成型工艺流程

SMC 模压成型工艺流程如图 6-10 所示。

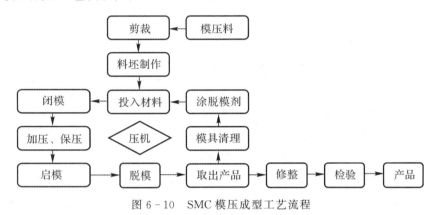

图 6-10 SMC 模压成型工艺流程

2. SMC 模压成型工艺过程

(1) 成型设备的准备。根据模压制件、成型模具的外形尺寸、成型压力等选择适合的液压机,通过桁车将成型模具移至液压机的工作台面上,并将成型模具水平安装在液压机工作台面的中心位置。将液压机的液压管路与液压脱模机构的油缸进出油管路相连接。

根据成型模具的加热方式连接油(或蒸汽)加热管路或电加热线路。油(或蒸汽)加热管路一定要拧紧,防止成型过程中发生漏油(或漏气)现象。

(2) SMC 的质量检查。SMC 片材的质量对成型工艺过程及制品质量有很大的影响。模压前,必须了解 SMC 的质量,具体包括树脂的配方、树脂的固化特性、纤维含量、单重、收缩率、均匀性和薄膜揭去性等。

(3) 模具加热及清理。开启油温机的电源,设置加热温度,并启动油温机的加热系统,开始为模具加热。加热过程中,开启模具,用棉布将模具表面的防锈油擦拭干净,待用。

(4) 镶块和嵌件的安放。镶块和嵌件在安放前必须进行检查和清洗,避免污染,确保嵌件与模压料之间的界面结合性能。镶块和嵌件在放入模腔时,需对镶块和嵌件进行预热处理;安放时要求平稳准确,以确保在模压料充模流动时不会发生移动。

(5) 喷涂脱模剂。脱模剂应优选液体脱模剂并采用液体喷壶进行喷涂。在满足顺利脱模的要求下脱模剂的用量应尽可能少用,并要涂覆均匀,否则将会降低模压制品的表面质量和影响脱模效果。

(6) SMC 料的裁剪。在 SMC 模压料裁剪前,应将 SMC 片材的挤压边去除。为方便裁剪,应根据制品的结构形状和加料位置流动路程确定模压料裁剪的形状和尺寸,制作样板,再按样板裁料。裁剪的形状一般为长方形或圆形,裁剪时使用锋利的剪刀或小刀,并将裁剪下的 SMC 片材根据成型面积的大小进行折叠放置。

整个备料的过程中,要严格保持工器具及周围环境的清洁,装模前再揭去上下两个面的薄膜,以防止外界杂质的污染,影响制品的外观。

(7)加料量的确定。先应根据制件的三维模型计算加量料体积,并根据下式进行计算:

$$加量料 = 制品体积 \times SMC料的密度 \times 105\% \tag{6-1}$$

制品的体积粗略估算法有以下三种:

1)形状、尺寸简化法。将复杂形状的制品凭经验简化成一系列的标准几何形状,同时将尺寸也作相应变更后再进行计算。

2)密度比较法。当模压料制品有相对应的金属或其他材料零件时,计算公式为

$$W_{模压制品} = \frac{W_{金属制品}}{\rho_{金属制品}} \rho_{模压制品}(1+\alpha) \tag{6-2}$$

式中:α为模压制品和金属制品的密度比值。

3)铸型比较法。先在成型制品的金属模具中,用树脂、石蜡等铸型材料,铸成制品形状并称其质量,再对铸型材料的质量及密度与模压料密度进行比较,求出模压料制品质量。

(8)加料面积的确定。加料面积的大小直接影响制品的密实程度、料的流动距离和制品的表面质量。它与SMC的流动与固化特性、制品性能要求、模具结构等有关。一般加料面积为投影面积的40%~90%,过小会因流程过长而导致纤维取向、降低强度、增加波纹度,甚至不能充满模腔。过大,不利于排气,易产生制品内裂纹。

(9)加料的位置和方式。待模具温度升到距设置温度5~10℃时开模加料。加料位置与方式直接影响制品的外观、强度和方向性。一般应将物料放在模腔的中部。对于非对称的复杂制品,加料位置必须确保成型时物料同时流到模具成型内腔的各端部,并尽可能避免压机、模具承受偏心载荷。多层片状模压料叠放时,最好将料块按上小下大呈锥形重叠放置,这种加料方式有利于排出空气。料块尽量不要分开,否则容易形成空气裹集和熔接区,导致制品强度下降。

(10)闭模。闭模操作时,在成型模具的上模板未触及下模之前,为缩短成型期,闭模速度应尽量快。当上模板接触到物料时,闭模速度应适当放慢,一方面可以使SMC模压料初步预热,并具有更好的流动性,更易充模流动成型;另一方面可以使残留在模压料中的空气、水分及挥发分有足够的时间逸出,以保证产品质量。

在模压成型工艺过程中模具的闭合还需要根据模压料的流动性进行调整,若模压料流动性很差,则需要延长模具与模压料的接触时间,使模压料的塑化更好,有利于改善模压料的充模流动特性。

(11)放气。为保证制品的致密性,防止出现气泡和分层现象,闭模后要根据模压料的特性适当地卸压放气,一般放气1~2次,通常为3~20 s。第一次卸压放气时间应控制在物料熔融之后进行。排气过早,模压料尚未进行交联反应,达不到排气的目的;排气太迟,模压料已经完全固化,气体难以排除。

(12)保压固化。在料块进入模腔后,压机快速下行。当上、下模吻合时,缓慢施加所需成型压力,经过一定的固化制度后,制品成型结束。成型过程中,要合理地选定各种成型工艺参数及压机操作参数。

1)成型温度。成型温度的高低,取决于树脂糊的固化体系、制品厚度,生产效率及制品结构的复杂程度。成型温度必须保证固化体系引发交联反应的顺利进行,并实现完全的固化。

一般来说,厚度大的制品所选择的成型温度应比薄壁制品低,这样可以防止过高温度在厚制品内部产生过度的热积聚。如制品厚度为 25～32 mm,其成型温度为 135～145℃。而更薄制品可在 171℃下成型。

成型温度的提高,可缩短相应的固化时间;反之,当成型温度降低时,则需延长相应的固化时间。成型温度应在最高固化速度和最佳成型条件之间权衡选定。一般认为,SMC 成型温度在 120～155℃之间。

2)成型压力。SMC 成型压力随制品结构、形状、尺寸及 SMC 增稠程度而异。形状简单的制品仅需 5～7 MPa 的成型压力;形状复杂的制品,成型压力可达 7～15 MPa。SMC 增稠程度越高,所需成型压力也越大。

成型压力的大小与模具结构也有关系。垂直分型结构模具所需的成型压力低于水平分型结构模具。配合间隙较小的模具比间隙较大的模具需较高压力。

总之,成型压力的确定应考虑多方面因素。一般来说,SMC 成型压力在 3～7 MPa 之间。

3)固化时间。SMC 在成型温度下的固化时间与它的性质及固化体系、成型温度、制品厚度和颜色等因素有关。固化时间一般按 40 s/mm 计算。对 3 mm 以上厚制品,每增加 4 mm,固化时间增加 1 min。

(13)脱模及模具清理。为了防止开模时损伤制件及型芯,尤其是对含嵌件较多的制件,应先将所有的侧抽芯抽出,再进行开模操作。且在上模与制件脱离之前,开模速度要放慢;在上模与制件脱离后,开模速度可以加快。开模完成后,开启压机的顶出机构将制件顶出,并将留在制件上的带螺纹的嵌件拧下备用。

脱模后,需用铜刷刮出模腔内的残留物料,然后用压缩空气吹净上、下模准备下一次成型。

(14)冷却与定型。为防止制件在冷却过程中发生变形,提高其尺寸稳定性,将开模得到的制件固定在专用的固定架上进行冷却,制件冷却定型时间为 10 min。

(15)修整。制品定型出模后,往往会产生一些飞边、封孔等,为满足制品的设计要求,需要进行修饰及一些磨边、钻孔等辅助加工。

(16)检验。根据制件的安装要求和外形要求等,对制件进行配合尺寸、表面质量等检验,检验合格即得标准制件。

二、BMC/DMC 模压成型工艺

BMC 模压料的压制成型工艺原理和工艺过程与 SMC 模压成型工艺基本上是相同的。在压制时,将一定量的 BMC 模压料放入预热的模具中,经加压、加热固化成型为所需的制品。除此之外,此工艺还具有以下特点:

(1)浪费料量少,通常只占总用料量的 2%～5%,实际的物料损耗量取决于所成型制品的形状、尺寸及复杂程度。

(2)在成型过程中,BMC 模压料虽然含有大量的玻璃纤维,但是却不会产生强烈的纤维取向,故制品的均匀性、致密性较高,而残余的内应力较小。

(3)在加工过程中,由于填料和纤维很少断裂,故可以保持较高的力学性能和电性能。

(4)在压制时由于其流动长度相对来说较短,故模腔的磨蚀不严重,模具的保养成本较低。

(5)与注射成型相比,其所采用的成型设备、模具等的投资成本较低,因此整个制品的成型成本也较低。

1. 压制前准备

作为湿法预混料的 BMC 模压料中含有挥发性的活性单体,在使用前不要将过早拆除包装物,否则这些活性单体会从 BMC 物料中挥发出来,使物料的流动性下降,甚至造成性能下降以致报废。对于已拆包而未用完的 BMC 模压料,则一定要重新密封包装好,以便下次压制使用。

(1) 投料量的计算和称量。一般来说,首先要知道所压制制品的体积和密度,再加上毛刺、飞边等的损耗,然后进行投料量的计算。投料量的准确计算,对于保证制品几何尺寸的精确、防止出现缺料而造成废品,或由于物料过量而造成材料的浪费等,都有直接的关系。特别是对于 BMC 这种成型后不可回收的热固性复合材料来说,对于节省材料、降低成本,更具有重要的实际意义。

实际上,由于模压制品的形状和结构比较复杂,其体积的计算既繁复亦不一定精确,因此投料量往往都是采用估算的方法。对于自动操作的机台,其投料量可控制在总用料量的 ±1.5% 以内,而达到 5% 或超过此数量时,则肯定会在模具的合模面上出现飞边。这薄薄的一层超量的物料在加热状态的高模温作用下,会迅速地固化而形成飞边。

估算投料量的方法有许多种,例如前文提到的"形状、尺寸简单估算法""密度比较法"和"铸型比较法"等。估算出基本的投料量后,并进行几次试压,就可以比较准确地得出 BMC 模压料压制成型的装投料量。

(2) 模具的预热。BMC 模压料是热固性增强塑料的一种,对于热固性塑料来说,在进行成型之前先应将模具预热至所需要的温度,此实际温度与所压制的 BMC 模压料的种类、配方、制品的形状及壁厚、所用成型设备和操作环境等都有关系。应注意的是,在模温未达设定值并均匀时,不要向模腔中投料。

(3) 嵌件的安放。为了提高模压制品连接部位的强度或使其能构成导电通路等,往往需要在制品中安放嵌件。当需要设置嵌件时,则应在装料、压制前先将所用的嵌件在模腔中安放好。嵌件应符合设计要求,如果是金属嵌件,在使用前还需要进行清洗。对于较大的金属嵌件,在安放之前还需要对其进行加温预热,以防止由于物料与金属之间的收缩差异太大造成破裂等缺陷。

在同一模腔中,如安放有不同类型、不同规格的嵌件,还应认真检查嵌件的安放情况。嵌件的错位不但会产生废品,更严重的是有可能损坏型腔。总之,嵌件应安放到位、准确并紧固可靠。

(4) 脱模剂的涂刷。对于 BMC 模压料的压制成型来说,由于在其配制时已在组分中加有足够的内脱模剂,再加上开模后制件会冷却收缩而较易取出,因此一般不需再涂刷外脱模剂。然而,由于 BMC 物料具有很好的流动性,模压时有可能渗入构成型腔的成型零件连接面的间隙里,而使脱模困难,故对于新制造或长期使用的模具,在合模前或在清模后,给模腔涂刷一些外脱模剂也是有好处的。所用的外脱模剂一般是石蜡或硬脂酸锌。

(5) 装模。在 BMC 模压料的压制成型中,装模操作不但会影响压制时物料在模腔中的流动,亦会影响制品的质量,特别是对于形状和结构都比较复杂的制品的成型而言。因此,如何将 BMC 模压料合理地投放到压模中,是一个十分重要的问题。

大多数情况下是人工将压实而且质量与制品相近的整块(团) BMC 物料投放到压模型腔的中心位置上。也可以特地将物料投放到在压制时可能会出现滞留的地方,如凸台、型芯和凹槽这些地方。不能将 BMC 模压料分成若干块再投放到模腔中,因为在压制中,当分成块的物料流到会合点时可能会出现熔接线,使制品在此处成为强度的薄弱环节。

2. 压制

(1)闭模、加压加热和固化。完成向模腔内投料后则可进行闭模压制。由于 BMC 模压料的固化速度非常快,为了缩短成型周期,防止物料出现过早固化(局部的过早固化会影响到压制物料的流动),在阳模未触及物料前,应尽量加快闭模速度;而当模具闭合到与物料接触时应放慢闭模速度,避免出现高压对物料和嵌件等的冲击,并能更充分地排除模腔中的空气。

(2)压制成型工艺条件。与一般的热固性模压料一样,BMC 模压料的压制成型条件包括成型压力、成型温度和固化时间等参数。

1)成型压力。BMC 模压料由于具有良好的流动性,因此在模压时不需要很高的压力就可以使其充满整个模腔。对于同一种组分的 BMC 模压料来说,其成型压力主要根据制品的复杂程度、制品的性质和其他成型工艺条件来设定。例如,在压制一些形状简单的制品时,5 MPa 的压力就足够了;对于设有凸台或有盲孔的形状较为复杂的制品,则需要用高一些的压力。

模具的类型对压力的选择也有影响,溢式压模比半溢式的压模使用的压力小些,而不溢式压模(很少用于 BMC 的压制)所使用的压力则要大些,甚至高几倍。另外,对压制成型表面质量要求高的制品,也要使用比较高的成型压力。

对于大多数的 BMC 模压制品来说,成型压力一般为 3.5~7.0 MPa;但对于不溢式压模和表面质量要求比较高的制品,可能要用到 14 MPa 的成型压力。

2)成型温度。BMC 模压料的压制成型温度是十分重要的工艺参数。成型温度的高低与物料的类型、配方(组分)、所使用的成型压力、制品的复杂程度及壁厚、收缩的控制、流动条件以及有无预热等都有关。

温度高,固化速度快,生产效率高。而要想获得好的表面质量,则要用较低的温度,特别是对有些要求用慢速闭模的成型制品而言。但温度低,物料流动时间长,会使压制成型过程放慢。对一些深型腔、形状复杂而壁薄的制品,为防止制品表面出现开裂,则需要采用低温的成型条件。

一般来说,上、下模具通常采用相同的温度,但有时为了方便脱出制品,或是为了脱模的需要而选择性地使其出现黏模,则应使两半模的温度有所差别。一般来说,希望制品能留在其上的该半模的温度应低 5~15℃。

3)固化时间。所有 BMC 模压料在压制成型时其固化速度都是很快的,但也会有例外,例如用黑颜色的 BMC 模压料成型时明显要比一般颜色的产品固化得慢。

如果是根据制品的厚度来选定固化时间的话,一般来说,制品壁厚为 3 mm 时,固化时间约为 3 min;制品壁厚为 6 mm 时约为 4~6 min;制品壁厚为 12 mm 时约为 6~10 min。

4)合模速度。由于 BMC 模压料具有快速固化的特性,因此,在向模腔投放物料后可以马上进行快速合模成型。一般来说,整个合模过程应在 50 s 内完成。闭模速度过慢,模腔中的物料有可能会发生局部的凝胶固化,这种现象在制品截面较薄处会较为明显;若闭模速度过快,除了会使物料出现组分分离,有时也会出现排气不畅、夹气甚至有焦痕等缺陷。

过高的成型温度和过慢的合模速度都会引起 BMC 模压料的组分分离。因为在高温下树脂的硬度过低,在合模加压时,树脂会离析出来,并跑在(流向)填料和玻璃纤维的前面。当玻璃纤维的含量小于25%时,则要用较低的合模速度,才会获得较好的制品质量。对于壁厚大于4.8 mm的制品,采用较低的合模速度才能获得质地致密均匀的制品;对于较厚的制品,为获得更为均匀的固化速度,可以降低成型温度。

(3)开模及脱模。在制品完全固化后,为减少成型周期,应马上开模并脱出制品。如果制品的形状比较简单,而且模具的脱模斜度、模腔的表面粗糙度等都比较合适,则制品的脱模不会有什么困难。对于形状比较复杂的制品,脱模的难度有可能变大。

3.制品的处理及模具的清理

(1)制品的后处理。BMC模压料的成型收缩率很小,制品因收缩而产生翘曲的情况并不严重。对于有些制品如出现上述现象,可采取将其置于烘箱中进行缓慢冷却的方法来消除。

(2)制品的修整。由于BMC模压制品往往都会产生一些飞边与其连在一起,需要将其除去。飞边的最大厚度应该限制在0.1 mm的范围内。如果飞边的厚度太大,则不但除去困难,而且物料浪费也太大,成本会大大提高。如果时间允许的话,操作者可以在闭模固化的间隔时间里用挫刀片、修饰砂带、压入棒等工具对制品上的飞边和孔洞等进行清理。小的制品通常都用滚轮磨边机来清除飞边。

(3)模具的清理。制品脱出后,应认真地清理模具。应先把残留在模具中的BMC碎屑、飞边等杂物全部清理干净,特别是将渗入模腔结合面各处间隙中的物料彻底清除,否则不但会影响到制品的表面质量,而且有可能会影响模具的开合和排气。

清理模具一般要采用压缩空气、毛刷和铜质的非铁工具,目的是在清理时不损伤模腔表面。模具清理后对于容易出现黏模的地方可涂刷一定量的脱模剂,再仔细地检查模腔内是否还有其他外来物存在。在完成上述工作后,即可进入下一个工序。

第四节 模压成型工艺特点及应用

一、模压成型工艺特点

与其他成型工艺相比较,模压成型工艺有以下特点:

其优点为:①生产效率高,便于实现专业化和自动化生产。②制品尺寸精确,重复性好。③表面光洁,可以有两个精制表面,无须进行二次修饰。④因为批量生产,价格相对低廉。⑤多数结构复杂的制品可一次成型,无须有损制品强度的二次加工。⑥原料的损失小,不会造成过多的损失(通常为制品质量的2%~5%)。⑦制品的内应力很低,且翘曲变形也很小,机械性能较稳定。⑧模腔的磨损很小,模具的维护费用较低。⑨成型设备的造价较低,其模具结构较简单,制造费用通常比注塑模具或传递成型模具的低。⑩可成型较大型平板状制品。模压所能成型的制品的尺寸仅由已有的模压机的合模力与模板尺寸所决定。⑪制品的收缩率小且重复性较好。⑫可在一给定的模板上放置模腔数量较多的模具,生产率高。⑬可以适应自动加料与自动取出制品。

其缺点为:①成型周期较长,效率低,工作人员有着较大的体力消耗;②不适合生产存在凹陷、侧面斜度或小孔等的复杂制品;③在制作工艺中,完全充模存在一定的难度,有一定的技术技能要求;④在固化阶段结束后,不同的制品有着不同的刚度,对产品性能有影响;⑤不适合生产对尺寸精度要求很高的制品(尤其对多型腔模具);⑥制品的飞边较厚,去除飞边的工作量大;⑦模具制造复杂,投资较大,加上受压机限制,只适合于批量生产中小型复合材料制品。

二、模压成型工艺的应用

模压成型工艺主要用于热固性树脂基复合材料成型,例如酚醛树脂、三聚氰胺甲醛树脂、脲甲醛树脂等树脂基复合材料制品,也用于制造玻璃纤维增强的不饱和聚酯树脂和环氧树脂制品。热塑性树脂基复合材料也有采用此法成型的,例如聚氯乙烯。但生产热塑性树脂基复合材料时,模具必须在制品脱模前冷却,在下一个制件成型前,又必须把模具重新加热,因此生产效率很低。

模压成型工艺主要用作结构件、连接件、防护件和电气绝缘件制作,广泛应用于工业、农业、交通运输、电气、化工、建筑、机械等领域。由于模压制品质量可靠,其在兵器、飞机、导弹、卫星上也都得到了应用。

三、高速公路防眩板

1. 防眩板的生产工艺原理

高速公路防眩板主要是防止夜间行驶的车辆因车灯眩目而引起意外事故。其生产过程是将一定量的模压料装入模具后,在一定的温度和压力下使模压料塑化、流动并充满模腔。同时,模压料发生交联固化反应,形成三维体型结构而得到预期的制品。在整个压制过程中,加压、赋型、保温等过程都依靠被加热的模具的闭合实现。

2. 防眩板的工艺制度

(1)模压成型工艺主要参数。模压成型工艺有成型压力、压制温度和保温时间等3个主要参数。

成型压力的作用是克服物料中挥发分所产生的蒸气压,避免制品产生气泡、结构松散等缺陷,同时增加物料的流动性,便于物料充满模腔的各个部位,使制品的结构密实,机械强度得到提高。

压制温度的作用是促进模压料塑化和固化。

保温时间的作用是使制品充分固化并消除内应力。

这3个工艺参数的选择与模压料、制品性能、制品结构和形状以及生产效率有很大关系。

(2)模压工艺参数的主要影响因素。模压料的流动性对工艺参数的选定有很大的影响。如果模压料的流动性好,则可采用较低的成型压力和温度,也容易成型结构较为复杂的制品;若模压料的流动性差,则应相应地提高成型压力和温度,也不易成型结构复杂的制品。因此,应根据模压料的流动性能来设定合适的工艺参数。

(3)防眩板模压工艺参数的确定。防眩板各部位的厚度不一。以某个型号为例,根部厚度最大,为10 mm;两边厚度次之,为6 mm;中间厚度最薄,仅为3 mm。该防眩板属薄壁结构,形状较为复杂。在防眩板用铁架、螺栓固定竖立后则成为一种悬臂梁受力结构件,因而要求防眩板具有较好的抗弯强度和刚度,以满足使用要求。

从防眩板的性能、结构和形状要求来看,采用较大的成型压力和较高的成型温度是较理想的。压力大、温度高,有利于提高制品的强度,且容易成型薄壁制品。模温高,与固化放热峰的温差就大,制品的表面质量较好。考虑到模压料的性能和生产效率,设置合适的保温时间非常重要。保温时间太短,制品有可能固化不完全;保温时间过长,生产效率低。

因此防眩板的主要工艺参数如下：
(1)成型压力:20±2 MPa；
(2)压制温度:上下模均为(150±5)℃；
(3)保温时间:4 min。

3. 防眩板生产工艺流程

图 6-11 所示为防眩板生产工艺流程图。

图 6-11 防眩板生产工艺流程图

备料工序分为切料、称料和叠料等3个步骤。切料时要注意模压料中是否有分层、白纱、干料等问题，如严重应剔除。称料要准确，过多则会造成原材料的浪费，过少则会引起缺料。叠料时应将料叠成长条形，薄膜要撕尽，料块之间应尽量压紧，以防夹带大量气体。叠好的料放在切料台上，用薄膜覆盖好待用，防止苯乙烯大量挥发和环境对物料造成污染。

压制包括加料、加压、卸压和排气、保温等4个步骤。加料形式保持一致，加料位置要合理。加压时机要适当，迅速加压至成型压力。卸压和排气要重复4次，排除模压料中的挥发分所产生的蒸气以及夹带的空气，以避免缺料、砂眼等缺陷的产生。保温4 min左右，以提高制品的固化程度和表面质量，消除内应力。

保温结束后开模取出制品，待制品冷却后，用铁锉除去制品四周的飞边、毛刺。逐块检查制品是否有缺料、砂眼、裂纹、翘曲变形等缺陷，检查制品的外观、形状是否符合要求。产品经检验合格后即可包装入库。

习　题

1. 请说明模压成型工艺用材料种类。
2. 采用慢速模压成型工艺时，为什么模压前要对物料和模具预热？
3. 请说明慢速模压成型温度制度包含的6个方面。
4. 在模压成型工艺过程中，为什么要进行泄压放气？什么时候进行？
5. 模压成型为什么要使用内脱模剂？
6. 模压时若物料过多，＿＿＿＿＿＿＿＿，若物料过少，＿＿＿＿＿＿＿＿，因此模压前需进行物料的计算，计算方法一般采用"密度×体积×(1.03～1.05)"。
7. 以SMC模压成型为例，加料面积一般为水平投影面积的多少？为什么？
8. 以SMC模压成型为例，加料位置如何选择？为什么？
9. 以SMC模压成型为例，加料方式如何选择？为什么？
10. 请说明模压成型工艺原理和工艺流程。
11. 模压成型有何优缺点？举例说明模压成型的应用。

第七章　缠绕成型工艺

缠绕成型是将浸过树脂胶液的连续纤维或布带,按照一定规律缠绕于芯模,然后在室温或加热条件下固化脱模成为复合材料制品的工艺过程。产品形状取决于芯模(见图7-1)。

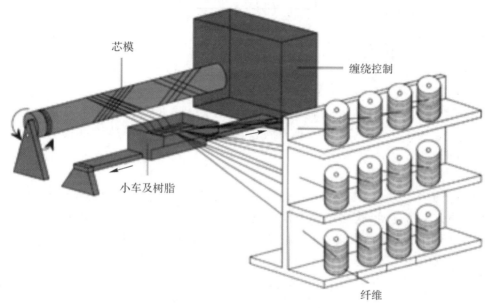

图7-1　缠绕成型工艺原理

缠绕成型工艺最早起源于20世纪中期的美国。1947年,美国采用连续玻璃纤维缠绕成型制造火箭发动机壳体、高压气瓶和管道等承压结构件。此工艺既能保证增强材料可按承载方向和数量配置,还可充分发挥纤维承载能力,体现了复合材料可设计性及各向异性的优点。从20世纪60年代开始,美国将纤维缠绕技术用于制造大型固体火箭发动机壳体,减轻了导弹质量,其射程成倍增加。随着新材料新技术的发展,纤维缠绕成型工艺已经由军用、航空系列逐渐扩展到化工、污水处理等民用领域。

第一节　缠　绕　类　型

一、按缠绕规律分类

缠绕制品规格、形状及种类繁多,缠绕形式千变万化,但根据缠绕规律可归纳为环向缠绕、纵向缠绕和螺旋缠绕3种。

1. 环向缠绕

环向缠绕是沿容器圆周方向进行缠绕。缠绕时芯模绕自轴匀速转动,导丝头沿筒身区间平行于轴线方向运动。芯模自转一周,导丝头近似移动一个纱片宽度的距离。循环数次,直至纱片均匀布满圆筒段表面为止(见图7-2)。

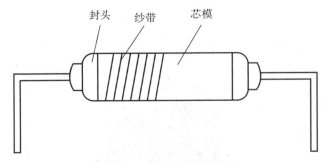

图7-2 环向缠绕示意图

环向缠绕的特点是只能缠绕直筒段,不能缠绕封头。临近纱片间相接而不重叠,缠绕角一般为85°~90°。为了使纱片能够均匀地布满芯模表面,须保证芯模与导丝头的平移运动,以使二者运动相互协调。

2. 纵向缠绕

纵向缠绕是指导丝头在固定平面内做匀速圆周运动,芯模绕自轴匀速旋转,导丝头转一周,芯模转动微小角度,反映在芯模表面上近似一个纱片宽度。纱片与芯模轴线的夹角为0°~25°,纱片彼此不发生纤维交叉,纤维轨迹是一条单圆平面封闭曲线(见图7-3)。

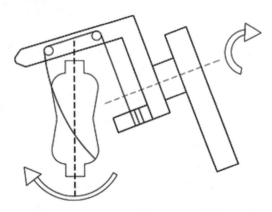

图7-3 纵向缠绕示意图

3. 螺旋缠绕

螺旋缠绕是指缠绕时芯模绕自轴匀速转动,导丝头依特定速度沿芯模轴线方向往复运动,这样就在芯模筒身和封头上实现了螺旋缠绕,其缠绕角为12°~70°(见图7-4)。

在螺旋缠绕中,不仅可以缠绕圆筒段,也可缠绕封头。其缠绕过程为:纤维从容器一端的极孔圆周上某一点出发,沿着封头曲面上与极孔圆周相切的曲线绕过封头,并按螺旋线轨迹绕过圆筒段,进入另一端封头,然后再返回到圆筒段,最后绕回到开始缠绕的封头,循环数次,直至芯模表面均匀布满纤维为止。由此可见,螺旋缠绕的轨迹由圆筒段的螺旋线和封头上与极孔相切的空间曲线所组成,即在缠绕过程中,纱片若以右旋螺纹缠到芯模上,返回时,则以左旋螺纹缠到芯模上。

螺旋缠绕特点是每束纤维均对应极孔圆周上的一个切点;相同方向临近纱片之间相接而不相交,不同方向的纤维则相交。当纤维均匀缠满芯模表面时,就构成了双纤维层。

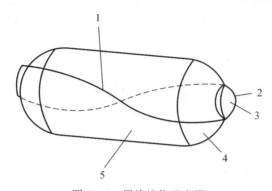

图 7-4　螺旋缠绕示意图
1—螺旋缠绕纤维;　2—切点;　3—极孔圆;　4—封头曲线;　5—筒身段

二、按缠绕方法分类

缠绕成型工艺按树脂基体的状态不同分为干法、湿法和半干法。

1. 干法缠绕

干法缠绕是将预浸束带或织物经由缠绕机加热软化至黏流状态并缠绕于芯模的工艺过程（见图 7-5）。

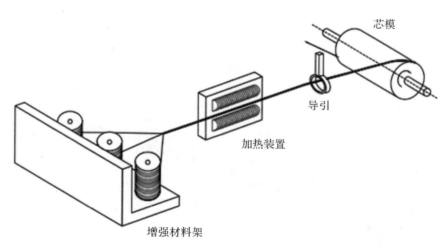

图 7-5　干法缠绕成型示意图

干法缠绕特点是制品质量稳定;缠绕速度可达 100～200 m/min;缠绕设备清洁,劳动卫生条件好。缺点是预浸料设备投资大。

该工艺主要用于性能要求较高的航空航天以及军事领域等。

2. 湿法缠绕

湿法缠绕是将无捻粗纱或织物经浸胶后直接缠绕于芯模的工艺过程(见图7-6)。湿法缠绕工艺设备比较简单,原材料要求较低。

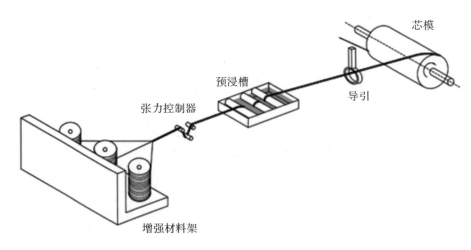

图7-6 湿法缠绕成型示意图

湿法缠绕中纤维张力不易控制,同时因胶液中含有大量溶剂,固化时易产生气泡,纱带质量不易控制和检验。对缠绕设备中的浸胶辊、张力控制器、导丝头等,需经常进行维护,不断刷洗,使之保持良好的工作状态。如果某一环节发生纤维间互相缠绕,将会影响整个缠绕工艺及缠绕质量。

3. 半干法缠绕

半干法缠绕是将无捻粗纱或织物浸胶后,将其预烘干后直接缠绕于芯模的成型工艺方法(见图7-7)。

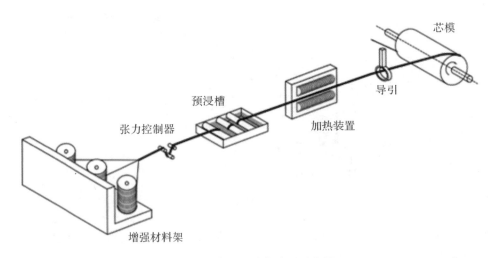

图7-7 半干法缠绕成型示意图

半干法缠绕特点:与湿法相比,增加的烘干工序除去了溶剂;与干法相比,不需整套的预浸料设备,缩短了烘干时间,使缠绕过程可在室温下进行。此方法既除去溶剂又减少了设备,提高了缠绕速度和制品质量,产品中产生气泡、空隙等缺陷的概率都会大大降低。

缠绕成型工艺方法的选择通常由实际生产条件和工艺制品的质量要求决定。表 7-1 为 3 种缠绕工艺方法的比较,从中可以看出不同工艺方法的优缺点。

表 7-1 3 种缠绕工艺方法的比较

比较项目	干法	湿法	半干法
缠绕场所清洁状态	最好	最差	几乎与干法相同
增强材料规格	较严,不是所有都能用	任何规格	任何规格
使用碳纤维可能引发的问题	不存在	碳纤维飞丝可能导致机器故障	不存在
树脂含量控制	最好	最困难	并非最好,黏度可能有少许变化
材料储存条件	必须冷藏,有储存记录	不存在储存问题	类似于干法,但储存期较短
纤维损伤	取决于预浸装置,损伤可能性大	损伤机会最少	损伤机会较少
产品质量保证	在某些方面有优势	需要严格的控制程序	与干法类似
制造成本	最高	最低	略高于湿法
室温固化可能性	不可能	可能	可能
应用领域	航空航天	广泛应用	类似于干法

第二节　原　材　料

一、增强材料

纤维缠绕制备压力容器的强度和刚度主要取决于纤维的强度和模量,因此缠绕纤维应具有高强度和高模量,纤维易被树脂浸渍,具有良好的缠绕工艺性,同一束纤维中各股之间张力应该均匀,并具有良好的储存稳定性。用于缠绕工艺的纤维按其状态可分为有捻纱和无捻纱。由于加捻使得纤维的弯曲度增加,易使纤维强度降低。对强度要求较高的缠绕成型玻璃钢制品多采用无捻纱,但是无捻纱缠绕过程中易出现松散、起毛等情况,且控制张力较困难。

1. 玻璃纤维

纤维缠绕用玻璃纤维是单束或者是多束粗纱。单束玻璃纤维粗纱通过许多玻璃纤维单丝在喷丝过程中并丝而成。目前最常用 E 玻璃纤维或 S 玻璃纤维,以内抽头或外抽头锭子包装。

玻璃纤维表面含有水分会影响树脂与玻璃纤维间的黏结性能,同时将引起应力腐蚀、微裂纹等缺陷进一步扩大,从而使制品和耐老化性能下降,因此,玻璃纤维在使用前最好经过烘干处理。在湿度较大的地区和季节,烘干处理更为必要,纤维烘干工艺视含水量和纱锭大小而定;通常,无捻纱在 60~80℃烘干 24 h 即可。当采用石蜡型浸渍剂的玻璃纤维缠绕时,使用前应先除蜡,以便提高纤维与树脂之间的黏结性能。

2. 芳纶纤维

与玻璃纤维相比,芳纶纤维比强度得到了很大的提高。芳纶纤维具有的原纤结构使其具有很好的耐磨性,因此它在最外层使用可明显改善制件耐磨性和持久性。但与其他材料接触时,芳纶纤维可能会造成这些材料擦伤。因此在缠绕芳纶纤维时,必须考虑芳纶纤维对和它接触滑轮等产生的磨损。

3. 碳纤维

纤维缠绕用碳纤维为 3 k、6 k、12 k 等单束纤维。与玻璃纤维和芳纶纤维不同之处在于碳纤维是脆性材料,容易磨损和折断,因此操作时必须倍加小心。

从减少碳纤维损伤来看,湿法缠绕比干法缠绕要好。因为干法缠绕使用碳纤维预浸料,在预浸过程中的附加收卷会引起碳纤维单纤的折断。而湿法缠绕可以避免浸渍过程中的附加收卷。此外,由于碳纤维是导电材料,缠绕碳纤维时应使用封闭式纱架,以便尽早地使树脂浸渍纤维,尽可能地避免碳纤维毛到处飞扬造成附近电器的短路。

二、树脂基体

树脂品种对制品的耐热性、老化性有很大的影响。缠绕工艺树脂系统应满足下列要求:对纤维有良好的浸渍性和黏结力,固化后有较高的强度和与纤维相适应的延伸率,较低的起始黏度,较低的固化收缩率和低毒性,来源广且价格低廉。

纤维缠绕常用树脂分为 3 种状态:第一种是液态树脂体系,纤维通过树脂槽时浸渍,主要应用于湿法缠绕;第二种形式是使用预浸纤维束(带);第三种是热塑性树脂粉末,在缠绕时利用静电粉末法使树脂浸渍纤维。

湿法纤维缠绕一般要求树脂黏度在 1~3 Pa·s 范围内,为了得到树脂适用期、缠绕温度、黏度、凝胶时间、固化时间和温度以及制品性能等的最佳综合平衡,必须优化树脂体系配方,包括固化剂和促进剂的选择以及用量优化。湿法缠绕用树脂包括环氧树脂、乙烯基酯、不饱和聚酯、酚醛、双马树脂(BMI)以及聚酰亚胺。

目前,环氧树脂是应用最广泛的树脂体系,尤其在航空航天工业领域占有绝对的优势。这主要是由于环氧树脂黏结力强,层间剪切强度较高且收缩率小,易于控制 B 阶段,适合于制成干法缠绕的预浸束带。对于常温使用的内压容器,一般采用双酚 A 型环氧树脂;而高温容器则需采用耐热性较好的酚醛型环氧树脂或脂肪族环氧树脂。需要特别注意之处在于,不是任何纤维都可使用同一树脂体系配方,尤其对高级纤维,应有与之相匹配的树脂体系配方。但随着使用温度要求的提高,耐热更高的酚醛、BMI 和聚酰亚胺也越来越多地得到应用。

在纤维缠绕中使用热塑性树脂的过程如下:首先利用静电粉末法将热塑性树脂粉末均匀地涂敷到增强粗纱上,形成预浸纤维束;随后热塑性预浸纤维束通过绕丝嘴被加热软化缠绕在芯模上,硬化脱模后获得制件。目前,热塑性预浸料缠绕技术已成为新的研究热点,将来无疑会发展出一种或多种可用于工业生产的热塑性缠绕技术。

第三节　芯模及缠绕设备

一、芯模

生产中空制品的内模称为芯模。芯模的外形同制品内腔形状、尺寸一致,因此对芯模有以下要求:

(1)足够的强度和刚度,能够承受制品成型加工过程中施加于芯模的各种载荷。
(2)必须满足制品的内腔形状尺寸和精度要求。
(3)制作工艺简单、周期短,材料来源广,价格低。
(4)制品完成后,芯模易轻松去除,不影响制品质量。

1. 制造芯模的材料

(1)湿法芯模材料及其制造。湿法芯模与干法芯模的不同之处是湿法芯模不需设置加热装置。湿法缠绕用芯模材料主要有以下几种:

1)低熔点金属。使用前先将其热熔化,采用空壳制造法或外壳冷硬铸造法制成壳体状芯模,脱模时采用热蒸汽熔化即可。

2)低熔点盐类。通过加热融化并采取空壳铸造法铸成壳体状芯模,脱模时用水溶解掉芯模即可,干燥后方可使用。

3)可溶性石膏。铸造制成壳体状态芯模,干燥后方可使用,脱模时用水溶解掉芯模即可。

(2)干法芯模材料及其制造。干法缠绕成型要求对芯模加热,通常需在芯模里埋置加热元件(如蒸汽管、电阻元件和过热油管等)。其设计和制造成本高于湿法缠绕芯模。其制造材料有以下几种:

1)低熔点金属。先在铸模内放置带有绝缘体导线,再浇注液体金属,制备带有绝缘体导线的壳体,也可采用柔性管或者金属蛇形管制造。不论使用什么导体,都必须有足够的柔性。在脱模时,待低熔点金属熔化后取出还可反复再用。

2)可溶性石膏。其制造方法与低熔点金属相似,其加热时需防止元件与石膏铸体之间产生过大温差,以免造成芯模开裂。脱模时,采用水将石膏溶解,取出的加热元件还可回收再用。

3)铸铝。采用纯铝材料先铸造半个芯模壳体,再铸另一半;在壳体内布有加热元件和接线装置,最后将两半壳体黏结成一个中空芯模。由于此芯模需用腐蚀性溶液才能将其溶解,为保护缠绕制品的内表面,需在芯模表面施加一层橡胶保护层。此芯模传热性好,性能可靠,但制造成本高。

4)敲碎法脱模的石膏芯模。该芯模主要用于大型或外形复杂制品。石膏芯模安装有金属轴,部分金属件埋置在石膏芯模外部区域,浇注制成。脱模时敲碎石膏芯模,取出金属轴即可。

5)蜡模。蜡模原材料由蜂蜡和石蜡混合而成,熔点约为74℃,可挤成各种各样断面,但使用最多的是矩形断面。在蜡模挤出过程中,浸渍树脂的玻璃纤维带以螺旋形缠绕于蜡模。缠绕芯模直接在缠绕机上制作,容器内壳缠绕完成后将蜡模按照轴向或环向放置于内壳上,当整个内壳表面都覆满时,即可开始外层缠绕。

这种夹层结构的固化温度不得高于蜡模的熔化温度。制品固化以后,再次对整体构件加热到74℃以上,使蜡从纤维缠绕结构预留口熔化流出。

如只需生产少量制品,为降低成本,一般不采用可拆卸式芯模;如容器尺寸不允许整块地脱出芯模,而采用拆卸式芯模又不经济,可使用易熔芯模或膨胀芯模。任何一种芯模设计,应主要考虑的缠绕荷载、固化周期、树脂收缩及设计尺寸等因素。

2.芯模的结构形式

(1)不可拆卸式金属芯模。这类模具通常可由钢、铝、铸铁等浇铸或焊接而成。它既是内衬又是芯模,适用于内压容器成批生产。

(2)金属可拆卸芯模。若缠绕带封头而又不需要将其切掉的筒型容器时,可用金属拆卸式芯模。该芯模由多块零件拼凑而成,内部由圆盘形肋板作为支撑架,采用螺栓将各块零件连接在一起。待制品固化完成后,松开螺栓并拆除圆盘便可将组合芯模的各零件分离。

(3)可敲碎式芯模。用石膏、石膏-砂、石蜡或陶土制成模具,待制品固化后,可采用敲碎或用水浸泡的方式进行脱模。该类芯模造价低廉,只能一次性使用且制作过程比较麻烦。

(4)橡皮袋芯模。对于直径不大的筒型制品,可以采用压缩空气吹胀的橡皮袋。在制品固化后,放掉压缩空气,橡皮袋回缩即可从壳体极孔中将橡皮袋模具抽拔出来。此种方法不适合直径较大的制品,因为橡皮袋变形较大。球形壳体亦可采用此种方法。

(5)组合芯模。将金属与橡胶,或者金属与石膏相组合使用。待制品固化后,放掉压缩空气取出橡皮袋,再取出金属部分;或者冲刷掉石膏后,再取出金属部分。

3.内衬

缠绕成型复合材料制品往往是非气密性结构,因此需要在内部加入具有保证气密性作用的内衬。内衬材料具有耐腐蚀和耐高低温等性能,能与缠绕壳体牢固黏结、变形协调、共同承载,具有适当的弹性和较高的延伸率。目前常用的材料有铝合金、橡胶和塑料等。

(1)铝合金。用铝合金加工的内衬气密性、延展性能、可焊接性、耐疲劳性及耐腐蚀性均好。筒身和封头多用纯铝,接嘴部位多用高强度铝合金。

(2)橡胶。用橡胶加工的内衬气密性好、弹性高、耐疲劳性好,而且制作工艺简单;缺点是强度低,因此使用时必须与芯模组合。

(3)塑料。用塑料加工的内衬同橡胶一样,也需要与芯模组合使用。

二、缠绕机

缠绕机是完成缠绕成型工艺的主要设备,对缠绕机的要求是:①能够完成制品设计的缠绕规律和排纱准确;②操作简便;③生产效率高;④设备成本低。

缠绕机主要由芯模驱动和绕丝嘴驱动两大部分组成。为消除绕丝嘴反向运动时纤维松线,保持张力稳定及在封头或锥形缠绕制品纱带布置精确,实现小缠绕角(0°～15°)缠绕,在缠绕机上设计有垂直芯轴方向的横向进给机构。为防止绕丝嘴反向运动时纱带发生拧转现象,伸臂上配置有能使绕丝嘴翻转的机构。

1.绕臂式平面缠绕机

其特点是绕臂(装有绕丝嘴)围绕芯模做均匀旋转运动,芯模绕自身轴线做均匀慢速转动,绕臂每转一周,芯模转过一个小角度。此小角度对应缠绕容器上一个纱片宽度,保证纱片在芯模上相接地布满容器表面。芯模快速旋转时,绕丝嘴沿垂直地面方向缓慢地上下移动,此时可实现环向缠绕。这种缠绕机的优点是芯模受力均匀,机构运行平稳,排线均匀,适用于干法缠绕中小型短粗筒形容器。

2. 滚翻式缠绕机

这种缠绕机的芯模由两个摇臂支承,缠绕时芯模自身轴旋转,两臂同步旋转使芯模翻滚一周,芯模自转一个与纱片宽相适应的角度,而纤维纱由固定的伸臂供给来实现平面缠绕,环向缠绕由附加装置来实现。由于滚翻动作机构不宜过大,故此类缠绕机只适用于小型制品,且使用不广泛。

3. 卧式缠绕机

这种缠绕机由链条带动小车(绕丝嘴)做往复运动,并在封头端有瞬时停歇,芯模绕自身轴做等速旋转,调整两者速度可以实现平面缠绕、环向缠绕和螺旋缠绕,这种缠绕机构造简单,用途广泛,适用于缠绕细长的管和容器。

4. 轨道式缠绕机

轨道式缠绕机分立式和卧式两种。纱团、胶槽和绕丝嘴均装在小车上,当小车沿环形轨道绕芯模一周时,芯模自身转动一个纱片宽度(芯模轴线和水平面的夹角为平面缠绕角 α)从而形成平面缠绕型。调整芯模和小车的速度可以实现环向缠绕和螺旋缠绕。轨道式缠绕机适合于生产大型制品。

5. 行星式缠绕机

芯轴和水平面倾斜成 α 角(即缠绕角)。缠绕成型时,芯模做自转和公转两个运动,绕丝嘴固定不动。调整芯模自转和公转速度可以完成平面缠绕、环向缠绕和螺旋缠绕。芯模公转是主运动,自转为进给运动。这种缠绕机适合于生产小型制品。

6. 球形缠绕机

球形缠绕机有 4 个运动轴。其中,球形缠绕机的绕丝嘴转动、芯模旋转和芯模偏摆,基本上和摇臂式缠绕机相同,第四个轴运动是利用绕丝嘴步进实现纱片缠绕,减少极孔外纤维堆积,提高容器臂厚的均匀性。芯模和绕丝嘴转动,使纤维布满球体表面。芯模轴偏转运动,可以改变缠绕极孔尺寸和调节缠绕角,满足制品受力要求。

7. 电缆式纵环向缠绕机

纵环向电缆式缠绕机适用于生产无封头的筒形容器和各种管道。装有纵向纱团的转环与芯模同步旋转,并可沿芯模轴向往复运动,完成纵向纱铺放,环向纱装在转环两边的小车上,当芯模转动,小车沿芯模轴向作往复运动时,完成环向纱缠绕。根据管道受力情况,可以任意调整纵环向纱数量、比例。

8. 新型缠管机

新型缠管机与现行缠绕机的区别在于,它是靠管芯自转,并同时能沿管长方向做往复运动来完成缠绕过程的。这种新型缠绕机的优点是,绕丝嘴固定,为工人处理断头、毛丝以及看管带来很大方便;多路进纱可实现大容量进丝缠绕,缠绕速度快,布丝均匀,有利于提高产品质量和产量。

第四节 缠绕成型工艺过程

缠绕工艺过程一般包括芯模或内衬制造、胶液配制、纤维热处理、烘干、浸胶、胶纱烘干、缠绕、固化、检验和加工成制品等工序。产品采用干法还是湿法还是半干法缠绕成型取决于制品技术要求、设备情况、原材料性能及生产批量等。

影响缠绕制品性能的主要工艺参数包括纤维浸胶、胶液含量、股纱烘干、缠绕张力、纱片缠绕位置、固化制度、缠绕速度和环境温度等,这些因素间相互影响、相互作用。合理选择工艺参数是充分发挥原材料特性、制造高质量缠绕制品的重要环节。

一、浸胶方法及含胶量的控制

干法缠绕时浸胶工艺于缠绕前完成,故而不需在缠绕机上设置浸胶槽,因此本节主要介绍湿法缠绕和半干法缠绕过程中的浸胶方法。

浸胶是纤维缠绕工艺的重要环节,决定了缠绕纱的浸渍程度、纤维强度和含胶量,其中含胶量对缠绕制品性能的影响很大,主要表现在:①影响制品质量和厚度;②含胶量过高,制品强度降低,成型和固化时流胶严重;③含胶量过低,制品孔隙率增加,密实性、防老化性、剪切强度均下降。因而浸胶过程重点是要保证含胶量准确。通过调节浸渍温度和时间、改变纱束疏密和出纱速度、控制缠绕张力以及刮胶等可使缠绕制品的含胶量达到理想值。

1.湿法缠绕的浸胶技术

湿法缠绕工艺是采用液态树脂体系,使纤维经集束浸胶后,在张力控制下直接缠绕于芯模,然后再固化成型。

由于湿法缠绕工艺不采用预浸带技术,无预固化过程,因而制品含胶量在浸胶和缠绕过程中进行控制,浸胶技术的优劣直接影响缠绕制品质量。湿法缠绕工艺通常采用直浸法和胶辊接触法。

(1)直浸法。直浸法是目前湿法缠绕工艺中设备最简单,应用范围最广泛的一种浸胶技术。该法是将纱团引出的一束或多束单向张紧纤维连续直接浸入胶槽浸渍胶液,随后通过挤胶辊挤压使胶液均匀,通过刮胶刀去除多余树脂胶液后得到直接用于湿法缠绕的浸渍胶液的纤维,其工艺过程如图7-8所示。整个浸胶过程中,挤胶辊压力大小、刮胶刀与纱带距离和胶液温度是影响含胶量的主要因素。

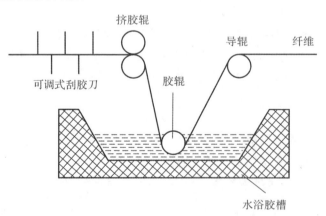

图7-8 直浸法浸胶工艺示意图

(2)胶辊接触法。胶辊接触法是将浸胶辊半浸入胶液,裸露在胶液外的辊表面与纤维接触。浸胶辊通过旋转使其辊表面附着胶液,连续地完成纤维浸胶,其工艺过程如图7-9所示。纤维不直接浸入胶槽可使纤维更均匀地浸渍胶液,避免过分地吸胶。

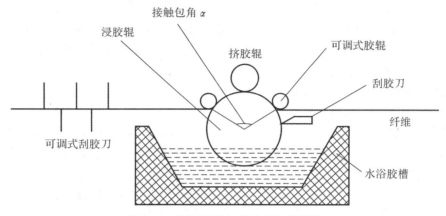

图 7-9 胶辊接触法浸胶工艺示意图

除了挤胶辊、刮胶刀和胶液温度等影响含胶量的主要因素外,该装置两侧可调式胶辊还可改变纤维与浸胶辊的接触包角 α(纤维与浸胶辊接触弧长所对的圆心角),接触包角变化也会对含胶量产生影响。接触包角越大,纤维与浸胶辊接触面积和接触压力越大,纤维张力也越大,从而有效地影响湿法缠绕制品的含胶量。

上述两种湿法缠绕的浸胶技术虽然操作简便、工装简单、成本低、生产效率高,但是由于纤维浸胶后立即缠绕,在缠绕过程中对制品含胶量不易控制和检验,制品中易形成气泡、孔隙等缺陷,设备上大量的刮胶刀和胶辊装置容易损伤纤维,出现起毛现象;树脂浪费大,操作环境差,不易实现自动化。

2. 半干法缠绕的浸胶技术

半干法缠绕的浸胶技术与湿法缠绕大致相同,只是在纤维浸胶到缠绕至芯模的途中增加了一套加热设备,将纱带胶液中大部分溶剂去除,并达到一定凝胶状态,如图 7-10 所示。与干法相比,省去了预浸胶工序和设备;与湿法相比,可使制品中的气泡、孔隙含量降低。

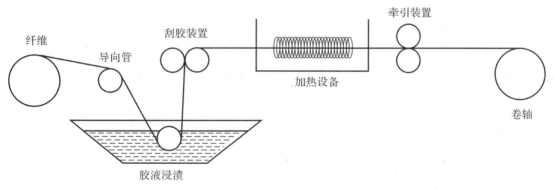

图 7-10 半干法浸胶工艺示意图

二、缠绕张力

缠绕张力是纤维缠绕过程中所受的张紧力,是缠绕工艺的重要参数。张力大小、各束纤维间张力的均匀性以及各缠绕层之间纤维张力的均匀性,对制品的质量影响极大。

1. 对制品机械性能的影响

研究结果表明,缠绕制品的强度和疲劳性能与缠绕张力有密切关系。张力过小时内衬所受压缩应力较小,内衬在充压时变形较大,制品强度与疲劳性能偏低。张力过大时纤维磨损大,纤维和制品强度下降。此外,过大的缠绕张力还可能造成内衬失稳。

各束纤维间张力的均匀性对制品性能影响也很大。若纤维张紧程度不同,当承受载荷时各束纤维不能同时承受力,导致逐个失效,影响纤维强度的发挥和利用。从表 7-2 的数据可以看出,各纤维束所受张力的不均匀性越大,制品强度越低。因此,在缠绕制品时,应尽量保持纤维束之间、束内纤维之间的张力均匀。为此,应尽量采用低捻度、张力均匀的纤维,并尽量保持纱片内各束纤维的平行。

表 7-2 缠绕张力的均匀性对环形试件弯曲强度的影响

	张力/9.8 N	弯曲强度/MPa
16 根纤维中	8 根均匀受力,共 29	567.8
	8 根均匀受力,共 4.9	
16 根纤维中	8 根均匀受力,共 1.5	625.7
	8 根均匀受力,共 4.9	
16 根纤维中	全部均匀受力,共 7.8	690.4

为了使制品里的各缠绕层不会由于缠绕张力作用产生内松外紧现象,应有规律地使张力逐层递减,使内、外层纤维的初始应力都相同,容器承压后内、外层纤维才能同时承受载荷。

2. 对制品密实度的影响

缠绕在曲面上的玻璃纤维,在缠绕张力 T_0 作用下,将产生垂直于芯模表面的法向力 N,在工艺上称为接触成型压力,其值可由下式求得,有

$$N = T_0 \sin\alpha / r \tag{7-1}$$

式中:T_0—— 缠绕张力,9.8 N/cm;

r—— 芯模半径,cm;

α—— 缠绕角。

由此可见,制品成型压力与缠绕张力成正比,与制品曲率半径成反比。对于干法生产,为了生产密实的制品,必须控制缠绕张力。对于湿法缠绕,树脂黏度对达到预定密实度程度所采用的成型压力有很大影响。黏度越小,所需成型压力就越小。另外,缠绕制品孔隙率是影响其性能的重要因素。通过实验得到剪切强度与孔隙率的关系为

$$\tau = 9\,600 - 785v \tag{7-2}$$

式中:τ—— 层间剪切强度;

v—— 孔隙率。

孔隙率随着缠绕张力变化而变化,张力增大,孔隙率降低。这也是增大缠绕张力可以提高制品强度的一个重要因素。

3. 对含胶量的影响

缠绕张力对纤维浸渍质量及制品含胶量的大小影响非常大,随着缠绕张力的增大,含胶量降低。

在多层缠绕过程中,由于缠绕张力径向分量——法向压力 N 的作用,外缠绕层将对内层施加压力。胶液将由内层被挤向外层,因而将出现胶液含量沿壁厚方向不均匀——内低外高的现象。采用分层固化或预浸材料缠绕可减轻或避免这种现象。

此外,如果在浸胶前施加张力,那么过大的张力会使胶液向增强纤维内部孔隙扩散渗透增加困难,使纤维浸渍质量下降。

最佳缠绕张力并非一成不变,其依芯模结构、增强纤维强度、胶液黏度及芯模是否加热等具体情况而定,一般取其极限值为 1.1~4.4 N/股。

4. 对作用位置的影响

纤维张力可施加于纱轴或纱轴与芯模之间的某一部位。前者比较简单,但在纱团上施加全部缠绕张力会带来如下困难:对湿法缠绕来说,纤维的浸渍效果较差;而且在浸胶前施加张力,将使纤维磨损严重而降低其强度,张力越大,纤维强度降低越多。对于干法缠绕来说,若预浸纱卷装得不够合理,施加张力后易使纱片产生表面不平整的现象。一般认为,湿法缠绕宜在纤维浸胶后施加张力,而干法缠绕宜在纱团上施加张力。

在纤维通过张力器时应将各股纤维分开,以免发生打捻、发团、曲折和磨损。张力器直径太小会引起纤维磨损,降低纤维机械强度;张力器最小直径为 50 mm,张力辊过多,纤维多次弯曲也会降低强度。缠绕张力是指纤维缠到内衬上以前的实际张力,因此,张力器应安装在距内衬最近的地方。

三、纱片宽度及缠绕速度

纱片间隙易造成富树脂区和结构上的薄弱环节。纱片宽度随缠绕张力的变化而变化,其宽度一般约为 15~35 mm。

纱片缠绕位置是缠绕机精度与芯模精度的函数。容器上最敏感的部位为封头部分及封头筒体连接处。对于测地线缠绕的等张力封头,由于普通环链式缠绕机精度不够,封头缠绕纤维路径不是测地线,即使纤维不滑线也难于实现封头等张力缠绕。而对于其他形式的封头缠绕,如平面缠绕,则可能由于滑线,致使纤维偏离理论位置,进而破坏封头等张力缠绕状态。

如果纱片缠绕轨迹不是封头曲面的测地线,则纱带在缠绕张力作用下,一方面要被拉成曲面上两点间最短的线,另一方面便要向测地线曲率不为零的方向滑动,这就是滑线的原因。为避免滑线,应增大曲面的摩擦力,如采用预浸纱缠绕,因为它具有一定的黏性,可减少滑线的可能性。

缠绕速度通常是指纱线速度,应控制在一定范围。速度过小,生产率低;速度过大,会受到以下因素限制:

(1)湿法缠绕,纱线速度受到纤维浸胶过程的限制。当纱线速度很大时,芯模转速很高,易出现树脂胶液在离心力作用下从缠绕结构中向外迁移和溅洒的可能。纱线速度最大不宜超过 0.90 m/s。

(2)干法缠绕,纱线速度主要受两个因素的限制:应保证预浸纤维用树脂通过加热装置后能熔融到所需黏度;避免杂质被吸入缠绕结构中。

此外,由纱线速度、芯模速度及小车速度所构成的速度矢量三角形中,小车速度 $v_{车} = v_{纱} \times \cos\alpha$ 是有限制的。因为小车做往复运动,其在行程两端点处加速度最大,因而惯性冲击必定较大,特别在小车质量较大时更是如此。车速过大,运行不稳,易产生颠簸振动,影响缠绕质量。因此,小车速度最大不宜超过 0.75 m/s。

四、固化制度

缠绕制品固化包括常温固化和加热固化两种,选择哪种固化方式应由树脂系统决定。合理的固化工艺参数是保证制品充分固化的重要条件,它也直接影响缠绕制品的物理性能及其他性能。

1. 加热固化

高分子物质随着交联反应的进行,相对分子质量增大,分子运动困难,位阻效应增大,活化能增高,因此需要加热到较高温度下才能反应。加热固化可使固化反应比较完全,因此加热固化比常温固化制品强度至少可提高 20%~25%。

此外,加热固化可提高化学反应速度,缩短固化时间,缩短生产周期,提高生产率。

2. 保温

增加保温时间可使树脂充分固化,产品内部收缩均衡。保温时间的长短不仅与树脂体系的性质有关,而且与制品质量、形状、尺寸及构造有关。一般制品的热容量越大,保温时间越长。

3. 升温速度

升温阶段的升温速度不应太快,升温速度太快会导致化学反应激烈,使溶剂等低分子物质急剧逸出而形成大量气泡。特别在低沸点组分沸点以下时,为了充分排出气泡,升温应缓慢进行,达到沸点后,升温速率可适当调快。

通常,当低分子变成高分子或液态转变成固态时体积会发生收缩。由于缠绕制品热导率小,仅为金属的 1/150,如果升温过快,各部位的温差必然很大,因而各部位固化速度和程度亦必然不一致,收缩不均衡,致使制品由于内应力作用变形或开裂,形状复杂的厚壁制品更是如此。通常采用的升温速度为 0.5~1℃/min。

4. 降温冷却

降温冷却要缓慢均匀,由于缠绕制品结构中沿纤维方向与垂直纤维方向的线膨胀系数相差较大。因此,若制品不缓慢冷却,各部位各方向收缩差异较大,特别是垂直纤维方向的树脂基体将承受拉应力,而缠绕制品垂直纤维方向的拉伸强度比纯树脂还低。当承受的拉应力大于制品强度时,就发生开裂破坏。

5. 固化制度的确定

一般来说,树脂体系固化后并不能达到 100%的固化,通常固化程度超过 85%就认为制品已经完全固化,可以满足力学性能的使用要求,但制品的耐老化性能、耐热性等尚未达到指标要求。在此基础上,提高制品的固化程度,可以提升制品的耐化学腐蚀性、热变形温度、电性能和表面硬度,但是冲击强度、弯曲强度和拉伸强度稍有下降。因此,对不同性能要求的缠绕制品,即使采用相同的树脂体系,固化制度也不完全一样。高温制品应具有较高的固化度;高强度的制品具有适宜的固化度即可,固化程度太高,反而会使制品强度下降。考虑兼顾制品的其他性能(如耐腐蚀、耐老化等),固化度也不应太低。

6. 分层固化

较厚缠绕制品需采用分层固化工艺,其工艺过程如下:先固化内衬,然后在固化好的内衬上缠绕一定厚度的纤维缠绕层,使其固化,冷却至室温后,再对表面打磨喷胶,缠绕第二层纤维,依此类推,直至完成设计所要求的强度及缠绕层数为止。

分层固化有以下几方面的优点:

(1)可以降低环向应力沿筒壁分布的高峰。从力学角度看,对于筒形容器,就好像把一个厚壁容器变成几个紧套在一起的薄壁容器组合体。缠绕张力使外筒壁出现环向拉应力,而内筒壁产生压应力,于是在容器内壁上因内压荷载所产生的拉应力就可被套筒压缩产生的压应力抵消一部分。

(2)提高纤维初始张力,避免容器体积变形率增大,纤维疲劳强度下降。根据缠绕张力可知张力应逐层递减,较厚制品的缠绕层数必然增多,如此一来缠绕张力自然偏低,导致容器体积变形率增大,疲劳强度下降,采用分层固化就可避免此缺点。

(3)可以保证容器内、外质量的均匀性。从工艺角度看,随着容器壁厚度的增加,制品内、外质量不均匀性增大。特别是湿法缠绕,由于缠绕张力作用,胶液将由里向外迁移,因而使树脂含量沿壁厚方向出现不均的分布现象,保证了容器内、外质量的均匀性。

7. 内固化

对大部分缠绕成型制品的固化采用的是外部固化,即将缠绕完成的复合材料连同芯模一起送入固化设备或者采用烤灯等外部加热方式。内固化是利用复合材料壳体多为中空构造的特点,采用从壳体内部加热的方式使复合材料固化成型的(见图7-11)。

相对于外固化,内固化具有以下特点:

(1)省去了中间拆卸、转移和安装过程,内固化成型效率高;

(2)高压蒸汽的流动速度快,金属芯模的传热效率高,能源利用率高;

(3)制品内层最开始受热,树脂受热后黏度下降,使纤维能够更好地持续浸渍,有利于气泡和多余树脂的排出,使壳体更加密实。

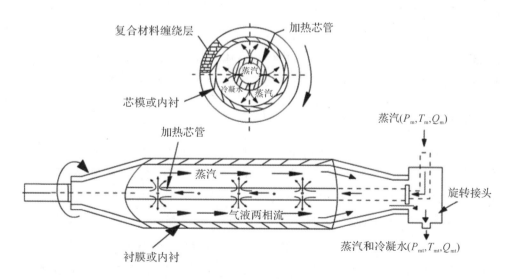

图 7-11 内固化成型工艺原理图

第五节 缠绕成型工艺特点及应用

一、缠绕成型工艺特点

纤维缠绕成型工艺作为一种常用的复合材料成型方法,其主要有以下特点:

(1)易于实现高比强度制品的成型。与其他成型工艺方法相比,缠绕工艺成型生产的复合材料制品中纤维按规定方向排列的整齐度和精确度高,制品可充分发挥纤维强度。

(2)易于实现制品的等强度设计。由于缠绕时可按照承力要求确定纤维排布的方向、层数和数量,因此易于实现等强度设计,制品结构合理。

(3)制造成本低,制造质量高度可重复。缠绕制品所用增强材料大多是连续纤维、无捻粗纱和无纬带等材料,无需纺织加工工序,从而降低成本,同时可以避免布纹交织点与短切纤维末端的应力集中。纤维缠绕工艺容易实现机械化和自动化,产品质量高而稳定,生产效率高,便于大批量生产。

虽然纤维缠绕技术拥有诸多优点,但纤维缠绕技术也不是万能的。该技术也存在一定的局限性:

(1)在缠绕过程中,特别是湿法缠绕过程中易形成气泡,会造成制品内部孔隙过多,从而降低层间剪切强度,并降低压缩强度和抗失稳能力。因此,在生产中要求采用活性较强的稀释剂,控制胶液黏度,改善纤维的浸渍性及适当增大纤维张力等措施,以便于减少气泡和孔隙率。

(2)开孔会使复合材料制品在开孔周围出现应力集中现象,同时层间剪切强度也会降低。因连接需要的切割、钻孔或开槽等操作都会降低缠绕结构的强度,因此要对结构进行合理的设计,要尽量避免完全固化后对制品进行切割、钻孔等破坏性操作。对必须进行开孔、开槽的复合材料制品采取局部补强措施。

(3)缠绕成型工艺不太适用于带凹曲线部件的制造,其在制品形状上存在一定的局限性。截至目前,采用纤维缠绕技术制成的制品多为圆柱体、球体及某些正曲率回转体。非回转体或负曲率回转体制品的缠绕规律和设备都比较复杂,尚处于研究阶段。

二、缠绕成型的应用

尽管缠绕成型非常适合回旋对称结构,也可以制造出许多形状复杂的零件,包括工字梁、船壳、翼形件等,但这需要特殊的工艺步骤。缠绕成型大量用于火箭发动机罩、管材、压力容器或类似形状制品的制造,而且是先进复合材料中生产效率最高的制造技术之一。

另外,在国防工业中,缠绕成型可用于制造导弹壳体、火箭发动机壳体、枪炮管等。这些制品大都以高性能纤维为增强材料,树脂基体以环氧树脂居多。而民用工业中则采用价格低廉的无碱玻璃粗纱,树脂基体以不饱和聚酯代替环氧树脂,并简化缠绕设备以利于高速生产。特别是在国内防腐领域,主要用此成型法生产管道、容器、储槽等制品,它们可用于油田、炼油厂和化工厂,以部分代替不锈钢,具有防腐、轻便、耐久和维修方便等优点。

习　题

1. 请阐述缠绕成型工艺原理、特点及应用。
2. 按树脂基体状态的不同,缠绕成型工艺可分为哪几种？各自的特点是什么？
3. 缠绕成型的固化可采用哪些方式？各自具备什么特点？
4. 纤维缠绕的模具一定是凸形的吗？凹形的模具是否能缠绕成型？请设想一下凹形模具纤维缠绕的方法。

第八章 拉挤成型工艺

拉挤成型工艺技术首个专利于诞生于1951年的美国。20世纪60年初期,主要用于生产钓鱼竿和电器绝缘材料等。60年代中期,化学工业对轻质高强、耐腐蚀和低成本材料发展的需求,促进了拉挤工业发展,特别是连续纤维毡的问世,解决了拉挤型材横向强度低的弊端。80年代起,拉挤制品开始步入结构材料领域,并以每年20%左右的速度增长,成为美国复合材料工业十分重要的一种成型技术,从此,拉挤成型工艺也随之进入了一个高速发展和广泛应用的阶段。

拉挤成型是一种连续生产纤维增强树脂基复合材料的方法。传统复合材料拉挤成型工艺原理(见图8-1)是:将浸渍树脂胶液的连续纤维通过具有一定截面形状的模具,使其于模腔内在线固化成型,在牵引机构的拉拔作用下,连续生产无限长的型材制品。

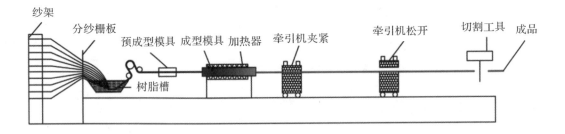

图8-1 拉挤成型工艺原理

拉挤成型工艺具有以下优点:
(1)设备简单,造价低,生产率高,便于形成自动化生产线,产品质量稳定;
(2)充分发挥增强材料作用,力学性能高(特别是纵向强度和模量);
(3)原材料的有效利用率高,基本上无边角废料;
(4)型材纵向和横向强度可以调整,以适应不同使用要求;
(5)其长度可按需要切割。

拉挤成型工艺的缺点是模具制造要求高,纤维及树脂含量得不到精确控制,而且对所用树脂也有特殊要求。

为克服以上缺点,20世纪80年代中期,JAMCO公司发明了先进拉挤成型(Advanced Pultrusion,ADP),即预浸料拉挤成型。

第八章 拉挤成型工艺

第一节 传统拉挤成型

一、原材料

1. 基体材料

(1)树脂。拉挤成型工艺使用的树脂主要有不饱和聚酯树脂、环氧树脂和乙烯基树脂等。其中不饱和聚酯树脂应用最多,技术上也最成熟,大约占总量的90%。其一般要求其具有适宜的黏度、较低的固化收缩率、较长的工艺适用期和较短的固化时间。为满足不同性能要求,改性酚醛树脂以及热塑性树脂也已相继得到应用。

(2)常用助剂。

1)脱模剂。为保证连续性生产,在生产中需选用与树脂基体相匹配的内脱模剂。内脱模剂有液体、糊状和膏粉状等。

常用内脱模剂为金属皂类、脂肪酸酯及聚烯烃蜡类等。其要求是:无毒无害、不黏模、有效地发挥润滑作用、与树脂基体相容好、对复合材料制品物理性能的影响较小。其相容能力取决于内脱模剂的熔点和分子结构,也与物理混合程度有关。

内脱模剂用量很小,一般为树脂用量的0.5%~3%。用量过多,将对制品强度产生不利影响,且表面粗糙;应根据不同树脂配方和模具状况选择最佳用量。

2)填料。加入填料的目的在于改善树脂的工艺性能和制品性能,同时降低成本。填料种类繁多,性能各异。通常情况下,大部分无机填料可提高材料的机械强度和硬度,减少制品收缩率,增加耐热性、自熄性,增加树脂黏度和降低流动性,因而耐水性和耐化学腐蚀性有可能下降。

常用填料多为粉状填料,其粒度约为150~300目。目前常用的填料有高岭土、碳酸钙、氢氧化铝等,其价格低,用量一般为树脂的10%~50%。

3)色料。为了赋予玻璃钢产品美丽的外观,生产出五彩斑斓的制品,通常需要在物料中加入色料。玻璃钢制品的着色方法分为内着色法和外着色法。色料用量一般为树脂的0.5%~5%,拉挤成型工艺一般不使用外着色方法。

4)低收缩添加剂。在拉挤成型工艺中,不饱和聚酯树脂应用最为普遍,但其固化时会产生较大的体积收缩并放出大量热,易使制品易发生翘曲和开裂。因此,要使产品达到较高的表面质量,低收缩添加剂的选择尤为重要。

低收缩添加剂是一种热塑性材料,是将饱和树脂溶解于苯乙烯中制作而成的,一般作为不饱和聚酯树脂和乙烯基树脂的非反应活性添加剂。常见的低收缩添加剂有聚醋酸乙烯酯(PVAC)、聚甲基丙烯酸甲酯(PMMA)、聚苯乙烯(PS)、热塑性聚氨酯和聚酯。

正确地选择低收缩添加剂,可以有效降低制品在成型过程中由于热收缩而引起的各种缺陷,如翘曲变形、表面波纹、局部裂纹、玻璃纤维痕迹、表面无光泽和尺寸不稳定等。同时,低收缩添加剂的使用需考虑与树脂匹配及对制品固化时间的影响。

5)分散剂。分散剂是一个或多个亲颜/填料的基团和类似树脂的链状结构组成的表面活性剂,用于提高和改善填料、色浆、低收缩添加剂在胶液中分散性。它可以增进颜/填料粒子的润湿,同时稳定分散体,防止胶液絮凝。

分散剂应具备以下特性。
(a)有较强的分散性,能有效防止填料粒子之间相互聚集。
(b)与树脂、填料有适当的相容性。
(c)有较好的热稳定性。
(d)有较好的流动性。
(e)不引起颜色漂移。
(f)不影响制品的性能。
(g)无毒。

6)引发剂/固化剂。对于不饱和聚酯树脂,引发剂是最基本也是最重要的成分。引发剂能使树脂基体或交联剂中含有的双键活化,使之发生连锁聚合反应,成为具有网状结构的体型分子。合理选择引发剂种类,并调整引发剂用量,可以有效控制反应速率,使产品满足固化工艺要求,得到质量稳定的产品。一般使用中高温固化系统的引发剂,使用较为普遍的是 MEKP,TBPB,BPPD 等。

环氧树脂与不饱和聚酯树脂不同,它是利用胺或酸酐作为固化剂。

(3)典型生产配方。典型拉挤成型用环氧树脂配方:

环氧树脂 E-55:100 份。
脱模剂(硬脂酸锌):3~5 份。
固化剂(590#):15~20 份。
增韧剂:10~15 份。
稀释剂:适量。

典型拉挤用不饱和聚酯树脂配方(生产配方):

树脂 196:100 份。
填料(轻质碳酸钙):5~15 份。
脱模剂(硬脂酸锌):3~5 份。
固化剂(过氧化物):1~3 份。
低收缩剂(PVC 树脂):5~15 份。
颜料:0.1~1 份。

配胶过程如下:
1)填料装在托盘里放入温度(110±5)℃烘箱里烘干约 30 min;
2)校正称量器具,如电子秤、天平等;
3)按工艺文件要求量取或称取树脂;
4)按工艺配方比例加入分散剂等组分,搅拌 5~10 min;
5)依次加入低收缩剂、色浆等组分,搅拌 5~10 min,同时称取内脱模剂和固化剂;
6)加入内脱模剂,再加入固化剂,保持搅拌机的搅拌状态;
7)从烘箱中取出烘干的填料,称量并加入,搅拌 5~10 min;
8)关闭搅拌机,清理配胶现场。

2.增强材料

增强材料是复合材料制品的支撑骨架,其基本决定了拉挤制品力学性能。增强材料对减少制品收缩、提高热变形温度和低速冲击强度也有一定的作用。

在复合材料产品设计中,增强材料选用应充分考虑产品的成型工艺。因为增强材料的种类、铺设方式、含量对复合材料制品的性能影响较大,它们基本上决定了复合材料制品的机械强度和弹性模量,采用不同结构形式的增强材料其制品的性能也有所不同。

拉挤制品组成如图8-2所示。拉挤成型常用增强材料的品种如下:

(1)无捻玻璃纤维粗纱。无捻粗纱因其具有集束性好、树脂浸透速度快、制品力学性能优良等特点,目前广泛应用于拉挤行业。对用于拉挤成型无捻玻璃纤维粗纱的性能要求如下:①不产生悬挂现象;②纤维张力均匀;③成束性好;④耐磨性好;⑤断头少,不易起毛;⑥浸渍性好,树脂浸渍速度快;⑦强度和刚度大。

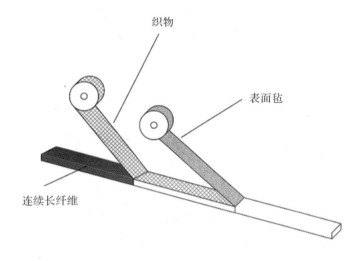

图8-2 拉挤制品组成示意图

(2)玻璃纤维毡。为了使拉挤成型玻璃钢制品具有足够的横向强度,必须使用短切原丝毡、连续原丝毡、组合毡、无捻粗纱织物等增强材料。连续原丝毡是目前使用最普遍的玻璃纤维横向增强材料之一。为提高产品外观效果,有时也需使用表面毡。

玻璃纤维毡特点是:铺覆性好,易被树脂浸透,含胶量高。

拉挤成型工艺对玻璃纤维毡的要求如下:

1)具有较高的机械强度;

2)对于化学黏结的短切原丝毡,黏结剂必须能耐浸胶及预成型时的化学和热作用,以保证成型过程中仍有足够的强度;

3)浸渍性好;

4)起毛少,断头少。

(3)聚酯纤维表面毡。聚酯纤维表面毡是拉挤工业新兴的一种增强纤维材料。美国商品名叫 Neuxs,其广泛用于拉挤制品,取代玻璃纤维表面毡,效果很好,成本也较低。

采用聚酯纤维表面毡有以下优点:

1)可改善制品的抗冲击、耐腐蚀及耐大气老化性能。

2)可改善制品的表面状态,使制品表面更加光滑。

3)聚酯纤维表面毡的贴覆性能与拉伸性能都比玻璃纤维表面毡好得多,拉挤过程中不易产生断头,能减少停车事故。

4)可提高拉挤速度。

5)可减轻模具磨损,提高模具的使用寿命。

(4)玻璃纤维布带。为满足某些特殊性能要求,拉挤生产中采用定宽度且厚度小于0.2 mm的玻璃纤维布,其拉伸强度、横向强度都非常好。

(5)二维织物、三维织物。拉挤成型制品的横向力学性能较差,采用双向编织物可以有效提高制品的强度和刚度。此种编织物经向与纬向纤维不相互交织,而是通过另外一种材料使其相互捆结,因而与传统机织物完全不同,每个方向的纤维都处于准直状态,不形成任何弯曲,从而使拉挤制品的强度和刚度都比连续毡构成的复合材料高得多。

当前,三维立体织造技术已成为复合材料工业中最有吸引力、也最活跃的领域。根据载荷要求直接将增强纤维通过三维织造技术制成与其复合材料制品形状尺寸接近的三维预成型体,三维立体织物用于拉挤成型可克服传统增强纤维制品层间剪切强度低、易于分层等缺点,其层间性能相当理想。

二、设备

拉挤成型设备包含增强材料纱架、树脂浸渍装置、预成型导向装置、带加热控制的金属模具、固化炉、牵引设备和切割设备等。

1.送纱及送毡装置

送纱装置主要用来放置生产所必须的玻璃纤维粗纱纱团。纱架大小取决于纱团数目,而纱团数目又取决于制品尺寸。纱架一般要求稳固、换纱方便、导纱自如、无任何障碍,并能组合使用,有框式和梳式两种形式,可安转脚轮,便于移动。送毡装置主要用来安放各种毡材并能顺利地导出材料架。

2.浸胶装置

浸胶装置由树脂槽、导向辊、压辊、分纱栅板和挤胶辊等组成。槽内配以导纱压纱辊,树脂槽前后具有一定角度,使粗纱在进出树脂槽时弯曲角度不至于太大而增加张力。为了能调节树脂温度,树脂槽一般还设有恒温加热装置,这对于环氧树脂尤为重要。

3.拉挤模具

在玻璃钢型材的拉挤成型过程中,模具是各种工艺参数作用的交汇点,是拉挤工艺的核心之一。与塑料挤出成型相比,拉挤成型与其有相似之处,但前者仅是一物理变化过程,后者还伴随着复杂动态的化学反应。相比之下,拉挤模具的工况较前者复杂得多,所以拉挤模具的设计和制造具有十分重要的意义,它不仅关系着拉挤工艺的成败,决定着制品质量和产量,还也影响着模具的使用寿命。

从工艺角度来讲,拉挤使用的模具一般由预成型模和成型模具两部分组成。

(1)预成型模具。在拉挤成型过程中,浸渍后的增强材料在进入成型模具前,必须经过由一组导纱元件组成的预成型模具;预成型模具的作用是进一步去除浸渍后增强材料的多余树脂,排除气泡,逐步形成近似成型模腔形状和尺寸。通过预成型,增强材料逐渐达到所要求的形状,并且增强材料在制品断面的分布也符合设计要求。

(2)成型模具。成型模具横截面面积与产品横截面面积之比一般应大于10,以保证模具有足够的强度和刚度,加热后热量分布均匀和稳定。拉挤模具长度由成型过程中牵引速度和树脂凝胶固化速度决定,以保证制品拉出时达到脱模固化程度。图8-3为整体成型模具。

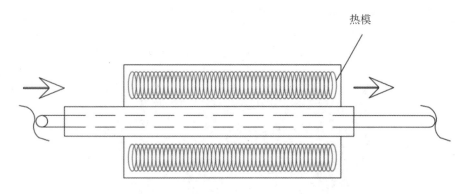

图 8-3 整体成型模具

要求拉挤模具的模腔表面光洁、耐磨,以减少拉挤成型时摩擦阻力,提高模具使用寿命。模具材料的选择直接影响拉挤模具性能,模具材料要具备以下性能:
1)较高的强度、耐腐蚀性、耐疲劳性和耐磨性。
2)较高的耐热性和较低的热变形性。
3)良好的切削性和表面抛光性。
4)摩擦因数低,阻力小,尺寸稳定性好。

合金模具钢表面光滑致密,硬度高,易于脱模,清理模具时不易损坏,便于渗氮处理和型腔表面镀硬铬,所以,拉挤模具一般选用合金模具钢。经过粗加工后再精加工,对表面进行镀硬铬或者渗氮、渗碳处理,使模腔内表面硬度达到 50~70HRC,最后抛光使型面达到很好的表面粗糙度(表面粗糙度 Ra 达到 $0.2\ \mu m$ 的水平),能够非常好地满足上述要求。这样不仅可减小摩擦因数,延长模具的使用期,而且也会改善对树脂的防黏特性。

经历几十年的发展,美国拉挤工业应用最广泛的模具钢主要是 4140,P20 和 A2 等少数几个牌号。在国内拉挤模具制作中,使用较多的是 40Cr,38CrMoAl,42CrMo 和 5CrNiMo 等调质钢,使用效果较好,但与国外加工水平相比,还存在不小的差距。

(3)拉挤模具的设计。拉挤模分为整体模合组装式模具两种。组装式模具通常由若干个单独制造的模具组件装配而成,组件数及分型面的选择,取决于制品截面构造、模具加工工艺及使用要求。为保证模具分型面或合模线所对应的制品外观质量好,不形成飞刺,在满足模具制造的前提下,尽量减少分型面,保证合模缝严密。

增强纤维浸胶后由机牵机构引入模具,由于模具进口处纤维束十分松散,极易在模具入口处积聚缠绕,造成断纱;模具在长时间使用过程中,由于积聚缠绕的影响,往往造成入口磨损严重,影响产品质量。为解决这一问题,在模具入口处周边应进行倒圆角处理,同时入口采用锥形,角度以 5°~8°为宜,长度以 50~100 mm 为宜,可大大减少断纤现象发生,提高拉挤制品的质量,如图 8-4 所示。

在设计模具时,模具长度的确定要考虑所用原材料和产品的截面形状。目前,国内模具长度一般设计为 900~1 200 mm,模具型腔尺寸取决于制品尺寸及所选用树脂的收缩率。

中空制品采用芯模。芯模一端固定,另一端悬臂伸入上、下模所形成的空间,与上、下模一起构成产品所需的截面形状(见图 8-5)。一般芯棒的有效长度为模具长度的 2/3~3/4,而在拉挤工艺过程中要考虑芯棒固定、调整的方便性,此外对较大的芯棒还要考虑配重及加热的问题,以保持水平方向的平衡和受热均匀。综合考虑,对于模具长度在 900 mm 左右的模具,芯棒的长度可设计为在 1 500 mm 左右。为减少脱模时芯模产生的阻力,将芯模尾部加工成 1/300～1/200 的锥度,对较大芯模应考虑单独采用模心加热装置。

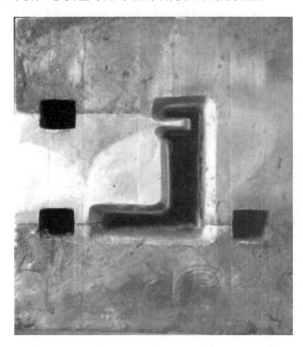

图 8-4　拉挤模具入口设计

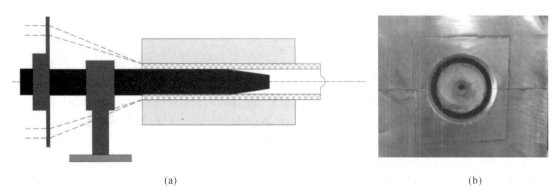

(a)　　　　　　　　　　　　　　　　(b)

图 8-5　空腹型材模具成型示意图和入口实物图
(a)拉挤成型示意图；　(b)模具入口

4. 牵引设备

牵引机是拉挤成型工艺中的主机,它必须具备夹持与牵引两大功能,夹持力、牵引力、牵引速度均需可调。牵引机有履带式和液压式两大类。履带式牵引机的特点是运动平稳、速度变化量小、结构简单,适用于生产有对称面的型材、棒、管等。液压牵引机体积紧凑、惯性小,能在很大的范围内实现无级调速、运动平稳,与电气、压缩空气相配合,可以实现多种自动化。

5.切割装置

一般采用标准的圆盘锯式人造金刚石锯片,切割方式有手动切割和自动切割两种方式。自动切割机可以为拉挤生产的自动化提供保障,效率更高。

三、工艺过程

拉挤成型工艺流程如图8-6所示。

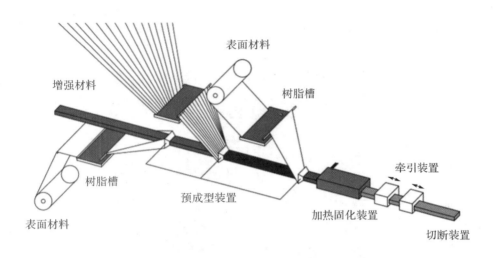

图8-6 拉挤成型工艺流程

拉挤成型工艺过程如下:排纱—浸胶—预成型—固化—牵引—切割—后处理。

1.排纱

排纱是将安装在纱架上的增强材料按设计要求从纱筒上引出并均匀整齐排布的过程。

只有增强材料放置在正确的位置,才能充分发挥拉挤产品的综合性能,实现制品设计目的。完成此工序的设备就是送纱装置,包括纱架、毡铺展装置、缠绕机或编织机等。

对增强材料进行排纱时,多采用旋转芯轴,纤维从纱筒外壁引出,这样可避免扭转现象。如采用纤维从纱筒内壁引出方式,纱筒固定会使纱线发生扭曲不利于纤维的整齐排布。

2.浸胶

树脂浸渍是将排布整齐的增强纤维均匀浸渍已配制好树脂的过程。在整个浸渍过程中,必须保证增强材料排列整齐。若增强材料未被树脂充分浸渍,最终制品将达不到产品的设计机械强度。

浸胶装置由导向辊、树脂槽、压辊、分纱栅板和挤胶辊等组成。对由纱架引出的玻璃纤维粗纱经浸胶槽后,由挤胶辊加紧来控制树脂含量。树脂槽长度通常为0.5~1.8m,不能太短,否则增强材料在槽内停留时间太短,不能使树脂充分浸渍增强材料;不能太长,否则槽中溶剂与纤维浸渍剂会发生作用。生产过程中胶液应连续不断地循环更新,以防止因胶液中溶剂挥发造成树脂黏度加大;胶槽一般采用夹层结构,通过调控夹层水温以保持胶液温度。挤胶辊的作用是使树脂进一步浸渍增强材料,同时起到控制含胶量和排气的作用。分栅板主要是将浸渍树脂后的玻璃纤维无捻粗纱分开,确保按设计的要求合理分布。

浸胶时间是指无捻粗纱及其织物通过浸胶槽所用时间。时间长短应以玻璃纤维被浸透为宜，它与胶液黏度和组分有关。一般对不饱和聚酯树脂的浸胶时间控制在 15~20s 为宜。

3. 预成型

预成型的作用是将浸渍的增强材料进一步均匀并除去多余树脂和排除气泡，使其形状逐渐接近成型模具的进口形状。如制备管材时，一般使用圆环状预成型模；制造空心型材时，通常使用配置有芯模的预成型模；生产异型材时，大都使用形状与型材截面形状接近的金属预成型模具。

在预成型模中，材料被逐渐成型到所要求的形状，使增强材料在制品断面的分布符合设计要求。预成型模具如图 8-7 所示。

图 8-7 预成型模具

4. 固化

预成型后，成为型材形状的浸胶增强材料进入模具并在模具中在线固化成型。模具温度根据固化工艺过程设定。

用于拉挤的树脂体系对温度都很敏感，应严格控制模腔温度。温度低，树脂不能固化；温度过高，坯料一入模就发生固化，使成型、牵引困难，严重时会产生废品甚至损坏设备。模腔分布温度应两端高、中间低。

拉挤设备加热区通常为 1~3 个，加热区数目由树脂体系、拉挤速度以及模具长度等因素确定，其中主要根据树脂在固化反应放热曲线及物料与模具的摩擦因数确定。人为地将成型模具分成三个不同的加热区：预热区、凝胶区和固化区，以控制固化速度。

加热区温度可以较低，胶凝区与固化区温度相似。一般三段温差控制在 20~30℃左右，温度梯度不宜过大。温度的设定与配方、牵引速度、模具的尺寸、形式有密切的关系。

模腔压力是由树脂黏性,制品与模腔壁间的摩擦力,材料受热产生体积膨胀,以及部分材料受热气化所引起的。因此,模腔压力是反映制品在模腔内行为的一个综合参数。一般模腔压力在 1.7~8.6 MPa 之间。

固化反应是拉挤成型工艺中最关键的部分,典型模具的长度范围在 500~1 500 mm 之间。模具出口与牵引机械之间要有一定的距离。一般采用风冷的方式冷却型材。

5. 牵引

牵引装置可以是履带型牵引机,也可以用液压拉拔机。其作用是将固化型材从模具中抽拔出来。因此,设备吨位一般应在具有 10 t 以上。

牵引速度是平衡固化程度和生产速度的参数。在保证固化度的前提下应尽可能提高牵引速度。

6. 切割

切割是拉挤工艺的最后一道工序,由移动式切割机来完成。切割方式可分为干切和湿切,干切粉尘大,需要装备吸尘器;湿切粉尘小,但是需要增加排给水设施。

7. 后处理

一般从拉挤生产线下来的玻璃钢型材处于硬化阶段,还需要将型材放置于恒温室中继续固化一段时间,以进一步提高型材强度。

四、工艺参数及其控制

我国拉挤工业经历了从无到有的发展历程,无论从产品品种还是产量上均取得了可喜的进步,但是与国外的先进水平相比,还存在很大的差距。除了原材料选择上的局限性以外,工艺参数的精确、稳定和相互匹配性是拉挤工艺成功的关键。拉挤成型工艺参数是一个互相牵制而又庞大、精密的体系,工艺系数包括成型温度、牵引速度、配方设计和填充量等。充分了解拉挤工艺中的树脂反应动力学、工艺参数相互影响及其与制品性能间的相互作用,是决定制品能够实现设计要求、实现顺利生产的关键。

1. 成型温度

在拉挤成型过程中,材料通过模具时发生的变化是极为关键的,也是拉挤工艺的研究重点。直到目前为止,虽然有许多研究方法,如数学模型的应用、计算机模拟和压力传感器等,但是依然不能清楚地描述模具中发生的反应,而只是基于理论和实验研究提出了一系列的推测与假设。

一般认为,增强纤维浸胶后通过加热的金属模具,按其在模具中的不同状态,把模具分为三个区域,如图 8-8 所示。

图 8-8 所示为材料穿过模具时的主要特征。尽管增强材料必须以同样的速度穿过模具,但在某些区域内,树脂和纤维有相对流动。图中绘出了模具入口和出口附近区域的树脂速度分布图。在模具入口区,树脂行为像牛顿流体,壁面速度边界条件为速度等于零。离模具壁面一小段距离处,树脂流动速度增加到与增强材料接近。在模具内壁表面上,树脂产生黏滞阻力。

在成型模具中,人为地把这一连续拉挤过程分为预热区、胶凝区和固化区。在模具上使用三对加热板进行加热,并用计算机来控制温度。树脂在加热过程中,温度逐渐升高,黏度降低。通过预热区后,树脂体系开始凝胶、固化。此时产品和模具界面处的黏滞阻力增加,壁面上零速度边界条件被打破,在脱离点处树脂出现速度突变,树脂和增强材料一起以相同的速度均匀移动,在固化区内产品受热继续固化,以保证出模时有足够的固化度。

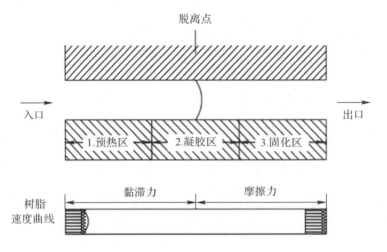

图 8-8　拉挤模具内树脂的速度曲线及不同区域的黏滞力和摩擦力示意图

模具的加热条件是根据树脂体系来确定的。以聚酯树脂配方为例,先对树脂体系进行DSC(差示扫描式量热)动态扫描,得到放热峰曲线。一般来讲,模具温度应高于树脂的放热峰值,温度上限为树脂的降解温度。同时对树脂进行胶凝试验。一般来说,预热区温度可以较低,胶凝区与固化区温度相似。应使产品固化放热峰出现在模具中部靠后,胶凝固化分离点应控制在模具中部。一般三段温差控制在 20~30℃,温度梯度不宜过大。

2. 拉挤速度的确定

树脂体系固化放热曲线决定了模具温度。设计该温度须充分考虑使产品在模具中部胶凝固化,也即脱离点在中部并尽量靠前。如果拉挤速度过快,制品固化不良或者不能固化,将直接影响产品质量;如果拉挤速度过慢,型材在模具中停留时间过长,将容易发生堵模且降低生产效率。拉挤工艺初期,速度应放慢,然后逐渐提高到正常拉挤速度。一般拉挤速度为 300~500 mm/min。现代拉挤技术发展方向之一就是高速化,目前最快的拉挤速度可达 15 m/min。

3. 牵引力

牵引力是保证制品顺利出模的关键,牵引力大小由产品与模具间界面的剪切应力来确定。通过将浸渍材料牵引一定距离的牵引力就可以测量上述界面上的剪切应力,并绘出其特性曲线。图 8-9 所示为三种不同牵引速度通过模具时平均剪切应力的变化。

从图 8-9 中可以看到,模具中剪切应力曲线随拉挤速度的变化而变化。若忽略拉挤速度影响,可以发现在模具不同位置,剪切应力不尽相同,整个模具中曲线出现 3 个峰。

(1)模具入口处的剪切应力峰,此峰值与模具壁附近树脂黏滞阻力一致。通过升温,在模具预热区内,树脂黏度随温度升高而降低,剪切应力逐渐下降。初始峰值变化由树脂黏性流体的性质决定。另外,填料含量和模具入口温度也对初始剪切应力影响很大。

(2)由于树脂发生固化反应,随其黏度增加而产生第二个剪切应力峰。该值对应于树脂与模具壁面的脱离点,并与拉挤速度关系很大;此点剪切应力随牵引速度增加而减小。

(3)模具出口处的剪切应力峰。它主要由固化区内产品与模具壁摩擦引起,此摩擦力较小。

牵引力在工艺控制中很重要。成型中若要提高制品表面质量,则要求产品在脱离点处剪切应力较小,且尽早脱离模具。牵引力变化反映了产品在模具中的反应状态,它与许多因素,如纤维含量、制品尺寸、脱模剂、温度和拉挤速度等有关系。

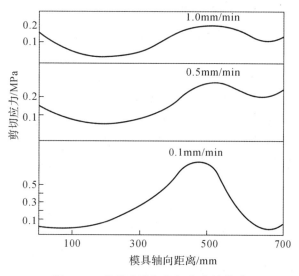

图8-9 牵引速度与剪切应力的关系

4. 各拉挤工艺变量的相关性

(1) 热参数、拉挤速度、牵引力三者的关系。热参数、拉挤速度、牵引力三个工艺参数中,热参数取决于树脂系统属性,是拉挤工艺中应当解决的首要因素。通过树脂固化体系的DSC曲线峰值和有关条件,可确定模具各段的加热温度。拉挤速度则是在给定模内温度下的胶凝时间,保证制品在模具中部胶凝、固化。牵引力影响因素较多,它与模具温度和拉挤速度有关。从上述分析可知,拉挤速度增加将直接影响剪切应力的第二个峰值,即脱离点处剪切应力;脱模剂也是不容忽视的因素。

(2) 热参数、拉挤速度、牵引力工艺参数的优化。由树脂体系固化的放热峰曲线获得模具温度分布是确定其他工艺参数的前提。由此选择的拉挤速度必须与温度匹配,模具温度高,牵引速度应增加。树脂胶凝点可通过调整模具温度和牵引速度来确定,模具温度太高或反应速率太快,将引起产品热开裂。因此,利用分区加热模具,将加热区分为预热区、胶凝区和固化反应区可以优化拉挤工艺,减少产品热开裂。

为了提高生产效率,一般尽可能提高拉挤速度。这样可提高模具剪切应力以及制品表面质量。对于较厚制品,应选择较低拉挤速度或使用较长模具,升高模具温度;其目的在于提高制品性能。

为了降低牵引力,使产品顺利脱模,应选择脱模性能优异的脱模剂,这在某些产品工艺中将起到决定性作用。

5. 树脂预热与制品后固化

进入模具前对树脂进行预热有益于工艺顺利进行。这是由于预热时可降低树脂黏度,提升对纤维的浸渍效果,进而为高速拉挤创造了条件。

预热效果还能减少浸胶纤维束内外温度梯度。这是因为进入模具后,由模具传递给产品的热量从产品表面到产品中心部分呈梯状分布,产品中心温度低于表面温度。同理,产品中心固化滞后于表面固化。如果增大拉挤速度,则制品中心与表面之间的温度和固化度滞后量均会增加。该滞后量又会随着固化放热的增加而减小,使得制品中心温度高于表面温度。

第二节 先进拉挤成型

一、工艺原理与特点

先进拉挤成型技术实质是:使预浸料在牵引力作用下通过一系列导向轮和滚筒相互配合,将预浸带折叠成所要求的轮廓(包括T形、Z形、L形、U形、工形梁等)进入成型模成型,并在模具中完成部分固化,连续拉挤出长度不受限制的复合材料型材。与传统拉挤成型技术相比,先进拉挤成型技术有以下优点:

(1)制件采用预浸料,固化工艺参数易于控制。制品不需要增稠剂和脱模剂,可以与其他成型工艺制备的面板共固化制造复合材料加筋壁板;

(2)由于原材料采用预浸料,制品纤维含量高,树脂含量得到精确控制;

(3)采用开合式模具设计,模具打开后再牵拉制品,热压模具与制品间摩擦力较小,对模具和制品损伤降低;

(4)对铺层可根据需要,通过预浸料铺层设计满足拉挤型材力学性能的可设计性;预浸带纤维方向排列可以为0°、90°或其他角度,还可根据需要增加编织物铺层,使其横向力学性能优于传统拉挤制品。

先进拉挤技术与传统拉挤技术对比见表8-1。

表8-1 先进拉挤技术与传统拉挤技术对比

类别	先进拉挤	传统拉挤
原材料	预浸料	干纤维与树脂
树脂体系	环氧、双马等	环氧、酚醛等
最大纤维含量	60%	55%
孔隙含量	<1%	<3%
脱模剂	不需要	需要
铺叠精度(角度)	<1°	<4°
二次胶接	可能(根据剥离层)	困难(存在脱模剂)

先进拉挤成型型材具有良好的适应性、成型性和结构整体性,能制作几何形状较为复杂的结构件,且长度不受限制。与模压成型相比,先进拉挤成型实现了连续化生产,尤其适合生产长条形的结构件。与热压罐成型相比,先进拉挤成型方法具有良好的可观察性,且压力调节范围较大,适合成型高温固化的预浸料,加热模具的传递效率比热压罐高。先进拉挤工艺结合了拉挤成型和层压成型的优点,在制品性能方面达到了热压罐成型工艺水准,并且实现了在较短

模具中生产较长制品的目的。先进拉挤成型技术和热压罐成型技术对比见表8-2。

表8-2 先进拉挤成型技术与热压罐成型技术对比

类　别	先进拉挤成型技术	热压罐成型技术
预浸料铺叠	半自动化	手工铺叠为主
生产方式	连续生产	批次生产
产品长度	无限制	受限于热压罐尺寸
生产效率	高	低
质量	良好、稳定	人为因素影响较大

二、材料要求

先进拉挤成型的原材料是预浸料,通常指增强材料浸渍树脂体系后形成半干态、具有一定黏性的片状材料。其具有树脂分布较均匀、含胶量偏差小、树脂含量精确和制品质量能得到保证等特点。作为先进拉挤成型的原材料,固化工艺流程与典型热压罐固化工艺有所不同,其还须满足以下具体要求:

(1)在加热时树脂能够重新流动,进一步浸渍纤维,从而使复合材料具有优良的层间剪切强度;

(2)具有适当黏性与良好铺覆性;

(3)由于热压阶段无法吸胶,因此应严格控制树脂含量,避免树脂在热压阶段流出粘贴模具而难以脱模;

(4)树脂含量偏差应控制在±3%以内,以保证复合材料纤维体积分数和力学性能要求;

(5)可低压固化,挥发分含量少,一般在2%以下,主承力结构件原材料挥发分含量应控制在0.8%以下。

(6)固化成型时要有较宽的加压带,即在较宽温度范围内加压都可得到性能优异的制品。

三、工艺过程与参数控制

1. 先进拉挤成型工艺过程

先进拉挤成型工艺过程为间歇式,主要包括以下5个步骤:

(1)预浸料制备并分切,将分切完毕的单向纤维束或者双向(±45°,0°/90°)纤维织物的预浸料卷以及成卷的脱模薄膜安放在放卷机构卷筒上。卷筒数量及纤维取向与零件结构形式有关。

(2)在进行预浸料铺叠之前,脱模薄膜先于预浸料运动,防止预浸料中树脂加热后黏到芯模上,影响预浸料沿牵引力方向的运动;预浸料通过一系列导向轮和滚筒相互配合将预浸带折叠成所要求的轮廓(包括T形、Z形、L形、U形、工形等预成型坯料)。

(3)在热压金属模具内对预成型坯料进行加热、加压以便铺层之间更好地贴合,同时排除铺叠过程中铺层间裹入的空气;保温保压一定时间,在此过程中牵拉装置停止牵引。在预浸料与模具接触面之间加入一层脱模薄膜,便于制品脱模。坯料完成预固化,固化度一般达70%

以上以保证具有足够刚度。

(4)热压模具打开,将部分固化的制品牵拉出热压模具,进入后固化炉内完成全部固化;另一段预成型后的叠层预浸料坯料进入热压模具中固化,定型后再牵引出模,如此往复循环,制品连续不断地生产。每次可得到与加热模具长度相当的制品。所以模具长度不需要与零件长度一致,而且牵引系统需与加压及固化时间精确匹配。

(5)牵引设备将完全固化成型的制品拉出,利用与生产线同步的切割、制孔等加工设备将型材制成需要尺寸。

图 8-10 为先进拉挤成型工艺流程图。

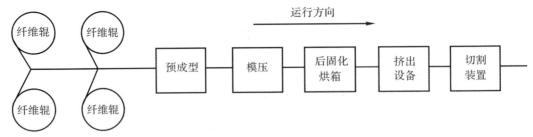

图 8-10　先进拉挤成型工艺流程图

2. 先进拉挤成型工艺关键参数及控制

影响拉挤工艺的参数包括模具温度、预处理与热压保温时间,后固化温度和保温时间,模具压力、牵引力及牵引速度。

(1)模具温度。模具温度与所选预浸料的固化温度有关。根据不同升温速率下 DSC 曲线对应的峰始温度、峰值温度和峰终温度,可测算出凝胶温度、固化温度和后固化温度;凝胶温度可作为制品的预处理温度,确定固化温度为制品固化温度,后固化温度使制品进一步固化。

(2)预处理与热压保温时间。预处理保温是为了加热熔融树脂,使树脂更好地浸渍纤维。热压时间则保证了制品在出模时具有一定的固化度。如此才能保证制品在牵引过程中保持尺寸的稳定性,不至于在拉挤过程中发生变形。

(3)后固化温度和保温时间。

对制品进行后固化处理,一是可以弥补制品固化度的不足,缩短成型周期;二是后固化过程的传热介质是空气,固化交联作用比模具内平缓,可很好地消除制品内应力,从而使制品获得应有的性能和良好尺寸稳定性;三是后固化处理可提高制品的热变形温度,降低制品在高温下连续使用时发生变形的概率。制品放入烘箱中进行后热处理,需要根据预浸料固化参数及产品特性确定合适的加热温度和保温时间。

(4)模具压力。压力的作用是使制品结构密实,防止分层并排出树脂挥发分、溶剂、铺叠过程卷入层间的水汽及固化反应中低分子产物形成的气泡,同时挤出多余树脂,并使制品在冷却过程中不至于变形。压力主要取决于采用预浸料中不溶性树脂的含量与类型。

加压时机应为树脂凝胶前后几分钟:加压太早,树脂外溢较多,成型后制品存在缺胶的可能性;加压太晚,多余树脂不能有效溢出,产品树脂含量偏高,制件偏厚。

目前,国内外已研究生产了"零吸胶、常温加压"的树脂体系,理论上可以在树脂凝胶点之前任意时刻对预浸料加压。根据零件厚度和外形尺寸,加压时机与压力都需要根据制品特性及模具特点,并通过工艺试验来确定。

(5)牵引力及牵引速度。牵引力是保证制品顺利出模的关键。牵引力大小由制品与模具间界面上的切应力来确定,它还与工艺过程中的摩擦力有关。摩擦力来源于供带架、脱模片放卷轮、预成型辊压装置、预成型辊压、导向装置以及预浸料坯料在模具固化区的摩擦力等。由于先进拉挤成型工艺为间歇式成型过程,因此选择一定的制品出模固化度作为最小模具闭合时间作为确定牵引速度的优化工艺参数,以实现拉挤效率的优化。

第三节 拉挤成型应用

一、拉挤成型常见型材

拉挤成型不同于其他复合材料成型之处在于外力拉拔浸胶增强纤维或织物,通过加热模具成型在线固化形成玻璃钢线型材;用于生产管、杆、棒、角形、工字形、槽形、板材等断面形状固定不变的复合材料制品。

1. 工字梁

(1)标准工字梁:

标准工字梁 $d=26$ mm,工业上常用的为 100 mm×50 mm, $t=5$ mm。

(2)宽凸缘工字梁:

此类工字梁 $d=6$ mm,工业上常用的为 50 mm×50 mm, $t=3$ mm。

2. 槽钢

(1)标准槽型材:

$d:b=3.5$ 左右; $t_w=t_f$,厚度一致。

(2)特种槽型材:

$d:b$ 值范围很大,不确定; $t_f>t_w$。

3. 角型材

(1)等边角型材:

$d=b$,厚度均匀。常见规格为 30 mm×30 mm×3 mm,40 mm×40 mm×3 mm,50 mm×50 mm×3 mm,80 mm×80 mm×3 mm 等。

(2)不等边角型材:

d,b 不相等,变化范围大,常见的有 35 mm×15 mm×2 mm,45 mm×15 mm×2 mm,50 mm×25 mm×2.5 mm,112 mm×45 mm×3 mm 等。

4. 圆管、方管

(1)圆管:

常见的圆管厚度一般为 2~5 mm。D/d:19 mm/15 mm,24 mm/20 mm,36 mm/27 mm,40 mm/36 mm,58 mm/50 mm。

(2)方管:

常见方管为 50 mm×50 mm×5 mm 等。

5.其他产品

其他产品包括以下几种：

(1)圆棒、方棒、半圆棒、槽棒、狗骨棒；

(2)矩形管；

(3)板材、椭圆板；

(4)方形电线盒及盒盖、欧姆电线盒等；

(5)具有复杂截面的组合型材。

一般来讲，型材种类及规格是无限的，以上列举的只是在工业中常见的一些品种。实际生产中多根据客户需求制备不同形状的材料。反过来讲，FRP型材市场的非标准化也是制约其发展的一个因素，产品标准化势在必行。

二、拉挤成型领域

1.电气市场

这是拉挤玻璃钢应用最早的一个市场，目前成功开发、应用的产品有电缆桥架、梯架、支架、绝缘梯、变压器隔离棒、电机槽楔、路灯柱、电铁第三轨护板、光纤电缆芯材等。此领域中还有许多值得我们进一步开发的产品。

2.化工、防腐市场

化工防腐是拉挤玻璃钢的一大用户，成功的应用包括玻璃钢抽油杆、冷却塔支架、海上采油设备平台、行走格栅、楼梯扶手及支架、各种化学腐蚀的结构支架、水处理厂盖板等。

3.消费娱乐市场

这是一个潜力巨大的市场，目前开发应用主要有钓鱼竿、帐篷杆、雨伞骨架、旗杆、工具手柄、灯柱、栏杆、扶手、楼梯、无线电天线、游艇码头、园林工具及附件。

4.建筑市场

在建筑市场拉挤玻璃钢已渗入传统材料市场，如门窗、混凝土模板、脚手架、楼梯扶手、房屋隔间墙板、筋材、装饰材料等。值得注意的是，CFRP筋材和装饰材料将有很大的发展空间。

5.道路交通市场

在道路交通市场，成功应用的有高速公路两侧隔离栏、道路标志牌、人行天桥、隔声壁、冷藏车结构件等。

6.能源领域

在此领域，拉挤成型主要用于太阳能收集器支架、风力发电机叶片、油井用导管等。

7.航空航天领域

在此领域，拉挤成型主要用于飞机和宇宙飞船天线绝缘管，飞船用电机零部件，飞机复合材料工字梁、槽形梁和方形梁，飞机的拉杆、连杆等。

习 题

1.请阐述传统拉挤成型工艺和先进拉挤成型工艺原理的异同点。

2.如何提高拉挤制品的横向强度？

3. 在拉挤成型工艺中,为什么要进行预成型?
4. 传统拉挤成型工艺应用最广的增强材料是_____、玻璃纤维连续毡及短切毡。
5. 拉挤成型工艺对玻璃纤维毡有哪些要求?采用聚酯纤维表面毡有何优越性?
6. 什么是内脱模剂?请指出哪些成型需用到内脱模剂,并说明为什么要使用内脱模剂。
7. 拉挤成型三大工艺参数为哪几个?
8. 拉挤成型得到的复合材料具有哪些特点?请举例说明其应用。

第九章　连续板成型工艺

连续板成型工艺是通过连续成型机组使不饱和聚酯树脂浸渍玻璃纤维,随后通过模板加热定型固化得到特定截面形状连续板材的一种成型工艺。

玻璃钢波纹板是玻璃钢在建筑工业中应用最广泛的一种产品。它与石棉瓦和铁皮波形瓦相比,具有质量轻、强度高、抗冲击、美观、耐腐蚀等优点。透明玻璃钢波板的透光率可达85%以上,它兼有透光和结构材料之功能,广泛应用于农业温室及建筑采光工程,经济效益十分显著。

玻璃钢波纹板发展前期大量采用手糊和喷射成型工艺,生产效率低,劳动强度大,产品易出现厚度不均匀、气泡等问题。随着第二次世界大战后热固性树脂基复合材料产业军转民的潮流,连续板成型首先在法国得到应用,随后相继在欧美等发达国家得到工业化、规模化的发展。

第一节　原　材　料

一、增强材料

增强材料通常采用无碱玻璃纤维布、无碱玻璃粗纱、无碱玻璃纤维毡。20世纪90年代初期连续生产波纹板工艺大量使用玻璃纤维布,板材强度相对较高,但是外观不好,工艺控制难度大,成品率低,90年代后期已被淘汰。目前,厂家根据设备机组的不同而选用玻璃纤维短切毡或短切无捻玻璃粗纱。

1. 玻璃纤维短切毡

玻璃纤维短切毡是将连续玻璃纤维短切成50 mm后无定向随机均匀分布,由粉末或乳状黏合剂黏结而成。其具有以下性能:

(1)短切毡无织物紧密的交织点,易吸附树脂,制品树脂含量可达60%~80%,因而制品密封性好、不渗漏,耐水性、耐腐蚀性和外观质量显著提高;

(2)短切毡用以制作增强制品,易增厚,且短切毡的生产工序比织物少,成本也较低;

(3)短切毡中纤维无定向性,表面比织物粗糙,其层间黏结性好,制品不易分层且制品强度各向同性;

(4)短切毡中纤维不连续,制品受损后损伤面积小,强度降低少;

(5)树脂浸透性好,浸透速度快,一般树脂浸透时间≤60 s,可加快固化速度,提高生产效率;

(6)铺覆性好,易裁剪,施工方便,适合制作形状较复杂的制品。

目前,国内短切毡规格按厚度有EMC300,EMC450,EMC600等,因EMC600在搭接处增厚比较明显,影响外观且容易产生废品,现已很少使用。按使用宽度分别有540 mm,

1 040 mm,1 270 mm 等。

2. 短切无捻玻璃粗纱

短切无捻玻璃粗纱具有良好的分散性、洒落均匀性、树脂浸渍性、与树脂接近的折射率和成本低廉等,2006 年以后开始被更多的厂家使用。

二、树脂基体

连续板成型使用的树脂应具备低收缩率及适当的黏度,以使玻璃纤维具有良好的浸渍性。对于采光板而言,产品透光率需在 85% 以上,因此树脂折射率应与玻璃纤维折射率相匹配或基本相同。

三、抗老化薄膜

由于连续板成型制品多使用于露天环境,除在树脂中添加紫外线吸收剂外,还须使用抗老化薄膜以延长制品寿命,即在连续板成型过程中在板材上、下表面使用抗老化薄膜。现在国内使用的薄膜分为三层共挤膜和一般聚酯薄膜。

三层共挤膜是通过化学层将树脂与薄膜紧密地黏结在一起,不受温差变化影响,以保证板材隔绝水、空气及各种化学环境,起到抗老化作用。国内最早采用型号为美国杜邦公司的 Malinex301 和 Malinex389,该薄膜并不具备隔绝紫外线功能,隔绝紫外线靠的是树脂内的紫外线吸收剂。但因技术垄断,此产品价格高达每千克 10 美元以上。

在 2004 年以后国内越来越多的厂家开始寻找替代品,即使用国产经电晕处理的聚酯薄膜。一般聚酯薄膜不能与板材粘连,而电晕处理薄膜经激光处理,在薄膜表面产生许多凹凸,以增加与板材的连接界面,促使薄膜可以与板材粘连成一体。但经过此方式获取的黏结界面很不稳定,在冷热变化较大或多次冷热变化后容易脱落;若使用于屋面及外墙,则增加了漏水隐患,尤其以 U475、U470 和 SSR480 等型号更为突出,很多工程屋面、侧墙防水失败都归因于此。

2004 年以后,印度尼西亚生产的 PT050,PT055 进入国内,经加速老化试验及实践证明,与电晕处理的聚酯薄膜抗老化效果完全一样,但是价格只有杜邦最低档产品的 50%。随即抗老化薄膜在国内开始大量使用。

四、其他辅助材料

现在多数厂家选用常温固化配方加热快速成型工艺。在板材制备过程中,常用辅助材料包括固化剂、促进剂、彩色胶衣及各种填料。

第二节 连续板成型工艺流程及原理

一、工艺流程

国内外的波纹板成型工艺流程及工艺原理大致相同,仅设备机构和某些工艺措施存在差异。根据制品波纹方向相对于成型过程中前进方向,波纹板成型工艺分为横波成型和纵波成型两种,其工艺流程如图 9-1 所示。

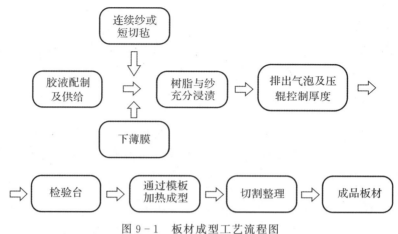

图 9-1 板材成型工艺流程图

二、板材连续成型机组

热固性复合材料波纹板连续成型机组示意图如图 9-2 所示。

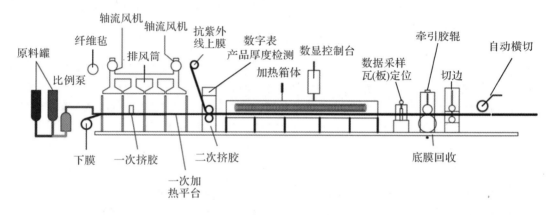

图 9-2 波纹板连续成型机组示意图

1. 自动配料和树脂浸渍

树脂、促进剂及固化剂通过比例泵准确计量后进入混合器,均匀混合的树脂落于张紧的下薄膜上,经过专门机构形成树脂层。树脂施放数量由可调的刮刀控制。连续纤维先经切纱器被切割成定长的纤维均匀洒落于树脂层,随后通过一个加热区加快浸渍速度,上部施加一层防老化膜,上、下薄膜之间的纤维与树脂组成一个夹层带,通过后方辊压机构排出气泡并确定产品厚度,其厚度可通过调节装置进行精确调节。

2. 凝胶、成型与固化

夹层带通过不同模板逐步形成要求的波形,然后进入固化炉;炉内的热空气和夹层带自身固化放出的热量,使夹层带固化定型。

3. 薄膜卷取

通过加热炉的波纹板在空气中冷却,揭开下薄膜进行反卷,以备处理。

4. 玻璃钢板材切割

固化的波纹板经牵引机进入切割装置,制成符合要求的产品宽度和长度。切割宜采用水冷却切割锯片并除尘,含粉尘的水浆经沉淀池深水处理后达标排放。

5. 设备控制功能

(1)按照生产工艺要求,比例泵可调,使原料按要求比例自动配比。

(2)浸胶台温度可自动控制,确保浸渍和排放气泡充分。

炉体温度分为三个梯度,各区温度分别自动控制;通过调节电加热器、引风机、排风扇等使各区温度能够更好地满足生产要求。

(3)牵引速度可以任意调节。

(4)切割锯速度和切割长度可任意调节。

(5)生产线可由自控系统或手动操纵,以保证生产的正常进行。

第三节 工艺参数确定及质量控制

在热固性复合材料波纹板成型过程中,影响制品性能和质量的因素较多,包括树脂胶液配方、增强材料、工艺参数和工艺措施等。

一、树脂胶液配方

1. 常温固化配方

热固性复合材料板材的树脂配方是在通用不饱和聚酯树脂配方基础上,考虑常温配方以及加热成型等因素来进行调整的。常见配方如下:

不饱和聚酯树脂:100份。

异辛酸钴(或萘酸钴):0.1~0.5份。

过氧化甲乙酮:2份。

如生产二级阻燃板材,因阻燃剂三氯乙基磷酸酯(TCEP)有阻聚作用,需增加促进剂异辛酸钴的用量,直接使用反应型阻燃树脂时除外。添加阻燃剂不能满足一级阻燃效果,且添加量应小于17%,否则板材力学性能和耐候性无法保证。

2. 高温固化配方

添加 TBPB 或 TBPO,在高温 100℃以上开始固化成型。

3. 光固化

使用光固化引发剂,经紫外线照射引发固化反应。目前,生产过程中光固化技术使用得并不多,常见于胶衣凝胶工序。其是 FRP 固化方式发展的新方向。

二、树脂的用量及控制方法

板材树脂投料量控制通过调节上下刮胶刀之间间隙来实现。一般树脂含量控制在 64%~70%,以此为依据计算出一定速度和厚度下板材每小时用胶量,作为树脂配料依据。含胶量调节依赖于实践经验,混合树脂黏度变化、工作温度变化、车速变化都会影响涂覆在薄膜上的树脂量。随着科学技术的发展,先进设备已经可以自动伺服跟踪调节树脂添加量。

三、纤维的用量及调控

若增强材料选用玻璃纤维短切毡,则板材厚度和纤维配置见表9-1。一般连续生产的板材厚度不超过 4 mm,如有特殊需要或特殊板型,对以上短切玻璃纤维毡的组合可以做适当调整。

表 9-1 板材厚度和纤维配置

板材厚度/mm	0.8	1.0	1.2	1.5	2.0	2.5	3.0
短切毡配置/g	300	450	300+300	300+450	450+450	300+450+450	450+450+450

若增强材料选用短切纱,则测量方式为:切纱设备调整为一定转速后,撒落1m长、1m宽的短切纱丝,收起,称重,然后按质量和转速的线性关系来控制投纱量。

四、板材厚度及检验台控制

根据板材设计厚度调节厚度控制辊间隙。在厚度控制辊前,树脂和纤维应浸渍良好;若前期比例控制得当,厚度控制辊自然形成的一层树脂堆积带可将板材内气泡绝大部分挤出,其余则在检验台部分排除。国家标准规定,板材厚度公差范围是±0.1 mm,很多工厂制定厚度公差为±0.05 mm。这只是一种近乎理想状态的规定,在平板及小波纹板材上很容易实现,而对高波峰板材要控制在这个范围内难度非常大。

五、板材成型和烘箱控制

板材经过检验台进入烘箱,在十几至几十道固化模具模板的控制下,经过预成型、凝胶固化以及后固化成型。在整个固化成型过程中,每段对温度的要求不同,根据功能性,分为预成型区、凝胶固化区和后固化成型区。

第四节 连续板成型工艺特点、分类及应用

一、连续成型板材的特点

1. 轻质高强

板材密度为 1.40~1.45 g/cm³,弯曲强度大于 190 MPa,拉伸强度大于 100 MPa。

2. 防腐、耐候性强

板材耐酸碱性、耐盐雾性优于金属板材,使用寿命在 10 年以上,特殊材质/工艺的可以达 25 年以上。

3. 长度任意性,生产高效性

理论上采用连续成型工艺可以生产无限长的板材,根据购方要求任意切割,每台设备日生产能力达到 5 000 m 以上。

4. 断面可设计性

可根据设计要求和工艺特点,设计不同形状和用途的型材。

5. 表面覆膜

根据使用环境和用途,可在板材表面贴覆不同功能的薄膜和涂层,以保护产品不被划伤,

同时提高耐候性。

6．颜色、透光率任意控制

根据设计要求,可调节板材透光率在一定范围内变化,通过调整配方生产各种颜色的制品。

二、连续成型板材的分类及应用

1．透光类板材

透光类板材俗称采光板,具有下述优越性:

(1)抗冲击强度高,不易破损;

(2)光线透过 FRP 波纹板时产生散射,室内光线分布均匀。

透光类板材主要应用于温室大棚、水产养殖、工业厂房、体育馆、仓库、候车亭、园林、风雨走廊、遮阳棚以及雨棚等需要透光的场所。

(1)温室大棚、水产养殖等的应用。FRP 采光板在农牧业方面主要用于解决玻璃等传统材料存在的易碎、安装复杂和维修成本高的缺点。

该类建筑物跨度较小,檩条间距一般为 600～900 mm,设计风载不大,所以一般经常选用平板或小波纹形板材,如 63 波纹型、Q9000 型。

在畜禽养殖业中主要用于透光性采光板的牛棚、鸡舍。一般尾架和桁条多为木结构或钢筋混凝土结构,屋面板为透光板。考虑空气流通,一般还安装有换气通风设备。

普通型透光 FRP 波纹板多用于建筑温室,主要有下述特点:

1) 透光 FRP 波纹板是温室理想的采光材料,光学性能优于玻璃;

2) FRP 透明波纹板耐冲击强度高,能经受风雹刮冲;

3) 比强度高,它既是结构,又是材料,兼具有结构和采光双重特点,使温室自重大大降低。

(2)厂房、仓库等的应用。主要用于屋面采光、侧墙采光、连跨厂房内部隔断采用及屋脊通风器,这是透光类板材用量最大的一个领域。

按照使用场合,FRP 采光板分为标准型、一级阻燃型和二级阻燃型。

根据厂房、仓库的采光设计要求,采光位置的分布为点式采光、带式采光和整坡屋面采光三种。

普通厂房及仓库一般选用标准型 FRP 采光板,钢铁厂一般较多采用阻燃型采光板,大型钢铁厂更多地选择一级阻燃型,中小型钢铁厂选用二级阻燃型居多。

(3)机场、火车站等公共设施。以前此类场合主要使用 PVC 板和 PC 板。该类材料为单一材质,透明度较高,但随着使用过程中出现的一系列问题。例如 PVC 板使用寿命较短,有些产品还不到一年就无法使用;强度太低,不能承受正常的载荷而断裂,失去使用功效;PC 中空板出现裂纹,进入灰尘,且不易逸出,热膨胀系数与金属相差太大,材料温差引起内应力造成无法修复的漏水。

使用板材解决了以上诸多问题,如从力学性能上确保能够满足设计要求的强度指标,方便灵活的形状可设计性和各种不同的颜色也能满足不同的审美要求,尤为重要的是其与金属结构件热膨胀系数接近,使建筑物防渗漏效果大大增强。所以 2002 年以后此类 FRP 采光板的使用逐步成为主流。

(4)体育馆、会展中心等。大型体育场馆和会展中心的屋面多为弧形,而 FRP 采光板可以自由地弯曲成弧形。以常用的820板型为例,厚度为1.5 mm,弯曲半径可以达到8 mm。体育场馆、会展中心等如果使用夹胶玻璃,采光成本太高,使用玻璃一般不安全,所以更多情况下会选用FRP采光板。

(5)太阳能盖板。1.2 mm FRP采光板透光率可达到90%,超过5 mm的玻璃,且透过红外线能力高于玻璃,透过远红外线能力又低于玻璃。其具有良好的抗冲击性,在太阳能利用领域FRP采光板不怕冰雹、不怕碰撞,使用安全,光热转化效果优于玻璃等其他透光材料,更好地保证了太阳能吸收设备的使用要求。

2. 不透光类板材

不透光板材的使用场合也很广泛,它是一个非常有潜力的产品系列。轻质高强、颜色亮丽、表面平整光洁、能抑制细菌滋生、热导率高及很强的可修复性使板材具有很强的应用趋势。

(1)交通工具壳体和方舱。在此领域,板材用于冷藏车、邮政车、干货车、通信基站方舱等的内衬板、车厢板。此类板材的优点在于质量轻、节能、安全、噪声低、保温隔热性能优良等。尤其在冷藏车及邮政车等场合的应用中,板材的抗细菌滋生能力也成为了一大突出优势。

(2)内饰板、吊顶板。使用板材进行内装饰或吊顶,具有表面光滑明亮、质量轻、不易结垢、除污容易、抗细菌滋生和极好的耐水防潮等优点。国外应用比较广泛,国内一直未能批量生产,现在有些厂家已经开始生产此类板材,但成品率不高。此类板材在行业里习惯被称为凯斯板,因其表面凹凸,所以也有人称其为珍珠板。以上特性使得该种产品应用于制药厂、宾馆等场所。

(3)防腐、耐酸碱的厂房侧墙、屋面。在很多大型化工厂的生产车间(如生产钛、镍等的工厂,以及在生产过程中产生CO, SO_2等腐蚀气体的工厂),此类厂房的维护很难处理,甚至有些场合即便使用了昂贵的氟碳板都无法完美地解决。板材以其优良的防腐、耐酸性能得到了使用者青睐。此类厂房屋面多使用乙烯基树脂为基体材料生产的3~4 mm FRP连续成型板材,板型大多为W550。如宝钢1 800 mm及宽厚板项目中就大量地使用了此类板材。

(4)市场大棚。一般会选用价格低廉的树脂及玻璃纤维生产,可配以靓丽的颜色,质量不高,属于低档产品。

国内近几年新出现的超宽板型FRP板是一种趋势,这主要是根据设计和使用部门的需求而生产的,有比较成熟的生产线,平板已达到2 600 mm宽。产品主要应用于国际集装箱的制作。现在正在探索试用的还有混凝土浇筑使用的模板、大型屋脊通风气楼等领域。总之,现在的板材有着很广阔的适用领域与发展空间,国内整个FRP行业也在蒸蒸日上地发展着,期待在不久的将来会有更多的新产品和应用领域出现。

习 题

1.请说明下列各代号的含义。

(1)EMC300;

(2)EMF300;

(3)CMS450。

2.请解释名词:短切毡、连续原丝毡、表面毡,并说明其应用特点。

3.连续板成型制品绝大多数都是在户外使用,在成型过程中,可采取哪些措施来延长制品寿命?

第十章 液体成型工艺

第一节 RTM 成型工艺

一、概述

RTM(Resin Transfer Molding)成型工艺,又称为树脂传递模塑成型工艺或者树脂灌注成型工艺。它是在一定压力和温度下,将树脂注入闭合模具中浸渍增强材料并固化成型的工艺方法,是一种接近最终形状部件的生产工艺。

RTM 技术起源于 19 世纪 40 年代的"MACRO"方法,最初被用于制备飞机雷达罩。RTM 虽然成本较低,但技术要求较高,特别是对原材料及模具的要求较高,大规模推广存在一系列困难,因而发展缓慢。20 世纪 80 年代,由于发达国家对环境保护的各项法规日趋严格,同时,随着原材料、工艺和成型技术的不断发展,RTM 成型工艺自身具有诸多优点(如模制件公差小、表面质量高、生产方式多样性、投资少以及生产效率较高等)而受到各国的重视。80 年代末,随着世界政治经济形势的变化,RTM 成型工艺被认为是降低先进复合材料高成本问题的重要技术之一。日本将 RTM 成型工艺和拉挤成型工艺推荐为最具发展前景的成型工艺。美国 NASA 也将 RTM 技术列入其先进复合材料计划(ACT 计划),并组织开展了大量的研究工作,其在 F-22 战斗机 JSF 垂尾上已成功应用 RTM 成型工艺制备的复合材料零件。同时民用复合材料行业在生产成本、生产周期和环保新要求的压力下也相继展开了 RTM 成型工艺研究和应用,设置了专科学校,用于培训 RTM 专业人才。

1985 年前后,以缩短成型周期、提高表面质量和产品稳定性为目标的第二代 RTM 开始得到应用。以更高效率为特点的第三代 RTM 成型工艺在 20 世纪 90 年代中期开始得到应用。进入 21 世纪后,随着三维编织技术、预成型体技术的快速发展,RTM 技术获得了更大的发展。与此同时,随着 RTM 成型工艺衍生的 Light-RTM、VARTM、SCRIMP 等在游艇和风机叶片上的应用,该类工艺已经广泛应用于各行各业。

国内 RTM 成型工艺起步于 20 世纪 80 年代末期,受当时国际 RTM 技术高速发展的影响,RTM 注射设备和工艺方法一度成为研究热点。但受当时预成型技术和基础工艺理论研究欠缺的影响,未能形成规模,大部分设备都处于闲置状态。90 年代以后,国内一些单位(如天津工业大学复合材料研究所等)积极研究和推广 RTM 成型工艺技术,从原材料改性、预成形体设计、模具设计与制造、表面技术和基础理论以及工业化生产技术等方面,开展了系统的研究工作。

RTM 成型工艺一个重要发展方向是大型部件的整体成型,其工艺方法以 VARTM、Light-RTM、SCRIMP 工艺为代表。RTM 成型工艺技术研究和应用涉及多种学科和技术,是当前国际复合材料最活跃的研究领域之一。其主要研究方向包括低黏度、高性能树脂体系的制备,化学反应动力学和流变特性分析,纤维预成型体的制备及渗透特性,成型过程的计算机模拟仿真技术,成型过程的在线监控技术,模具优化设计技术,新型工艺设备的开发,成本分析等。

二、RTM 成型工艺原理

RTM 成型工艺是将增强材料预成型体、夹芯材料和预埋件预先铺放在模腔内,然后在压力或真空条件下将树脂注入闭合模腔实施浸渍,使制品在室温或升温条件下固化脱模的一种高技术复合材料液体模塑成型技术。根据需要,可选择对脱模后的制品进行表面抛光、打磨等后处理。其基本原理如图 10-1 所示。

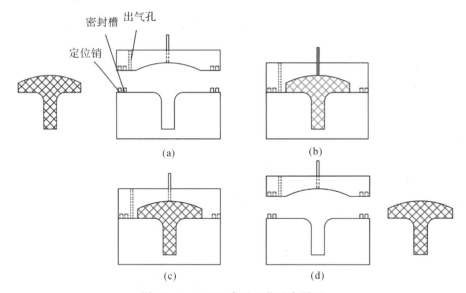

图 10-1 RTM 成型工艺基本原理
(a)铺放增强材料; (b)注入树脂; (c)固化; (d)脱模

为保证工艺顺利进行,一般要求在树脂胶凝过程开始前,使树脂充满模腔;正压力促使树脂快速传递到模具内,浸渍增强材料。注射完成后需封闭树脂注口,以便固化。

三、RTM 成型工艺用模具

RTM 成型属于闭模成型工艺。成型过程中树脂流动、压力和热传递及固化均发生在俗称"黑匣子"的模腔,模具质量会直接影响构件的表观质量;因此提高组合式模具表面质量和尺寸精度就显得十分重要。RTM 成型工艺对模具一般有以下要求:
(1)保证制品尺寸、形状和上下模匹配的精度;
(2)具备夹持与便于制品脱模的装置;
(3)具备足够的强度和刚度,以保证在合模、开模和注射时不出现破坏和尽可能小的变形;
(4)热均匀性好,使用中不发生开裂和变形;
(5)设计有合理的注射孔、排气孔,保证树脂充满模腔,并排除制品中的气体;

(6)上、下模具密封性能好,对无真空辅助的工艺,树脂漏损率应小于1%,对有真空辅助的工艺,密封应保证不漏气,以免气体进入模腔;

(7)具有合理的模腔厚度,满足模具对预成型体压缩量的需求;

(8)使用寿命长,成本低廉;

(9)使用和维护方便。

RTM成型工艺的模具结构多采用组合形式,包含锁紧、开模、密封和脱模装置。模具上设有注射口和排气口,注射口一般位于上模最低点且垂直于模具,注射时务必使树脂垂直注入型腔中,否则会使树脂碰到注射口而反射到型腔中,破坏树脂在型腔内的流动规律,造成型腔内聚集大量气泡,导致注射失败。排气口位于树脂流动方向的最高点和其他树脂较难到达的区域。这样设计是为了保证树脂能充满整个模腔,并尽量排尽空气,使制品内无气泡存在。密封材料一般为圆形或矩形的橡胶、改性橡胶或硅橡胶,密封位置位于模具边缘。模具材料通常为金属或玻璃纤维增强复合材料。金属模具的热传导性优越,可采用电热板、加热管接触式加热和烘箱等进行外部加热。

四、RTM成型工艺用树脂

RTM成型工艺所需树脂需满足"一长""一快""两高""四低"的要求。"一长"指树脂的凝胶时间长,"一快"指树脂的固化速率快,"两高"指树脂具有高消泡性和高浸渍性,"四低"指树脂的黏度低、可挥发性低、固化收缩率低和放热峰低。需要注意的是,树脂体系的黏度对充模过程和产品质量的影响较大。树脂体系黏度增大,一方面影响树脂对纤维的浸渍性,制品的孔隙率增大,甚至出现干点和气泡;另一方面伴随注射压力的升高,模具的使用寿命必将缩短。

由于RTM成型工艺是低压成型工艺,其生产过程要求树脂具有较高的力学性能和物理性能、较低的收缩率和较低的黏度,以满足树脂对纤维的浸渍性及充模流动性。RTM成型工艺对树脂体系有以下要求:

(1)室温或较低温度下具有低黏度(一般小于 1.0 Pa·s,以 0.2~0.8 Pa·s 工艺性能最佳),且具有一定的适用期。

(2)树脂对增强材料具有良好的浸渍性、黏附性和匹配性。

(3)树脂体系具有良好的固化反应性,固化温度不应过高,且有适宜的固化速率。在固化过程中不产生挥发分,不发生不良副反应。

由于RTM成型工艺对树脂体系的特殊要求,一般在应用RTM成型工艺之前要对现有高性能树脂基体需要改性处理。改性方法分为两种:一是在现有树脂体系基础上,添加稀释剂降低黏度;二是重新进行分子设计,合成制备满足工艺要求的高性能树脂基体。添加稀释剂改性的树脂虽然黏度降低了,却常常以耐热性和强度的损失为代价。在对耐热性和强度要求不高的民用领域,此方法的改性树脂拥有广阔的市场,但在环境要求苛刻的航空、航天领域,此方法不满足其要求。第二种改性方法由于从树脂的分子结构出发重新进行了分子设计,所合成的树脂不仅能满足工艺性能要求,而且能保持原树脂的耐热性和强度,甚至还有较大幅度的提高,因此在应用于高技术领域时更具竞争力。

五、RTM 成型工艺用增强材料

增强材料的种类包括玻璃纤维、碳纤维、碳化硅纤维、芳纶纤维和高密度聚乙烯纤维等高性能纤维。

1. 二维织物

采用二维机织及编织技术等通过纺织加工方法制备的平纹布、斜纹布、缎纹布等二维织物均可以用于 RTM 成型工艺。

2. 铺叠预制体

铺叠预制体是依据结构件的结构形式，将二维织物裁剪、铺叠和组装，加工成具有复杂结构的预制体。铺叠预制体的可设计性强，国内对于叠层复合材料的设计和强度计算已较为成熟，铺叠预制体是目前液体成型技术应用中最广泛的预制体类型。

3. 编织预制体

编织预成型体是指将不同的连续纤维材料按照一定要求组合(见图 10-2～图 10-4)形成接近成型净尺寸的增强材料预成形体，在这一组合中有时还包括金属或非金属材料的预埋件。其工艺特点是能制作出形状复杂及异形的实心体，并可以使结构件具有多功能性，即编织多层整体结构件。采用编织预制体制备的复合材料克服了传统铺叠复合材料受力后容易分层的缺点，主要应用于对力学性能要求非常高的航空航天结构部件的制造，例如火箭发动机喷管、发动机叶片等。

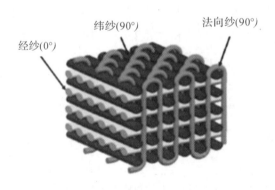

图 10-2 正交三向结构示意图

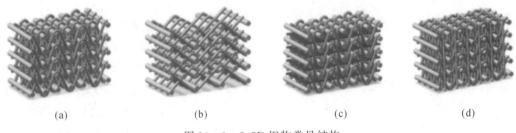

图 10-3 2.5D 织物常见结构

(a) 2.5D 织物基础结构； (b) 衬纬向 2.5D 织物结构； (c) 衬经向 2.5D 织物结构； (d) 衬法向 2.5D 织物结构

三维编织的优点如下：
(1)异形件一次编织整体成型,实现了人们"直接对材料进行设计"的构想;
(2)结构不分层,层间强度高,综合力学性能好。

三维编织的缺点如下：
(1)生产成本高,人力、物力消耗大;
(2)编织速度慢;
(3)制件尺寸受到很大限制。

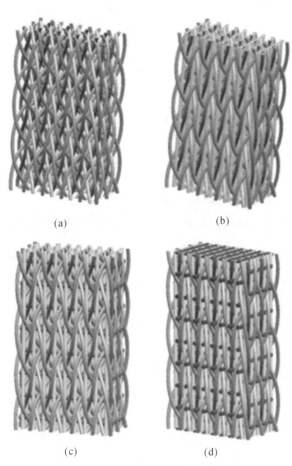

图 10-4　编织预制体的常见编织结构

4. 缝合预制体

缝合预制体是通过缝合手段,使预制体在垂直于或与铺层平面呈一定角度的方向得到增强,从而提高材料的层间损伤容限。缝合增强技术是为了增强预制体界面强度而研发的一种全新的 Z 向增强技术,也是一种将多层织物沿其厚度方向用缝线缝合成纺织预制体的方法。

作为一种层间强度增强技术,与传统工艺方法相比,缝合技术具有下述优点：

(1)缝合工艺具备多样性,如铺层方向、铺层距离和缝合方式可以调整,可以由预制体工艺经缝合→浸渍→固化而成型。

(2)缝合不仅是一种增强技术,而且也是一种连接技术,与复合材料的其他连接技术(如胶接、铆接)相比,缝合材料整体性强、不易产生局部应力集中,因此可用于制备大型复合材料构件。

(3)缝合对原有纤维分布没有大的影响,通过调整缝合参数(如缝合密度、缝合方式等)可获得符合要求的整体结构,达到较好的均匀应力状态。

(4)缝合可用于局部增强,尤其对自由边的缝合可大大降低层间垂直应力,减少自由边脱散。

(5)由于缝线承受了大部分载荷而且减少了周围树脂的应力集中,所以可显著提高层间强度。

5. Z-Pin 预制体

Z-Pin 预制体是借鉴复合材料中不连续缝线方法,在厚度方向上引入纤维的一种预制体类型。Z-Pin 植入工艺的原理是将坚硬的纤维增强树脂复合材料针状细棒(直径通常为 0.2~0.6 mm)植入未固化的层合板,使 Pin 像钉子一样将层合板的各个子层固结在一起。Z-Pin 植入需采用专用的超声波枪,将排布在载体中的 Z-Pin 植入未固化的层合板,最后通过特殊刀具切除多余的长度并移除泡沫载体。

Z-Pin 增强复合材料有以下优势:

(1) Z-Pin 技术可以对干态纤维织物和预浸料均进行增强;

(2) Z-Pin 增强复合材料的结构轻,成本低;

(3) Z-Pin 技术还有很大的设计自由度,可以根据零件的需要,改变 Z-Pin 材料、Z-Pin 密度;

(4) Z-Pin 技术不局限于零件的全局,可以仅在厚度方向增强效率较高的部位进行,比如采用 Z-Pin 技术实现复合材料零件间的连接,相较于传统机械连接,结构轻、载荷能均布、成本低,且 Z-Pin 可与两个零件共同化;

(5) Z-Pin 技术由于在厚度方向引入的纤维为不连续纤维,操作时只需单面接触预制体,而不像三维编织和缝合增强双面接触预制体,Z-Pin 的植入、切割和泡沫残留物的移除工序都可以在零件成型工装上进行,无须借助专用的操作台。

六、RTM 成型工艺流程

图 10-5 为 RTM 成型工艺流程图。

1. 模具设计与制造

RTM 模具由阳模和阴模组成。模具制作好后,应选择合适的位置加工注射口、排气口和密封槽,并完成密封条铺设,安装定位装置和紧固件等。在 RTM 模具制作过程中应注意以下事项:

(1)合理选择注射口、排气口位置及数量。一个模具的注射口一般为一个,排气口则要根据制品的大小、结构形式选择若干个。其位置一般选择在离注射口最远处以便使树脂容易充满模腔,又不影响制品的外观质量。

(2)为了保证模具内树脂漏损率达到工艺规程要求,阴、阳模必须密封好,通常采用圆形或矩形的橡胶条作为密封材料。

(3)模具表面的粗糙度必须满足模具设计要求,上、下模匹配应符合相应要求,以确保制品尺寸与形状的精度要求。

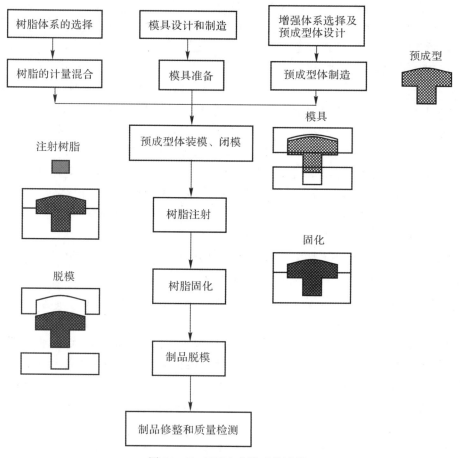

图 10-5 RTM 成型工艺流程

（4）要保证足够的强度和刚度，满足最高使用温度下的合模压力和注射压力。一般要求在 0.15 MPa 注射压力下，模具不损伤、不变形，且有较长的使用寿命，并且制造成本较低。

（5）具有模具移动、吊装、组合、脱模过程的安全设计。

模具加工是 RTM 成型的一个关键环节。由于 RTM 技术引进时间较短，国内 RTM 模具加工受原材料限制且复合材料制品类型较多，模具的变化较大，加工困难。因此 RTM 模具制作是当前应深入研究的课题，它与复合材料制品的质量、生产效率、模具使用寿命以及操作者劳动强度等直接相关。

2. 预成型体制备

预成型体的制备是 RTM 成型中最关键的方面之一。传统工艺操作时往往依据模具尺寸分层裁剪织物，耗时且纤维易分散。为了解决此问题，研究人员提出将增强材料采用纺织加工方法或加定型剂的技术手段固定，避免材料散边，形成一个便于铺设的整体。

3. 合模与注胶

将预成型体放入模具后再组装阳模和阴模，合模后需对模具的密封性进行检查，模具气密性满足要求后即可注胶。

影响其质量的工艺参数包括树脂黏度、注射压力、成型温度和真空度等,这些参数在成型过程中相互影响,共同决定了最终制件质量的好坏。

(1)树脂黏度。适用于RTM成型工艺的树脂应具备较低的黏度,并且在凝胶点前较长时间内处于较低水平,树脂在低黏度平台范围内完成充模,才能保证树脂对纤维预制体的良好浸渍与充模。树脂黏度通常应小于600 mPa·s,小于300 mPa·s时工艺性能会表现得更好。一般在操作过程中需提高树脂的注射温度来降低树脂黏度,以期较快、较好地完成充模。

(2)注射压力。注射压力取决于预制体结构形式、纤维体积分数以及树脂的工艺性。较低的注射压力有利于纤维的充分浸渍,高压有利于排出制件的空气,减少树脂充模时间,提高生产效率。但是注射压力较低容易注胶失败,高压则又会导致树脂过度冲刷增强材料,导致增强材料结构发生变形,二者都会影响制品性能。此外,长期在高压下充模会降低模具的使用寿命。因此,注胶压力需要根据制件结构及工装设备等因素综合选取。RTM成型工艺是一种低压成型工艺,树脂注射压力范围0.4~0.5 MPa。当制造高纤维的制品(如纤维体积分数大于50%的航空航天用零部件)时,压力可至0.7 MPa。

(3)注胶温度。注胶温度直接影响注射压力和树脂黏度的大小,不同树脂体系的活性期和注胶温度对预制件的浸渍效果影响不同。为了使树脂在最小压力下对纤维进行充分浸渍而又不过多缩短树脂凝胶时间,注胶温度应接近树脂达到最低黏度时的温度。温度过高会缩短树脂工作期;温度过低则会使树脂黏度增大,从而降低树脂正常渗入纤维的能力。

(4)真空度。在成型过程中使用真空辅助可以有效降低模具的刚度需求,同时促进注射过程中空气排除,减少产品孔隙含量。通过研究表明,在真空条件下制备的平板平均孔隙含量只有0.15%,而没有真空的平板孔隙含量达到1%。

RTM注射设备用于提供RTM成型工艺所需要的树脂温度和注射压力,需包含以下装置:

(1)料桶:盛装树脂基体,含温度控制系统,温度控制精度为±5℃;
(2)注射系统:能够满足工艺要求的压力、温度,最大注射压力不低于1.0 MPa;
(3)控制系统:用于控制和显示注射压力、温度等;
(4)真空系统:为料桶提供工艺所要求的真空度,真空度要求范围为0~−0.10 MPa。

图10-6所示为北京恒吉星科技有限公司开发的精密环氧RTM注射机。

图10-6 精密环氧RTM注射机

4. 固化与脱模

RTM 成型工艺可以采用鼓风烘箱、压机以及整体加热模具进行。选择加热方式时需要考虑加热设备尺寸、效率、能耗、热均匀性、控温量程、精确度、成本和环保要求等因素。

随着 RTM 技术的发展，国外越来越多的航空企业采用具有加热系统的 RTM 成型平台替代传统大功率烘箱+注射设备的 RTM 工艺设备。RTM 成型平台系统主要由预定型模具/模架、RTM 模具/模架、加热单元、液压系统、控制系统和 RTM 注射系统等部件构成。该平台系统可同时实现模具加压/加热、树脂注射和固化等 RTM 成型工序，不但能简化操作过程、提高生产效率、降低能耗、缩短制造周期，而且能降低 RTM 成型模具的设计刚度和制造成本，并能显著提高零件的成型质量。上海百若试验仪器有限公司研制了国产的 RTM 一体化成型设备(RTM-2000，见图10-7)，利用该设备生产了按照 RTM 成型工艺要求将树脂料反应、温控油浴加热、真空脱泡、高压注塑、锁模、固化、脱模等工艺综合在一起的机电一体化产品，各项指标均符合 RTM 成型工艺要求，满足了复合材料生产企业对于 RTM 生产自动化的需求。

图 10-7　RTM-2000 树脂传递模塑成型机

七、RTM 成型工艺特点

RTM 成型工艺以其优异的工艺性能，广泛地应用于舰船、军事设施、国防工程、交通运输、航空航天和民用工业等领域。其主要有以下特点：

(1) 模具制造和材料选择灵活性强，生产效率高。

(2) 制件表面质量好、尺寸精度高，适用于大型部件的制造。

(3) 易实现局部增强、夹芯结构；可灵活地调整增强材料的类型、结构设计，以满足从民用到航空航天工业不同性能的要求。

(4) RTM 成型工艺属闭模成型工艺，工作环境清洁，成型过程挥发分排放量小。

(5) 与预浸料成型工艺相比，RTM 成型工艺无须制备、运输、储藏冷冻的预浸料，无需繁杂的铺层和预压实过程，也无需热处理，操作简单。

RTM 成型工艺生产中树脂与纤维在成型阶段通过浸渍实现赋型，纤维在模腔中的流动、纤维浸渍过程以及树脂的固化过程都对最终产品的性能有很大的影响，因而导致了工艺复杂性和不可控性增大。

第二节　VIP 成型工艺

一、VIP 成型工艺原理

VIP 成型技术（真空导入成型工艺，英文名称为 Vacuum Infusion Process，以下简称"VIP 技术"）工艺原理：在模具上铺"干"增强材料，然后铺放辅助材料，采用真空泵排出体系中的空气，使其在模具型腔中形成一个负压，利用真空压力将树脂通过预设的流道浸渍增强材料直至充满模具，固化后除去真空袋体系材料得到所需的制品（见图 10-8）。VIP 技术是一种典型的非热压罐低成本复合材料制造技术。

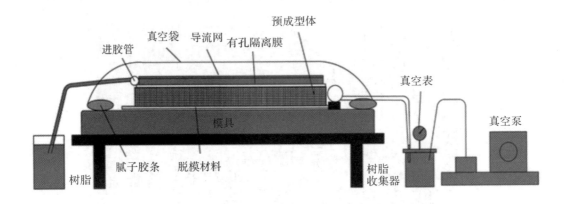

图 10-8　VIP 成型工艺示意图

二、原材料

1. 树脂

相对于其他成型工艺而言，VIP 成型工艺渗透时树脂的使用温度范围较窄。其主要特征是 VIP 成型工艺要求树脂在操作期内具有较低黏态特征，一般要求黏度为 100～800 mPa·s，最佳黏度为 100～300 mPa·s，同时要求具有较长的低黏态时间区，大于 6 h 即可满足工艺需求。树脂黏度过高，充模速度慢，对纤维织物的浸渍效果较差；树脂黏度过低，树脂流动速度太快，容易形成干斑等缺陷。

2. 增强材料

增强材料常用玻璃纤维和碳纤维等，其结构形式多种多样，如连续毡、单向带、二维织物、三维织物等，具体要根据力学设计进行选择。使用增强材料前需进行渗透性实验测试，这是由于纤维在制造过程中使用的浸渍剂、上浆剂等对会影响树脂的浸渍效果，导致最终制品力学性能存在很大的差异。

3. 夹芯材料

适用于 VIP 成型工艺的夹芯材料一般为木板、Balsa 木、PVC 泡沫、PUR 泡沫和强蕊毡等,可依据制品需要选用合适的夹心材料。对于开孔型芯材,树脂注入会充满其空穴,增加制品质量和成本,因此不宜采用。

4. 设备和辅助材料

真空导入设备是集成真空泵、真空罐、集料罐和控制系统的一体化真空设备。设备可自动和手动控制真空泵,满足不同真空度的使用要求。

真空袋膜常选用耐高温尼龙膜和聚丙烯膜,要求其具有优异的延展性、柔韧性和抗刺穿性、耐温性和阻隔气密性。

导流网主要是保证在树脂导入过程中能够迅速渗透和流动,大幅度提高充模流动速度。通常可采用尼龙网和机织物。

剥离层的作用是将制品和导流介质或真空袋膜分开,避免辅助材料黏附在制品上。一般选用低孔隙率、低渗透率的薄膜作为剥离层介质,例如 PE,PP 多孔膜,也可以使用涂有特氟龙涂层的玻璃纤维布。

螺旋管的作用是在树脂导流体系中,使树脂均匀快速地通过导流介质分散到预先铺设的增强纤维上,在进出口处都要用螺旋管,出口处的螺旋管将多余树脂通过真空管导入树脂收集器中,防止树脂被吸入真空泵而损坏设备。

不是全部材料均能够应用于真空导入工艺,每种材料都要经过实验加以确认,以此判断其是否适用。

三、VIP 成型工艺过程

1. 模具准备

VIP 成型工艺通常采用单面模具,模具应具备足够的强度、良好的密封性、热均匀性,无缺陷和气孔等。

模具清洁完成后需沿模具边缘粘贴腻子胶条,用于模具和真空袋的密封。腻子胶条的粘贴需在涂抹脱模剂之前完成,这主要是因为模具表面涂上脱模剂以后会使腻子胶条与模具黏性变差,影响真空袋体系的气密性。

2. 施工胶衣

根据制品的要求,可以采用产品胶衣和打磨胶衣,选用类型有邻苯、间苯和乙烯基。胶衣施工通常采取手刷或喷射的方法进行。

3. 增强材料铺设

按照选定材料与铺层参数进行增强材料的裁剪,裁剪可通过人工或自动化设备进行。随后依据铺层参数按样板或在激光投影仪的辅助下进行铺叠。纤维织物与预浸料不同,预浸料中由于纤维已浸渍树脂,纤维不易变形;而干纤维织物比较松散,容易变形,所以在铺放时要轻拿轻放或采用托板将织物整体托起后再放入模具。在铺放过程中,可以适当地使用喷胶固定纤维织物,按照相应要求每隔一定铺层进行一次预定型。预定型以后,纤维铺层之间可保持一定的黏结及形状。

在 VIP 成型工艺中,夹芯材料选择是有限的,通常不能采用开孔芯材。然而,经特殊处理的泡沫芯材可应用于 VIP 成型工艺。这种芯材通过其中小的树脂通道,或者通过粗纱平纹布或固定的其他流动介质,可以促进树脂在层合板和芯材表面的流动。

4. 真空袋材料铺设

增强材料铺设完毕后,在铺层表面依次铺放可剥布、有孔隔离膜、导流网、螺旋管和真空袋。在密封真空袋之前,需设计螺旋管的铺设方式,否则局部区域树脂无法浸渍形成干斑。导流路径的设计很大程度上取决于复合材料制件的几何结构。因此,螺旋管一般铺放于能够保证引导树脂到铺层中的部位。树脂管和真空管铺放完毕之后,用腻子胶条将整个真空袋体系封装,用刮板将腻子胶条压实,以防止真空袋边缘漏气。

5. 检查真空气密性

将封装完成的真空袋体系通过树脂收集器与真空泵相连接,开启真空泵检验其密封性。树脂收集器为一个密封容器,至少有两个以上的真空接口,一个用于模具的真空连接,一个用于真空泵连接。树脂收集器上的真空表用于检查模具气密性。树脂收集器主要是为了将注胶过程中多余的树脂收集起来,防止树脂吸入真空泵内,损坏设备。树脂收集器通常配有快速接头,便于真空泵和模具之间的连接。在使用树脂收集器前,需要进行涂抹脱模材料或者放置空纸杯,提高其利用率。

真空袋体系密封性检查的方法是:待真空袋体系抽真空($\geqslant -0.095$ MPa)一段时间并稳定以后,关闭树脂收集器真空阀,观察树脂收集器上真空表的数值。在一定时间内,真空度保持不变或下降($\leqslant -0.017$ MPa/5 min),则密封性良好;反之,需检验真空袋体系。

为满足特殊需要,可封装第二层真空袋。第二层真空袋的作用一是防止第一层真空的泄漏;二是可以在第一层因防止树脂被过量的抽出需要关闭真空时,第二层真空袋可以持续抽真空至制件完全固化并冷却。需要注意的是,在第一层真空袋和第二层真空袋之间需要铺放透气毡,以便于两层真空袋薄膜间的空气排出。与第一层真空袋一样,需要对第二层真空袋进行气密性检查,检查方法与第一层一致。

系统真空渗漏是 VIP 技术复合材料过程中最为常见的工艺缺陷,渗漏类型按部位可分为树脂进胶管道渗漏、真空袋渗漏和真空源渗漏三种(见图 10-9)。

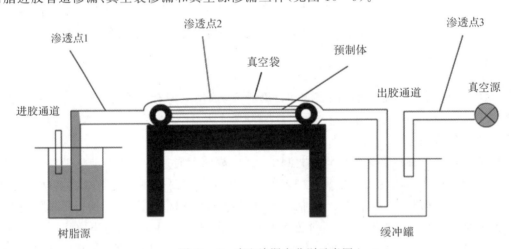

图 10-9 真空渗漏点分别示意图

(1)进胶管道渗漏。进胶管道渗漏分为微小渗漏和严重渗漏两种情况,其中微小渗漏时系统真空度范围为 $-0.095 \sim -0.1$ MPa,严重渗漏时系统真空度 $\leqslant -0.08$ MPa。

1)微小渗漏。在系统真空度基本保持不变($-0.095 \sim -0.1$ MPa)的情况下,VIP 成型工艺过程中进胶管道出现微小渗漏对制品内部质量有一定的影响。主要缺陷类型为较分散的不超标微小气孔,但该类型内部缺陷从外观上无法查别。其形成主要是由于树脂在渗透过程中通过进胶管道渗漏点时混入了外部空气。

2)严重渗漏。在进胶管道渗漏严重影响系统真空度($\leqslant -0.08$ MPa)的情况下,将无法完成树脂对纤维预制体的浸渍,成型后目视可观察到大面积干斑。此缺陷产生的原因是进胶管道出现严重渗漏时,大量涌入进胶管道的气体在树脂源与预制体制件之间形成了空腔区,阻碍了树脂进入预制体,故树脂无法实现对纤维预制体的完全浸渍。

(2)真空袋渗漏。真空袋渗漏试验同样分为微小渗漏和严重渗漏两种情况。

1)微小渗漏。在系统真空度基本保持不变($-0.095 \sim -0.1$ MPa)的情况下,液体成型工艺过程中真空袋出现微小渗漏对制品内部质量有明显影响,制品在无损检测中出现了明显的底波衰减,并存在分散性的密集气孔,平均孔隙率值也超过了一般复合材料结构件指标1.5%。此外,从外观上也能在纬纱处观察到明显的点状缺陷。

2)严重渗漏。在真空袋渗漏严重影响系统真空度($\leqslant -0.08$ MPa)的情况下,虽然可以完成树脂对纤维预制体的浸渍,但大量涌入真空袋的气体严重阻碍了树脂对预制体的浸渍,并且过低的压力使成型的零件出现了疏松和分层等严重缺陷,从无损检测和目视检测均能发现严重的缺陷。

(3)真空源渗漏。VIP 技术中系统真空度一般不能低于 -0.095 MPa。当真空源渗漏降低至 -0.08 MPa 时,复合材料构件的成型质量会出现明显下降,可在无损检测中出现底波衰减现象并检测出密集型气孔,平均孔隙率值已接近一般复合材料结构件的孔隙率最大指标1.5%,同时厚度均匀性出现了下降的趋势;当真空源渗漏进一步降低至 -0.06 MPa 时,虽然可以完成树脂对纤维预制体的浸渍,但制备的复合材料层合板在无损检测中存在严重的底波衰减,同时存在分散性密集气孔等缺陷,表面可观察到明显的浸渍不充分区域,厚度均匀性进一步下降。

对系统进行真空渗漏检查是 VIP 技术的关键环节之一。常规的检查方法分为以下两步:

1)观察系统真空读数,要求不小于 -0.095 MPa;

2)关闭系统真空源,观察系统真空读数的变化值,5 min 内下降不大于 0.017 MPa。一旦系统真空度 $\leqslant -0.095$ MPa 或读数变化值超过范围,则需从树脂储液罐、树脂管道、真空袋、树脂出胶罐及真空源等多个方面进行分区检查,直至真空渗漏消除为止。

6.纤维预制体预处理

真空气密性检测合格后,对纤维增强预制体进行抽真空预处理 30 min 以上,一是将真空袋内的气体排干净;二是可对纤维增强预制体进行预压实处理,减少纤维回弹现象,提高复合材料制件的纤维体积分数和厚度均匀性,降低孔隙率。

7.配树脂及脱泡处理

抽真空达到一定要求后进行胶液准备。按固化剂和树脂的比例进行配备,配胶完成后需进行充分搅拌,以使二者混合均匀。

树脂在导入之前需进行脱泡处理,防止树脂裹入的空气被带入并残留在纤维织物内部,引起缺陷。将配置好的树脂倒入储液罐中,抽真空脱泡 30 min 以上。为确保脱泡质量,可同时结合搅拌、超声等手段对树脂进行处理。

对有些树脂需要加热到一定温度,充分降低其黏度后进行脱泡。脱泡过程中一定要注意树脂的工艺时间,防止树脂在脱泡过程中交联或固化,并要为树脂灌注留有充足的时间。这需要事先对树脂的流变特性、树脂黏度随温度变化特性以及在特定温度下树脂随时间的变化特性进行充分的试验。

如果不对树脂进行脱泡处理,采用 VIP 成型的复合材料构件外观不会出现明显变化。但会对复合材料层合板内部质量产生较明显的影响,主要会出现局部孔隙密集的缺陷。树脂不进行脱泡处理对零件成型质量的影响程度与成型方法、制件尺寸和结构形式相关,成型工艺控制越简单、制件尺寸越大、结构形式越复杂,树脂中残存的气体影响越大。因此,在液体成型复合材料过程中,树脂脱泡处理是必要的工艺步骤。

为了保证树脂充分脱泡,可采用在树脂较低黏度状态时抽静态真空,真空度一般不低于 -0.095 MPa,时间不少于 30 min。此外,在成型较大型零件时需要使用较多的树脂,仅采用树脂静态抽真空的形式较难对树脂进行充分脱泡。可采用对循环抽真空或采用搅拌脱泡抽真空的形式对树脂进行动态脱泡处理,以保证树脂的充分脱泡。

8. 导入树脂

完成脱泡处理与制件内空气排空后打开树脂流动管,使树脂在压力和导流介质的作用下充分浸渍增强材料,灌注完成后关闭树脂流动管使层合板在真空状态下固化,有利于在固化时纤维压实合并。

9. 固化、脱模

树脂凝胶固化到一定程度后,待其冷却到室温后揭去真空袋材料,从模具上取出制品,通过机械或高压水切割去除多余尺寸并进行无损检测,合格后,交付使用。

四、VIP 成型工艺特点及应用

1. 优点

VIP 成型工艺相对于传统的工艺具有下述优势:

(1)更高质量制品。与传统制造工艺相比,在真空状态下树脂充分浸渍增强材料,制品中气泡较少。结构增强方法多样,可结合缝合、Z‑Pin、编织等技术实现复杂结构的整体成型和 Z 向增强。所得制品质量更轻,强度更高,性能稳定。

(2)更少树脂损耗。用 VIP 成型工艺,树脂用量可以精确预算,树脂损耗率减少,生产成本降低;相对而言,手糊或喷射成型工艺,会因操作人员的多变性而难于控制。

(3)树脂分布均匀。对于制品而言,不同部位的真压力接近,因此树脂对增强材料的浸渍速度和含量趋于一致。

(4)过程挥发更少。生产过程为闭模生产,树脂体系的挥发分和洒溅现象较少。其工作环境干净、安全,对操作者的伤害较小。

(5)使用单面模具。仅用一面模具就可以得到两面光滑平整的制品,可以较好地控制产品的厚度,并且节约模具制造成本和时间。

正因为用 VIP 成型工艺有这些优点,其最早应用于航天航空等特种领域,后来慢慢应用于多种民用领域。

2. 缺点

(1)准备工序时间较长而且较为复杂。需要正确的铺层、铺设导流介质、导流管,有效的真空密封等。因此对于小尺寸产品,其工艺时间反而超过手糊工艺。

(2)生产成本较高,并产生较多的废料。如真空袋膜、导流介质、脱模布及螺旋管等辅助材料都是一次性使用,而且相当多材料需要依赖进口,故生产成本比手糊工艺高。但产品越大,此差别越小。随着辅助材料的国产化,这一成本差别也越来越小。

(3)工艺制造有一定的风险。尤其是大型复杂结构产品,一旦在树脂灌注中失败,产品易报废。因此要有一定的前期研究、严格的工艺控制和有效的补救措施,以保证工艺的成功。

3. 应用

(1)航空领域——军民用飞机加筋整体壁板、舵面、活动面、整流蒙皮等次承力结构件。

(2)船艇工业——船体、甲板、方向舵、雷达屏蔽罩等。

(3)风电能源——叶片、飞机舱罩等。

(4)体育休闲——头盔、帆板等。

(5)汽车工业——各类车顶、挡风板、车厢等。

(6)建筑领域——建筑物顶部件、建筑模板等。

(7)农业和园艺——粮仓圆盖、农机保护盖等。

第三节 其他液体成型工艺

RTM 技术的发展很快,目前在上述成型的基本过程基础上,还衍生出一些特殊的 RTM 技术,主要有真空辅助 RTM(VARTM)成型、压缩 RTM(CRTM)成型、Seemann 复合材料树脂渗透模塑成型(SCRIMP)、树脂膜渗透成型(RFI)、热膨胀 RTM(TERTM)成型、柔性 RTM(FRTM)和共注射 RTM(CIRTM)成型等。

一、真空辅助 RTM 成型工艺

1. 真空辅助 RTM 成型工艺原理

真空辅助 RTM(Vacuum Assisted Resin Transfer Molding,VARTM)成型基本方法是使用敞开模具成型制品。这里所说的敞开模具是相对传统的 RTM 的双层硬质闭合模具而言的。VARTM 模具只有一层硬质模板,纤维增强材料按规定的尺寸及厚度铺放在模板上,用真空袋包覆,并密封四周,真空袋采用尼龙或硅树脂制成。注射口设在模具的一端,而出口则设在另一端,注射口与 RTM 树脂管道相连,出口与真空泵相连。在模具密封完好,确认无空气泄漏后,开动真空泵抽真空。达到一定真空度后,开始注入树脂,固化成型。

2. 真空辅助成型工艺特点

与 RTM 相比,VARTM 具有以下优点:

(1)模腔内抽真空使压力减小,增加了使用轻型模具的可能性,从而使模具的使用寿命更长,可设计性更好;

(2)真空袋材料取代了在 RTM 中需要的另一半金属模具;

(3)真空也可提高玻璃纤维与树脂的比率,使玻璃纤维的含量更高,制品的强度增加;

(4)无论增强材料是编织的还是非编织的,无论树脂类型及黏度如何,VARTM 都能大大改善模塑过程中纤维的浸渍性,使树脂和纤维的结合界面更好,制品质量提高。

VARTM 成型工艺以上优点可提高制品的成品率和力学性能,但是 VARTM 的缺点是:与高压成型相比,纤维含量低。随着科学技术的进步和国内外各科研单位和生产厂家对真空辅助 RTM 成型工艺的重视程度及认识程度不断加深,近十几年来,国内外许多学者对真空辅助 RTM 成型工艺中缺陷的形成及消除进行了深入细致的研究。

二、Seemann 复合材料树脂渗透模塑成型工艺

SCRIMP(Seemann Composites Resin Infusion Molding Process)是一种比较新颖的复合材料成型工艺,以既经济又安全的方法生产高品质的大型制品见长,近年来在国外有关资料中时有报道。SCRIMP 成型技术是一种新型的低成本真空辅助注射技术。自 20 世纪 80 年代末开发出来,在航空、航天、船舶、基础结构工程、交通、防御工程等应用领域得到了人们的普遍关注。经过多年的发展,目前该工艺已由研究开发阶段逐步进入规模化的工程应用阶段。

1. SCRIMP 成型工艺原理

SCRIMP 工艺同 RTM 类似,也是采用干织物或芯层材料作预成型的(见图 10-10)。与 RTM 不同之处在于它只需一半模具和一个弹性真空袋。事先将一层或几层纤维织物或芯层辅放在模具里面。真空袋一般采用尼龙或抗撕裂、延伸性能好的硅橡胶材料,在模具上形成封闭的腔,真空袋上有一个或几个真空出口。模具上有一个或几个树脂注入口,通过注入口注入增强材料。在高真空度下,增强材料被压实同时吸入树脂。SCRIMP 工艺的关键在于真空袋下面的分散介质层,它是一种针织网状织物,含有互相交错的树脂分布通道。小于大气压的压力通过弹性真空袋作用于铺层材料,在树脂注入前将玻璃纤维压实,空隙率降低,纤维树脂质量比可达 70/30。在 SCRIMP 工艺中还有一可透过树脂的剥离层,铺在分散介质层和制品之间,在制品固化成型后,剥离层连同多余的树脂一起揭掉,在靠近模具面,得到表面效果理想的大型制品。

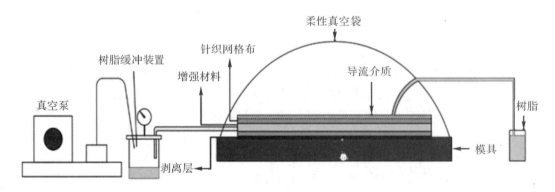

图 10-10 SCRIMP 成型工艺原理示意图

SCRIMP 工艺生产步骤:①在单面模具表面涂脱模剂;②铺放干织物和芯层;③铺放分散介质层;④铺放真空袋并密封;⑤注入树脂同时抽真空;⑥室温固化或放入烘房。

2. SCRIMP 成型工艺特点

(1) SCRIMP 是一闭合式系统,操作人员与苯乙烯隔离并且不需要接触其他有机材料。

(2) 纤维层在高真空度下被压实、孔隙率<1%,纤维含量可达 50%～70%。又因有分散介质层的存在,树脂快速而均匀地渗透到纤维层,控制方式比手糊更为严格,从而使制品满足强度要求,重复性好、质量可靠。

(3) 一般来说,SCRIMP 制品越大,经济性越可观。生产大型 RTM 制品,模具费用及注射

设备费用相当高。而同样尺寸的 SCRIMP 模具费用却与手糊相当,且不需要注射设备,同时劳动力费用比手糊法降低 50%。

(4)精确的树脂分配系统保证树脂胶液先迅速在长度方向上充分流动填充,然后在真空压力驱动下在厚度方向缓慢浸渍,改善了浸渍效果,减少了缺陷的发生。

三、树脂膜渗透成型工艺

1. 工艺原理

树脂膜渗法(Resin Film Infusion,RFI)正在加入复合材料成型技术的主流之中,并已在汽车、船舶、航空、航天等领域获得越来越多的应用。

RFI 成型工艺基于如下设计理念:如果把树脂施加到干纤维铺层或预制体的一侧,然后使其渗透整个材料厚度到达另一侧,那么为了获得快速而完全的浸透,树脂通过纤维的路程就必须很短。工程技术人员研究发现,如果采用树脂薄膜为原料,并通过加热使其熔化、使用真空或压力助其渗透纤维,就可达到上述目的,于是就产生了 RFI 工艺。

RFI 工艺过程是把经过预先催化的胶膜片放入模具内,并在其上铺放干的增强材料,再用密封定位的真空袋封闭模腔,然后用烘箱加热以熔化树脂,树脂在压力作用下浸渍纤维层后固化,对较厚铺层在其间插入附有分离统的半硬树脂膜使其薄化(见图 10 - 11)。RFI 工艺加工方法较为灵活,适用于真空袋压成型、模压成型模和热压罐成型工艺。

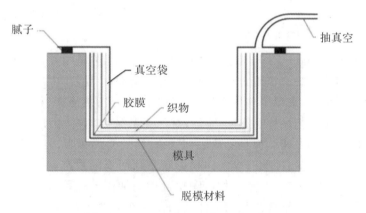

图 10 - 11 RFI 成型工艺原理示意图

2. 特点

RFI 工艺与现有成型技术相比具有显著的优点。它首先克服了树脂传递模塑(RTM)或真空辅助树脂传递模塑(VARTM)工艺废品率可能较高、模具费用高、树脂要求高的缺点;能使树脂分布均匀、制品成型周期短,在不使用对模情况下获得闭模系统的捕集排放物效果,树脂料以可控制的形式供给。其次它克服了预浸料成型需使用加压烘箱或热压罐才能以消除孔隙的缺点。

RFI 工艺的主要优点在于它能一次浸渍超常厚度纤维层的能力,具有高度三维结构的缝编、机织、夹芯预制件均能浸渍完全,能满足用户准确获得高纤维含量并尽量减少因孔隙和平区而形成缺陷的要求。

RFI 工艺有以下缺点:

(1) 相对于热压罐成型来说是低成本成型技术,但是必须加热固化和使用真空袋系统;
(2) 要求模具能经受树脂膜片的工艺温度;
(3) 要求所用芯材能经受工艺温度和压力。

四、共注射 RTM(CIRTM)成型工艺

1. 共注射 RTM 成型工艺原理

共注射 RTM(Co-injection Resin Transfer Molding,CIRTM)是制备一体化复合材料的工艺,与普通 RTM 不同的是,共注射 RTM 成型工艺是由两套 RTM 注射系统分别将两种不同种类树脂同时注入预先铺设好预成型体并抽真空的模具中,可通过调节两套注射系统的注射压力来实现两种胶液在模腔中同步浸渍各自不同的纤维增强体,充模完成后进行共固化操作。

2. 共注射 RTM 成型工艺特点

共注射 RTM 在制备不同树脂体系的多层复合材料结构上具有显著优势。但是当两种树脂注射条件和固化条件相差较大时,共注射及共固化工艺的确定仍是难题。John W. Gillespie Jr 的研究小组首先通过数值分析和有限元模拟的方法对共注射工艺过程中两种树脂横向流动机理进行了研究,并且对树脂在浸渍过程中的横向流动进行了定量分析。研究结果表明,如果采用 CIRTM 成型工艺制备大尺寸结构件或树脂的黏度相差很大时,两种功能层预成型体之间应该需要一个完全不可渗透的隔层。

五、热膨胀 RTM 成型工艺

热膨胀 RTM(Thermal-Expansion RTM,TERTM)工艺是指复合材料预浸料在闭合刚性阴模中通过芯模的热膨胀来实现对复合材料加压固化的成型工艺方法。一般复合材料成型工艺中,复合材料固化压力来源于外压力源,如负压、压力袋、热压罐、模压等。热膨胀工艺与之有本质区别。热膨胀工艺又称热胀法。以线膨胀系数较大的材料为芯模,刚体材料为阴模,复合材料置于芯模与阴模之间。模具受热后,芯模材料会受热膨胀,但由于芯模材料的线膨胀系数比阴模材料的大几十倍,因此芯模的体积膨胀受到阴模的限制,则在模腔内产生压力,这种压力称为热涨压力,以此实现对复合材料固化过程的加压。这种方法靠芯模热膨胀产生的压力,无需外压源,适合复杂结构制品的整体共固化。在某些多腔体结构中,克服了外压难以传递均匀的缺点,具有不可替代的优点。

热膨胀工艺中,根据制件的结构特点,必须设计阴模和芯模两套模具。阴模为钢质,模具内腔尺寸为碳纤维复合材料制件的设计外形尺寸。芯模外形为复合材料制件的内腔体形状,尺寸比制件设计的值小一定的量,所减少的尺寸称为工艺间隙。工艺间隙在整个工艺中的关键作用是控制加压点和压力的大小。在复合材料制造中,先在钢质阴模内按设计铺放预浸料,然后在腔体内放置膨胀芯模,模具组装后进行加热固化。当芯材为硅橡胶时,该工艺又可称为橡胶辅助 RTM(Rubber-Assisted RTM,RARTM)。

六、压缩 RTM 成型工艺

在成型高纤维体积分数的复合材料制品时,预成型的渗透率较小,因而注射树脂时需要较大的压力,注射时间长,效率低。如果在注射过程中带入气体也很难排除,压缩 RTM(简称

CRTM)可以较好地解决这些问题。在注射树脂时,模具先不闭合到最终要求的位置,这时模腔尺寸较大,预成型体渗透率很大,树脂就可以很快充满模具并对纤维进行有效浸渍,注射完成后再对模具加压使模具闭合到最终要求的位置。但是,在注入树脂时,树脂定量不好控制即不知道注入多少树脂合适,有可能造成树脂的富余而导致浪费。

习 题

1. 日本强化塑料协会将_____和_____一起,推荐为两大最有发展前途的工艺,美国还设置了专科学校,用于培训_____专业人才。
2. RTM 模具设计需注意哪些事项?
3. 什么是预成型体?为什么要使用预成型体?常用预成型体制备方法有哪些?
4. 简述 RTM 成型工艺的操作步骤。
5. 请绘出 VIP 技术真空袋组成及各辅助材料的作用。
6. 在 VIP 成型工艺中,有时候要使用两层真空袋,为什么?
7. VIP 成型工艺真空漏点有几处?为什么要严格进行气密性控制?

第十一章　夹层结构成型

在不降低强度的情况下使结构尽可能地轻,是飞机结构设计的基本原则,这一要求必然导致需要利用稳定的薄蒙皮来承受拉伸、压缩、剪切、扭转和弯曲等作用载荷。为了解决这个问题,在传统的飞机结构设计中使用纵向加强筋和增强桁条以及翼肋或隔框等结构,这些结构形式在现代飞机上仍然得到了较为广泛的应用。但是,这不是最好的解决方案。事实上,蒙皮的稳定性通过在其上、下面板间添加起稳定作用的中间层会得到很大的提高,这就是所谓的夹层结构。

1944 年,美国采用玻璃钢机翼的军用飞机试飞成功,这种机翼的上、下蒙皮均是玻璃纤维布层合板,中间黏结轻质材料作为夹芯。蒙皮采用了层压成型工艺,制品的密度、表面质量和强度均大大优于手糊成型工艺。同时夹芯的装配采用胶接工艺,从此将具有悠久历史的胶接技术引入了复合材料成型工艺。

第一节　夹层结构概述

一、夹层结构性能特点

夹层结构是由高强度蒙皮与轻质夹芯材料通过胶黏剂的作用组成的一种结构材料。在夹层结构中,使用低密度夹芯材料增加层合板的厚度,在质量增加很少的前提下,大幅度地提高结构的刚度,则有

$$f = \frac{P l^3}{48EJ} \tag{11-1}$$

$$J = \frac{1}{12} b h^3 \tag{11-2}$$

式中:f——简支梁的弯曲挠度;

P——载荷;

l——梁的跨距;

E——弹性模量;

J——惯性矩;

EJ——梁的刚度;

b——梁的宽度;

h——梁的高度。

由式(11-1)和式(11-2)可知,材料的挠度与其厚度的 3 次方成正比,如果把厚度为 h 的复合材料层合板从中间等分,夹上 $2h$ 的芯材,厚度变为 $3h$,则其刚度增加到原来刚度的 27 倍。夹层结构可以在面板用量不变的情况下,使刚度显著提高。这种结构可有效弥补层合板

弹性模量低、刚度差的不足。由于夹芯材料的密度小,用它制成的夹层结构能在同样承载能力下,大大减轻结构的自重。

夹层结构主要用于尺寸较大、刚度要求高、强度要求不高的领域,例如航空工业的飞机雷达罩、机翼、尾锥、地板和炸弹舱门等,建筑工业的围护墙扳、屋面板、隔墙板(透明的夹层结构板在国外已广泛用于工业厂房的屋顶采光),以及造船工业的玻璃钢潜水艇、玻璃钢扫雷艇、玻璃钢游艇等。

二、分类

1. 按面板材料分类

面板是夹层结构中的主要受力部分,按面板材料不同可分为碳纤维复合材料材料、玻璃钢、金属、绝缘纸、胶合板和塑料板等。

2. 按夹芯材料分类

夹芯材料在夹层结构中起支撑面板的作用,承受的是剪切应力。复合材料夹层结构中常用的夹芯材料有泡沫、巴萨木和蜂窝等多孔固体材料。

(1)巴萨木。最早是在19世纪40年代,在飞艇的船体中使用铝面板和巴萨木芯材,抵抗水面着陆时受到重复的冲击荷载。随后开始在海洋结构中使用巴萨木作为热固性树脂基复合材料结构的夹芯材料。

巴萨木除了具有高的压缩性能,还有很好的隔热性能和隔声性能。在加热以后,材料不会发生变形,在遇火时,用作隔热层和烧蚀层,芯层慢慢烧焦,使未遇火的面材保持结构性能。巴萨木的缺点是密度偏大,并且在层合的过程中会吸收大量的树脂。为了减少树脂的吸收增加质量,需预先用泡沫密封。

巴萨木的应用通常在质量要求不是很高或局部承载力要求很高的地方,目前主要的用途集中在风电、船舶、铁路车辆等行业。因为其密度选择范围小,面层破坏以后吸水腐烂,已经逐步被PVC泡沫取代。但是因为其价格优势,目前还有一定的市场。

另外一种常用作夹层结构芯材的木材是松木。在船舶结构中,常常用松木条板加上复合材料面板。松木的纤维方向和层板的面板平行。沿船的长度方向,松木提供纵向的刚度,在热固性树脂基复合材料面材中纤维以±45°铺放,提供扭转刚度,保护木材芯层。

(2)泡沫。复合材料中常用的泡沫夹芯材料有聚氯乙烯(PVC)、聚苯乙烯(PS)、聚氨酯(PUR)、丙烯腈-苯乙烯(SAN)、聚醚酰亚胺(PEI)及聚甲基丙烯酰亚胺(PMI)等。

硬质聚氨酯(PUR)泡沫与其他泡沫相比,其力学性能一般,树脂/芯材界面易产生老化,从而导致面板剥离。作为结构材料使用时,常用作层合板的纵、横桁条或加强筋之夹芯材料。有时PUR泡沫也能用于受载较小的夹层板中,起到隔热或隔声的作用。该类泡沫的使用温度为150℃左右,吸声性能良好,成型非常简单,但是机械加工过程中易碎或掉渣。PUR泡沫价格相对便宜,发泡工艺也比较简单,采用液体发泡。目前主要在运动器材,例如网球拍、冰球棒中用做工艺芯材,并起到一定的阻尼作用。另外,在冲浪板中也普遍使用PUR泡沫作为夹芯材料。

PEI泡沫是由聚醚酰亚胺/聚醚砜发泡而成的,具备很高的使用温度和良好的防火性能。这种泡沫可以在兼有结构要求和防火要求的部位使用,其使用温度为-194~180℃。由于满足严格的阻燃要求,适合在飞机和列车内使用,不过价格相对较高。

聚甲基丙烯酰亚胺(PMI)采用固体发泡工艺制作,为孔隙基本一致、均匀的100%闭孔泡沫,其均匀交联的孔壁结构可赋予其突出的结构稳定性和优异的力学性能。PMI泡沫首先是由德国Schrder博士在1961年发明的,由德国Rohm和Hass股份有限公司于1966年在德国Darmstadt首先研制成功并实现商品化。目前,德国德固赛(Degussa)公司生产的ROHACELL领导着市场上的PMI技术水平。PMI泡沫经适当的高温处理以后,能满足190℃的固化工艺对泡沫尺寸稳定性的要求,适用于环氧树脂或双马树脂共固化的夹层结构件。此外,在密度相同的泡沫中,PMI泡沫的强度和刚度是所有泡沫中最高的。在许多使用条件要求较高的情况下,可以使用PMI泡沫作为先进复合材料夹层结构的夹芯材料,其已被广泛地应用在航空航天、军工、船舶、汽车、铁路机车制造、雷达、天线等领域。PMI泡沫的性能如下(见表11-1):

1) 100%的闭孔结构,且各向同性。
2) 耐热性能好,热变形温度为180~240℃。
3) 优异的力学性能,比强度高、比模量高,在各种泡沫中是最高的。
4) 面接触,具有很好的压缩蠕变性能。
5) 可用热压罐与熔融注射成型,实现泡沫夹层与预浸料的共固化。
6) 不含氟利昂和卤素。
7) 良好的防火性能,无毒、低烟。
8) 和各种树脂体系的相容性好。
9) 优良的介电性能:介电常数 1.05~1.13,损耗角正切在 $(1\sim18)\times10^{-3}$。在 2~26 GHz 的频率范围内,其介电常数和介电损耗的变化很小,表现出很好的宽频稳定性,使之非常适于雷达及天线罩的制造。
10) 没有铝蜂窝夹层结构的面板-蜂窝界面的湿热腐蚀。

表 11-1 部分 PMI 泡沫性能

性 能	ROHACELL® 31IG/IG-F	ROHACELL® 51IG/IG-F	ROHACELL® 71IG/IG-F	ROHACELL® 110IG/IG-F
密度/(kg·m^{-3})	32	52	75	110
压缩强度/MPa	0.4	0.9	1.5	3.0
拉伸强度/MPa	1.0	1.9	2.8	3.5
剪切强度/MPa	0.4	0.8	1.3	2.4
弹性模量/MPa	36	70	92	160
剪切模量/MPa	13	19	29	50
断裂伸长率/(%)	3.0	3.0	3.0	3.0
热变形温度/℃	180	180	180	180

(3) 蜂窝。蜂窝按平面投影形状可分为正六边形、菱形、矩形、正弦曲线形和有加强带的正六边形等(见图11-1)。有加强带的正六边形蜂窝的强度最高,其次是正六边形蜂窝。但正六边形蜂窝料省、制造简单、结构效率最高,所以应用最广。

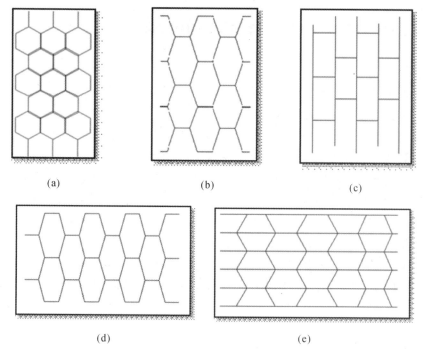

图 11-1 常见蜂窝结构
(a)正六边形；(b)菱形；(c)矩形；(d)正弦曲线形；(e)有加强带的正六边形

铝蜂窝是一种比强度较高的结构材料,价格比较低。根据不同的设计和制作工艺,孔隙有不同的几何形状,通常是正六边形。铝蜂窝材料一般是未拉伸的蜂窝芯子条,在使用现场进行拉伸。铝蜂窝夹芯材料在一定的质量条件下,可以加工到很薄。但是这种薄壁可能会导致蜂窝的表面尤其是在蜂窝孔隙较大的情况下,发生局部破坏。另外,铝蜂窝材料在同碳纤维接触时会发生电化学腐蚀。夹芯层板受到冲击以后蜂窝的变形是不可恢复的,热固性树脂基复合材料面板虽然具备一定的弹性,在冲击荷载过后可以恢复到原来的位置,但这将导致局部区域面板和夹芯材料脱离,致使夹层结构的力学性能降低。

NOMEX 蜂窝夹芯材料是由芳纶纸浸渍酚醛树脂制成的,在航空航天、船舶制造中具有广泛的应用领域。与铝蜂窝相比,发生局部屈曲的概率要小得多,这是因为蜂窝的壁厚相对要厚一些。此外,因为 NOMEX 材料不导电,不存在接触腐蚀的问题,但是和其他芳纶产品一样,不能抵抗紫外线的侵蚀,使用时外部通常覆有面板,起到一定的防护作用。

在航空领域使用 NOMEX 蜂窝的结构有机翼的前缘和尾翼、起落架舱门、其他各种舱门和整流罩。尽管蜂窝夹层结构在结构性能上有突出的优点,但是航空公司还是在寻找其他更好的材料来代替,原因是蜂窝夹芯材料在使用过程中需要高昂的维护费用。例如面板出现裂缝以后,在低温下,蜂窝孔隙中的水冻结发生膨胀,进而导致相邻的蜂窝孔隙发生破坏。

当前,夹芯材料的主要市场分布在航天航空、船舶制造、运动器材、风力发电、交通工具和医疗器材等行业。在航天航空等先进复合材料领域,客户可以选择 NOMEX 蜂窝、铝蜂窝和 ROHACELL 泡沫芯材。在交通运输行业,主要根据防火助燃要求,选择相应的夹层结构和夹芯材料。

第二节 夹层结构的成型工艺

一、蜂窝夹层结构

1. 蜂窝夹层结构特点及成型方式

航空用蜂窝夹层结构主要有两类,第一类为蜂窝夹层壁板结构,如图 11-2(a)所示,主要用于机身和机翼结构。其特点是上、下面板较薄,一般不超过 1 mm,整个蜂窝夹层板厚度一般不超过 30 mm,结构内部有梁/墙作为支撑,与机体的连接主要通过金属预埋件或梁/墙上的接头。第二类为全高度变截面结构,如图 11-2(b)所示,主要用于方向舵和升降副翼等。其特点是梁、肋等零件固化后通过铆钉连接在一起,梁、肋零件与蜂窝夹芯材料之间一般采用发泡胶填充,整个零件与机体的连接主要依靠复合材料或金属梁上的接头。

夹层结构的成型方法可以根据面板与蜂窝夹层结构的成型步骤分为二次胶接法和共固化法,针对形状复杂的结构还可以采取胶接共固化或分步固化。不同成型方式及其特点见表 11-2。

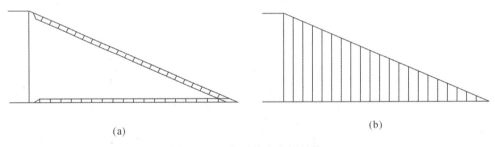

图 11-2 典型蜂窝夹层结构
(a)蜂窝壁板及墙结构; (b)全高度蜂窝结构

表 11-2 蜂窝夹层结构成型方式及其特点

成型方式	过 程	特 点	适用范围
共固化	未固化的上、下面板,蜂窝芯和胶膜按顺序组合在一起,面板固化与蜂窝芯的胶接一次成型	一次成型,制造周期短,制造成本低;芯子与面板黏结强度高;受蜂窝芯抗压强度限制,成型出的面板表面质量差,力学性能偏低;生产过程较难控制,单个零件超差将导致整体零件报废	平板或型面简单的制件
二次胶接	上、下面板及骨架零件预先固化成型,再与蜂窝芯、胶膜等材料组合胶接	二次成型,制造周期增长,制造成本增加;面板表面、内部质量好;蜂窝芯材、梁肋与面板胶接面精确配合控制难度较大	舵类全高度蜂窝夹层结构及对上、下面板质量要求高的零件

续表

成型方式	过程	特点	适用范围
胶接共固化	一侧面板先固化成型；再与蜂窝及另一面板进行胶接共固化成型	二次成型，制造周期增长，制造成本增加；预先固化的面板表面和内部质量好	复杂形状制件或对单侧面板质量要求高的零件
分步固化	一侧面板先固化成型；再与蜂窝胶接固化后，铺叠另一侧面板；最后固化成型	三次成型，制造周期长，制造成本高；预先固化的面板表面和内部质量好	内部无骨架或骨架较少，形状非常复杂的零件

2. 成型工艺

(1) 热压罐成型工艺。传统的蜂窝夹层结构主要采用热压罐成型工艺，它的最大优点是能在大范围内提供好的外加压力、真空条件及温度精度，可以满足各种材料对加工工艺条件的要求，而且能够制造形状复杂的零件。热压罐成型的复合材料结构件具有力学性能优异、面板孔隙率低、树脂含量均匀及内部质量良好等优点。热压罐成型的典型封装方式如图11-3所示。但该方法经济性差，设备一次性投入及维护成本较高，目前主要用于生产高性能复合材料。

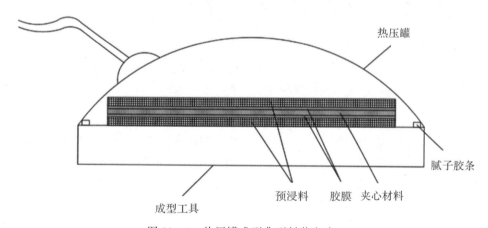

图11-3 热压罐成型典型封装方式

(2) 真空袋成型工艺。真空袋成型工艺的特点是设备简单，投资少，易于操作。但传统预浸料/真空袋工艺能达到的质量标准不太高，一般用于承力较小的结构。这是因为与热压罐成型工艺相比，虽然铺叠和封装技术基本相同，但其成型压力小，较低的压力可能导致空气从蜂窝孔格内流入面板，造成高孔隙率。因此，空气必须在树脂软化之前从蜂窝孔格中排出。

(3) 液体成型工艺。除上述传统工艺外，Euro-Composites公司开发了蜂窝液体成型工艺，其主要特点就是在蜂窝与面板预成型体之间放置一层阻挡层，防止低黏度的树脂流入蜂窝孔格。成型过程中先将阻挡层与蜂窝芯预固化黏合在一起，再进行树脂灌注，如图11-4所示。与采用传统的预浸料/热压罐技术制造的制件相比，此工艺降低了材料成本，减轻了10%~15%的质量，降低了工艺成本，减少了30%生产时间，并且提高了密封性，降低了面板的孔隙率。该技术已经在A380客机上得到应用。

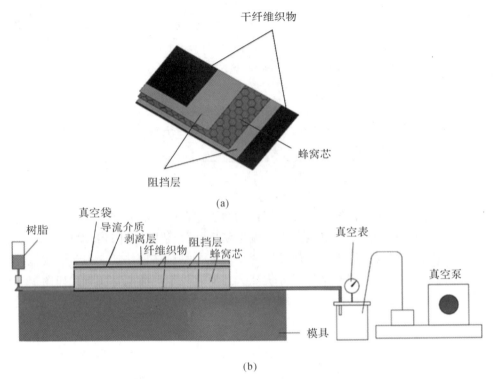

图 11-4 蜂窝夹层结构液体成型工艺
(a)结构示意图;(b)树脂注射过程

(4)模压成型工艺。模压成型工艺兼有热压罐成型工艺和真空袋成型工艺的优点,具有成型压力大、成型效率高及经济性好等特点,能够准确保证夹层结构的厚度和尺寸,同时结构件具有两个光洁表面,通常用于批量生产。采用模压成型工艺的结构件有飞行控制部件及直升机旋翼等。其主要缺点是模具成本相对较高,特别是结构较大的复杂零件。图 11-5 为模压成型工艺制造蜂窝夹层结构示意图。

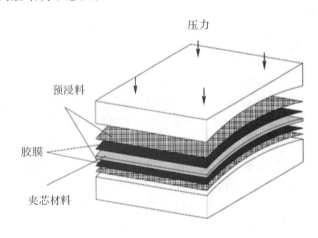

图 11-5 模压成型工艺制造蜂窝夹层结构示意图

二、泡沫夹层结构

树脂基复合材料/泡沫夹层结构的制备工艺方法多样,按预成型先后顺序大致可以分为三类:预成型泡沫芯法、预成型蒙皮法以及预成型泡沫芯和蒙皮法。表 11-3 为具体成型工艺方法的归纳总结。

表 11-3　树脂基复合材料/泡沫夹层结构的成型工艺方法

按预成型分类	成型工艺种类	成型工艺说明			泡沫闭孔率要求
		泡沫	蒙皮	胶膜	
预成型泡沫芯法	蒙皮预浸料铺层共固化成型工艺	预先发泡成型、加工	蒙皮固化与夹层结构成型同时进行	需要	较高
	RTM 成型工艺			不需要	
预成型蒙皮法	灌注发泡成型工艺	泡沫发泡固化与夹层结构成型同时进行	蒙皮预先成型、加工	不需要	较低
预成型泡沫芯和蒙皮法	预制胶接成型工艺	泡沫和蒙皮均预先成型、加工		需要	

1. 蒙皮预浸料铺层共固化成型工艺

蒙皮预浸料铺层共固化成型工艺是预先成型好泡沫芯,再用胶膜将蒙皮预浸料铺层组铺放在泡沫芯上合模固化黏结成为夹层结构,即一般采用蒙皮预浸料铺层组/胶膜/泡沫芯/胶膜/蒙皮预浸料铺层组的结构形式,然后将胶膜和蒙皮预浸料在加热加压条件下一起固化成型。

由于蒙皮预浸料铺层共固化成型工艺一般需要在热压罐或模压机中加热加压成型,因此要求泡沫芯材料具有耐热、耐蠕变压缩性。同时为了防止升温固化过程中,预浸料中大量树脂进入泡沫芯,还要求泡沫芯具有非常高的闭孔率。该类泡沫有 PVC、PEI 和其他线性微孔闭孔型泡沫等,其中典型的高性能泡沫材料是德国德固赛公司生产的聚甲基丙烯酰亚胺(PMI)泡沫。

2. RTM 成型工艺

传统的 RTM 成型工艺由于受到材料品种及其性能、模具成本和树脂流动阻力对注射压力的需求等限制,很难适应大尺寸及厚壁制品的生产要求。而树脂基复合材料/泡沫塑料夹层结构件一般为大尺寸及厚壁制品,其中的泡沫芯压缩性能有限,不能承受过大的注射压力,因此采用传统的 RTM 工艺难以制造合格的树脂基复合材料/泡沫夹层结构件。

近年来,国内外探索利用 RTM 的衍生工艺 SCRIMP 成型技术来制造树脂基复合材料/泡沫夹层结构件。SCRIMP 成型工艺的基本原理是在模具型面上铺放增强材料,将型腔边缘密封严密,在型腔内抽真空,再将树脂通过精心设计的树脂分配系统在真空作用下注入模腔内。

根据促进树脂流动的树脂分配系统的不同,可将 SCRIMP 分为两种:一种是高渗透介质型 SCRIMP,另一种是沟槽引流型 SCRIMP。高渗透介质型 SCRIMP 是采用铺设高渗透介质和一层树脂可渗透的剥离层的方法作为树脂分配系统的一种 SCRIMP 工艺。沟槽引流型 SCRIMP 则是通过在夹芯材料表面开槽、布设快速流道的方法作为树脂快速分配系统,其基本结构示意如图 11-6 所示。比较来讲,前者设计相对灵活且简单,但一些材料如剥离层、高渗透介质等不能重复使用,不仅产生了固体废弃物而且增加了生产成本,充模速度也相对较慢。后者则可克服这些缺点,不需要高渗透介质和剥离材料,沟槽渗透率远远高于渗透介质,充模速度得到大幅度的提高。

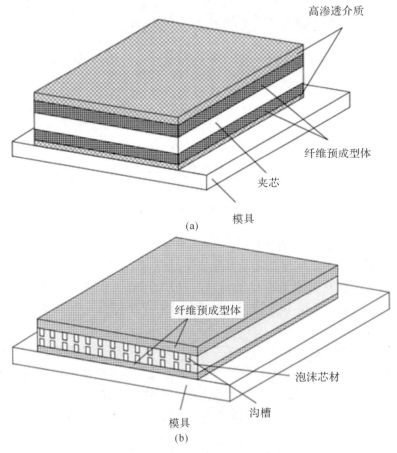

图 11-6　SCRIMP 工艺基本结构示意图
(a)高渗透介质型; (b)沟槽引流型

SCRIMP 工艺方法灵活,真空袋压法能够成型的部件采用该工艺都可以成型。精心设置的树脂分配系统,使树脂胶液迅速在长度方向上充分流动填充,然后在真空压力下在厚度方向缓慢浸渍,大大改善了浸渍效果,减少了缺陷发生,使结构件具备良好的一致性和重复性。

SCRIMP 成型工艺的优点是制件外观质量较好、质量稳定、设备成本较低等;其不足之处在于 SCRIMP 工艺对树脂体系要求比较严格,要求树脂黏度一般在 200~800 mPa·s 范围内,因此树脂体系选择的余地较小,不能充分利用已有的预浸料用的高性能树脂体系。另外与蒙皮预浸料铺层共固化成型工艺类似的是,SCRIMP 工艺同样要求泡沫芯具有非常高的闭孔率、一定的耐热和耐蠕变压缩性。

3. 灌注发泡成型工艺

灌注发泡成型工艺是预先成型树脂基复合材料蒙皮,进行加工修整后,再在蒙皮和其他零部件的对合模具中灌注混合均匀的泡沫料浆,通过内部发泡固化,使泡沫填充满腔体,并与壳体黏结成为一个整体结构,从而形成夹层结构。

4. 预制胶接成型工艺

预制胶接成型工艺是将预先成型好的泡沫芯和树脂基复合材料蒙皮进行加工修整后,再用胶膜将泡沫芯和蒙皮合模固化黏结成为夹层结构。其结构形式为蒙皮(已固化)/胶膜/泡沫芯/胶膜/蒙皮(已固化),然后在热压罐内固化成型。

预制胶接成型工艺的优点是能适用各种泡沫塑料,工艺简单,一般适合产品质量要求不高的场合。其不足之处是如果采用该法制造复杂的夹层结构件或大型的夹层结构件,由于结构复杂或胶接面积大,胶接间隙难以准确控制,胶接质量难以保证。特别是对高性能的复杂气动外形的夹芯结构叶片,往往还需要进行第二次黏结加工,需要黏结平台或工装以确保黏结面的贴合,生产工艺更加复杂和困难。

习　题

1. 向夹芯结构中加入夹芯材料的目的是什么?夹芯结构具备什么性能、特点?举例说明其应用。
2. 常用夹芯材料有＿＿＿＿＿＿、＿＿＿＿＿＿和＿＿＿＿＿＿。
3. 蜂窝夹芯材料最常用的是＿＿＿＿＿＿＿＿＿,泡沫夹芯材料中强度和刚度最高的是＿＿＿＿＿＿＿,由＿＿＿＿＿＿＿领先制造水平。
4. 试比较蜂窝夹层结构和泡沫夹层结构的性能特点。
5. 蜂窝夹层结构常用成型工艺方法有哪些?
6. 按预成型分类,泡沫夹芯结构的成型方式可以分为哪三类?常用成型工艺方法有哪些?

第十二章 热塑性复合材料成型

第一节 概 述

一、热塑性复合材料发展历史

先进复合材料已经成为大型客机的首选结构材料,其用量占机体质量的百分比更是成为衡量民机先进性的一项重要指标。目前,波音公司 B787 飞机上复合材料用量占结构总质量的 50%;而空客公司 A350 飞机上的复合材料用量也由原先的 37% 增加到现在的 52%。尽管以上两大飞机制造公司对复合材料在飞机结构减重方面取得的效果表示满意,但仍对选择金属材料还是复合材料存在不同意见,对复合材料在飞机上用量的进一步扩大持谨慎的态度,原因是目前飞机结构上广泛使用的复合材料主要是热固性树脂基复合材料,其材料制造成本较高,且制造过程中使用的预浸料/热压罐技术也非常昂贵。另外,在日益强调环保的今天,热固性复合材料的环境友好性差及废弃物难以回收处理等不足,也制约了其在飞机上的应用扩展。

高性能热塑性复合材料(Fiber Reinforced Thermo Plastics,FRTP)是指用高强玻璃纤维、芳纶纤维和碳纤维增强耐高温热塑性树脂的复合材料。与热固性复合材料(Fiber Reinforced Plastics,FRP)相比,热塑性复合材料具有较好的耐热性能、强度和刚度;其线状链的分子结构使得聚合物保持着良好的韧性,因此材料还具有较高的韧性、优良的抗蠕变能力、优秀的损伤容限性能以及良好的抗冲击性能;同时,由于热塑性聚合物分子链不含有产生链间化学反应的基团,其在加热过程仅仅发生加热变软和冷却变硬的物理变化,故成型周期短、生产效率高,具有较大的降低制造和使用成本的潜力;其结构件还可以直接熔融焊接,无须铆接,能有效减轻飞机质量,并利于维修。另外,某些热塑性复合材料的长期使用温度可达 250℃ 以上,并且耐水性极优,可在湿热环境下长期使用;同时预浸料无存放环境与时间限制,可长期储存并且废料还可以回收再利用,通常被称为"绿色材料"。正是基于上述优点,热塑性复合材料被认为是一种有发展前途的飞机结构用材料,一直受到航空航天领域的广泛关注。

自 20 世纪 60 年代以来,热塑性复合材料就受到欧美日等发达国家的重视,并取得了许多突破性进展。部分产品已被波音、空客、福特等公司成功应用到飞机蒙皮、整流罩、升降舵、平尾等制件上,但使用范围非常有限。长期以来,制约热塑性复合材料在民机上应用的主要原因有以下两个:①预浸料制造困难,材料成本高;②制件制造需要高温、高压,对设备和辅料要求高。但鉴于这种材料的低成本潜力,从 20 世纪 80 年代开始,以美国为主导的西方国家进行了一系列旨在提高热塑性复合材料预浸料的制造水平、降低制件制造成本的研究计划,并最终取得大量的研究成果,为热塑性复合材料在民机上的应用推广(见表 12-1)奠定了基础。

表 12-1 热塑性复合材料在航空工业上的应用

材　料	成型方法	制　件	特　点
AS4/PEEK	重新熔融成型	F/A 18 战机蒙皮	证实重新熔融成型方法的可行性
TM6/PEEK	模压、热压罐成型	F-5F 起落架内外蒙皮、观察台	设计复杂,与铝蒙皮相比减重 31%～33%
GF/PEEK	注射成型	B757 发动机整流罩	抗恶劣条件、如高湿度、超声振动、高空气速度;比金属制品减重 30%,价格降低 90%
CF/PSU	热压罐	YC-14 升降舵	服役期 20 年,无须后处理
KEVLAR/PEI		FOKKER-50 起落架,门蒙皮	成型强度保持 87%,无可见损伤
碳织物/PPS		Boeing 飞机的检修门	7 个热塑性零件由超声连接,韧性是环氧基复合材料的 10 倍

据资料介绍,国外玻璃纤维增强树脂基复合材料中有 1/3 为热塑性复合材料。早在 2000 年,西欧热固性复合材料产量为 106 万吨,热塑性复合材料为 54 万吨,占树脂基复合材料总量的 34%。

二、热塑性复合材料性能特点

1. 密度小、比强度高

金属钢的密度约为 7.8 g/cm³,热固性复合材料密度为 1.7～2.0 g/cm³,而热塑性复合材料的密度只有 1.1～1.6 g/cm³。热塑性复合材料能够以较小的单位质量获得更高的机械强度。一般来讲,不论是通用塑料还是工程塑料,用玻璃纤维增强后,都会获得较高的增强效果,强度应用要求提高(见表 12-2)。

表 12-2 热塑性树脂与热固性树脂力学性能对比

热塑性树脂	拉伸强度 MPa	拉伸模量 GPa	断裂伸长率 %	弯曲强度 MPa	弯曲模量 GPa	G_{IC} kJ·m^{-2}
聚醚砜(PES)	84	2.6	40～80	129	2.6	1.9
聚醚醚酮(PEEK)	103	3.8	40	110	3.8	2.0
聚醚酮酮(PEKK)	102	4.5			4.5	1.0
聚醚亚酰胺(PEI)	104	3.0	30～60	145	3.0～3.3	2.5
聚酰胺酰亚胺(PAI)	136	3.3	25			3.4
聚苯硫醚(PPS)	82	4.3	3.5	96	3.8	0.2
聚苯并咪唑(PRI)	160	5.8	3	145	3.4	
氰酸酯(Arocy B)	88.2	3.17	3.2	173.6	3.1	0.14

续表

热塑性树脂	拉伸强度 MPa	拉伸模量 GPa	断裂伸长率 %	弯曲强度 MPa	弯曲模量 GPa	G_{IC} kJ·m^{-2}
改性双马树脂（5245C）	83	3.3	2.9	145	3.4	0.2
环氧树脂（TGDDM/DDS）	59	3.7	1.8	90	3.5	

2. 性能可设计性的自由度大

与热固性复合材料相比，热塑性树脂种类多，可选择性大，因此其选材的设计自由度也就大。热塑性复合材料的物理性能、化学性能及力学性能都可以根据使用要求，通过合理的选择原材料的种类、配比、加工方法、纤维含量和铺层方式以及成型工艺进行设计等。

3. 耐热性

塑料的使用温度一般为50～100℃，用玻璃纤维增强后，可提高到100℃左右，即用玻璃纤维增强后的热塑性塑料的使用温度可大大提高。例如尼龙6的热变形温度为50℃左右，增强后可提高到190℃以上。聚醚酮树脂的耐热温度达220℃，用30%玻璃纤维增强后，使用温度可提高到310℃，这样高的耐热性，热固性复合材料是达不到的。

4. 耐化学腐蚀性

复合材料的耐化学腐蚀性能一般取决于基体材料的特性。热塑性树脂的种类很多，每种树脂都有自己的防腐特点，因此，可以根据复合材料的使用环境和介质条件，对树脂基体进行优选，一般都能满足使用要求。

耐腐蚀性较好的热塑性树脂有聚苯硫醚、聚乙烯、聚丙烯、聚氯乙烯等。另外，热塑性复合材料的耐水性普遍比热固性复合材料好。

5. 电性能

复合材料的电性能取决于树脂基体和增强材料的性能，其电性能可以根据使用要求进行设计。热塑性复合材料具有良好的介电性能，优于热固性复合材料，不受电磁作用，不反射无线电波。

由于热塑性复合材料的吸水率比热固性玻璃钢小，故其电性能优于后者。在热塑性复合材料中加入导电材料后，可改善其导电性能，防止产生静电。

6. 废料回收利用

热塑性复合材料的工艺性能优于热固性复合材料，它可以多次成型，废料和边角余料可回收利用，不会造成环境污染。

7. 成型加工效率高

由于热塑性复合材料可采用注射法等工艺成型加工，因此一般其生产效率比热固性复合材料高出几倍甚至几十倍。

8. 成型加工成本低

由于热塑性复合材料加工方法先进，加工效率较高，一般不需要二次加工，因此其加工成本较热固性复合材料低。

9. 质量一致性好

热塑性复合材料一般采用模具一次成型加工,因此其外观及尺寸等都由模具保证,一般在相同成型工艺下产品质量保持一致。

10. 可成型加工形状复杂的制件

与热固性复合材料制品相比,热塑性复合材料制品结构可设计性强,制件结构受成型方法约束较少。借助于先进的设备,可成型加工形状较为复杂的制件。

三、常用热塑性树脂基体

热塑性复合材料所用基体材料有聚酰胺(PA)、聚甲醛(POM)、聚碳酸酯(PC)、聚苯醚(PPO)、聚苯硫醚(PPS)、聚砜(PPSU)、聚醚砜(PESU)、聚酰亚胺(PI)、聚醚酰亚胺(PEI)、聚醚醚酮(PEEK)、聚丙烯(PP)、聚乙烯(PE)、聚对苯二甲酸乙二酯(PET)、聚对苯二甲酸丁二酯(PBT)、聚苯乙烯(PS)、丙烯腈/丁二烯共聚物(AS)、丙烯腈/丁二烯/苯乙烯共聚物(ABS)和苯乙烯/丙烯腈共聚物(SAN)等,且不断有新的品种出现。

当前,应用到航空领域的热塑性树脂主要是耐高温、高性能的树脂基体,即聚醚醚酮(PEEK)、聚苯硫醚(PPS)和聚醚酰亚胺(PEI)。其中,无定形的 PEI 由于具有更低的加工温度及加工成本,比半结晶的 PPS 及高成型温度的 PEEK 在飞机结构件上的应用更多。

聚醚醚酮(PEEK)树脂是为了弥补热固性环氧树脂的脆性而研制的热塑性基体材料。聚醚醚酮树脂是乙醚、酮及芳香族组成的结晶高分子聚合物。其熔点在 300℃ 以上,刚度和强度与环氧树脂相近,但冲击韧性和断裂韧性比环氧树脂要高得多。例如,碳纤维/环氧树脂的层间 I 型断裂韧性值一般为 $100\sim150\ J/m^2$,而碳纤维/聚醚醚酮树脂的层间 I 型断裂韧性值一般为 $1\ 500\ J/m^2$,即断裂韧性约为前者的 10 倍。此外,在受低速冲击后,碳纤维/聚醚醚酮复合材料也比碳纤维/环氧树脂显示出更高的残余压缩强度。由于低速冲击后的残余压缩强度是飞机结构设计的一项重要参数,因此近年来,发展高性能热塑性复合材料已引起世界各国研究人员和公司的关注。但是,聚醚醚酮树脂的成型温度和压力要求比环氧树脂要高,因此产品成型过程要复杂些,成本也高些。

聚苯硫醚是目前被认为耐热性最佳的聚合物之一。从聚合物在空气中和氮气中的热失重分析结果可以看出,线型聚合物可稳定到 400℃。它可以在 300℃ 短期受载,可以在 240℃ 时长期使用。它具有特别显著的耐化学腐蚀性能,经高温、长期在腐蚀介质中使用后,聚合物的性能仍然保持完好。聚苯硫醚对玻璃、陶瓷、金属都有较好的黏结性能,用玻璃纤维增强时,不要求玻璃纤维经偶联剂处理。

表 12-3 列出了部分已经商品化的热塑性基体树脂牌号以及在现有机型结构件上的使用情况,几种树脂的加工温度见表 12-4。

表 12-3 热塑性复合材料在现有机型上的应用

树脂材料	商标名	材料供应商	使用部位
聚醚醚酮 PEEK	APC-2	Cytec	F-22 主起落架舱门
			B787 吊顶部件
			A400M 油箱口盖

续表

树脂材料	商标名	材料供应商	使用部位
聚苯硫醚 PPS	Cetex PPS	Royal Ten Cate	A330 副翼肋、方向舵前缘部件
			A330-200 方向舵前缘肋
			A340 副翼肋、龙骨梁肋、机翼前缘
			A340-500/600 及 A380：副翼肋、方向舵前缘部件、翼内检修盖板、龙骨梁连接角片、龙骨梁肋、发动机吊架面板、机翼固定前缘组件及前缘盖板
			A400M 副翼翼肋、除冰面板、油箱口盖
			G650 方向舵及升降舵
			Fokker50 方向舵前缘翼肋、主起落架翼肋和桁条
			A400M 副翼翼肋、除冰面板
聚醚酰亚胺 PEI	Cetex PEI	Royal Ten Cate	G650 方向舵及升降舵机翼后缘、肋
			G450,G650,G550 方向舵肋、后缘、压力舱壁板
			Dornier 328 襟翼肋、防冰面板
			Gulfstream V 地板、压力面板、方向舵肋及机翼后缘
			Gulfstream Ⅳ 方向舵肋及机翼后缘
			Fokker 50 及 100 地板
			A320 货舱地板及夹层结构面板
			A330-340 机翼整流罩

表 12-4 几种常见热塑性树脂的成型温度

聚合物	类型	$T_g/℃$	$T_m/℃$	成型温度/℃
PP	半晶	−20	168	200~250
尼龙 66	半晶	70	220	230~275
尼龙 6	半晶	50	260	270~325
PBT	半晶	20	240	240~273
PET	半晶	73	257	280~300
PC		140~150	270	270
PPS	非晶	88	290	315
PEK	半晶		372	420
PEEK	半晶		343	360

第二节 热塑性复合材料成型工艺特点

一、热塑性树脂性能要求

热塑性复合材料的成型过程包括物料变形或流动、取得形状和保持形状等三个阶段。要求树脂具有以下三个特性。

1. 可挤压性

可挤压性是指树脂通过挤压作用变形时获得形状和保持形状的能力。这是因为树脂只有在黏流状态时才能通过挤压而获得需要的变形。树脂的熔体流动速率与温度、压力有关。

2. 可模塑性

可模塑性是指树脂在温度和压力作用下,产生变形充满模具的成型能力。它取决于树脂流变性、热性能和力学性能等。

3. 可延展性

高弹态聚合物受单向或双向拉伸时的变形能力称为可延展性。在 T_g 以下拉伸,称为冷拉伸;在 T_g 以上拉伸,称为热拉伸。图 12-1 所示为热塑性聚合物温度与形变关系曲线图。

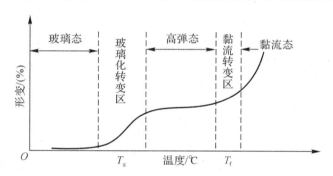

图 12-1 热塑性聚合物温度-形变曲线的关系

当 $T < T_g$ 时,聚合物为坚硬的固体,具有普通弹性物质的性能,力学强度大,可进行机加工,弹性模量高。

当 T 在 $T_g \sim T_f$ 范围时,聚合物处于高弹态,弹性模量下降,变形可逆。

当 $T > T_f$ 时,聚合物处于黏流态,呈液状熔体,表现出流动性能,这个温度区间越宽,聚合物越不易分开。此时,弹性模量最小,黏度较小,变形不可逆。

二、热塑性复合材料成型特点

本节以注射成型工艺为例说明热塑性复合材料与热固性复合材料的成型特点。

注射成型工艺是将粒状或粉状的纤维-树脂混合料从注射机的料斗送入机筒内,加热熔化后由柱塞或螺杆加压,通过喷嘴注入温度降低的闭合模内,经过冷却定型后,脱模得到制品(见图 12-2)。

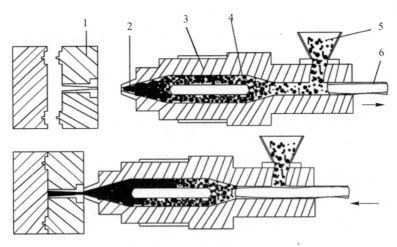

图 12-2 注射成型工艺原理
1—模具；2—喷嘴；3—料筒；4—分流梭；5—料斗；6—注射柱塞

注射成型工艺是树脂基复合材料生产中的一种重要成型方法，它适用于热塑性和热固性复合材料，但以热塑性复合材料应用最广。注射成型工艺在复合材料生产中主要代替模压成型工艺，近年来发展较快。注射成型工艺发展方向为自动化、高速化、大型化及微型化。

1. 热塑性复合材料注射成型工艺原理

增强粒料在注射机的料筒内加热熔化至黏流态，以高压迅速注入温度较低的闭合模内，经冷却使物料恢复玻璃态并保持模腔形状。

热塑性复合材料的注射成型过程主要产生物理变化。

2. 热固性复合材料注射成型工艺原理

注射料在加热过程中温度升高，黏度下降，但随着时间的延长，分子间的交联反应增加，黏度又会上升。在实际加热过程中，黏度随时间的变化有最小值，如图 12-3 所示。AO 段随加热时间的增加黏度降低，到达 O 点时黏度达到最低值。继续增加加热时间即在 OB 段，黏度随加热时间增大而变大。其黏度变化是不可逆的。

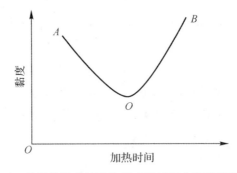

图 12-3 热固性复合材料注射成型过程中黏度的变化曲线

热固性复合材料的注射成型过程是一个复杂的物理和化学过程。黏度变化是不可逆的，其有以下特点：

(1) 热固性复合材料注射成型不需要冷却定型阶段；

(2)加热固化为不可逆的化学反应过程;
(3)注射充模时机应控制在黏度最低的 O 点左右;
(4)热固性复合材料的固化过程是放热反应。

热固性复合材料注射成型过程如下:将物料加入料筒,适当加温加压,当物料运动到喷嘴时,黏度应达到最低值,并被迅速注入模腔。在热压作用下固化定型,然后开模取出制品。

3. 热塑性复合材料和热固性复合材料的注射成型对比

(1)热塑性复合材料可以反复加热塑化,物料的熔融和硬化完全是物理变化;热固性复合材料加热固化后不能再塑化,固化过程为不可逆反应。

(2)热塑性复合材料受热时,物料由玻璃态变为熔融的黏流态,料筒温度要分段控制,其塑化温度应高于黏流温度,但低于分解温度;热固性复合材料在料筒中加热时,树脂分子链发生运动,物料熔融,但接着会发生化学反应、放热,加速化学反应过程。因此,热固性复合材料注射成型的温度控制要比热塑性复合材料严格得多。

(3)热塑性复合材料注射成型时,料筒温度必须高于模具温度,物料在模腔内冷却时会引起体积收缩,故需有相应的料垫传压补料,热固性复合材料注射成型时,料筒温度低于模具温度,物料在模腔内发生固化收缩的同时,也发生热膨胀。因此,充模后不需要补料。

热固性复合材料与热塑性复合材料的成型特点见表12-5。

表12-5 热固性复合材料与热塑性复合材料的成型特点

工艺性能	热固性复合材料	热塑性复合材料
材料	石墨-环氧	石墨-PES
工艺过程的性质	化学反应	相变过程
生产周期	2~8 h	1~30 min
标准温度	250~400°F	600~800°F
工艺过程特征	批量生产	批量或连续生产
关键性工艺参数	胶流、凝胶	结晶度
树脂黏性	低	高

第三节 热塑性复合材料成型工艺

热塑性基复合材料成型工艺大致可分为热塑性基体浸渍工艺和制件成型工艺。其中最关键的技术是成型工艺,它是制约热塑性复合材料在飞机上广泛应用的主要瓶颈。下面将重点介绍热塑性复合材料飞机结构件制造中已经成熟使用和正在研究发展的成型工艺。

一、热压成型工艺

热压成型工艺是工业界重点研究发展的低成本、规模化制造技术,并广泛应用于飞机结构件的制造。按照所用的设备不同,可以分为模压成型工艺、双膜成型工艺、热压罐成型工艺和真空袋成型工艺。其基本成型工艺过程是将预浸料裁剪铺叠,放入模具中升温加热,待升温至成型温度后,通过不同的加压设备对预浸料铺层进行加压、赋型,最终得到满足性能要求的制件。对于一些变厚度、形状复杂的梁、长桁等结构件,采用热压成型工艺可以实现快速成型,通常从下料到完成固化只需 15 min。目前,制约热压成型工艺的主要问题是飞机上可用的高性能热塑性树脂通常具有较高的熔融黏性,而高黏性使得树脂对增强纤维的浸渍性和穿透性差、邻近层之间的黏结困难、层板中的孔隙排除困难,以及成型过程中树脂均匀流动很困难等。

二、缠绕成型工艺

在诸多热塑性复合材料成型方法中,缠绕成型工艺能较好地实现低成本和高效率。一般而言,热塑性树脂缠绕成型工艺既可采用热塑性预浸带干法缠绕成型,然后在固化炉或热压罐内固化;又可用原位固化成型工艺,即将连续的经加热炉预热后的预浸带缠绕在相应的芯模上,在缠绕的同时用热源使树脂熔融,使预浸料逐层黏合成一体并最终形成热塑性复合材料结构件。在原位固化工艺中不需要加热、加压等"后定型"工序,可以大幅提高制品的生产效率,从而大幅降低生产成本,是目前热塑性复合材料缠绕成型工艺重点发展的技术,比较适合圆形截面结构件的制造。

缠绕成型工艺的优点是可以按照制品的受力状况设计缠绕规律,从而充分发挥纤维的增强作用,并且制品质量稳定,容易实现自动化生产。其存在的问题是缠绕过程需要采用合适的浸渍方法,在缠绕的过程中必须采用合理的加热以及匹配的缠绕速度,以防止树脂在缠绕过程中冷却硬化,导致层内和层间黏结不良,严重影响制品性能。总体来说热塑性树脂缠绕成型工艺已发展到了一定阶段,一些产品也已用于航空航天和民用领域。如美国用 CF/PEEK 缠绕制作了飞机水平安定面。

三、自动铺放成型

自动铺放技术是将复合材料的裁剪、定位、铺叠、压实等步骤集于一体,且具有控温和质量检测功能的复合材料集成化数控成型技术,能有效满足自动化、高产量、高质量、低成本等技术要求,是热塑性复合材料低成本制造技术的一个重点研究方向。目前,国外热塑性复合材料的自动铺放技术的研究主要包括工艺、装备以及软件控制技术,而我国在热塑性复合材料自动铺放方面的研究尚未起步。

在航空领域中,自动铺带适用于尺寸较大、曲率相对较小的零件,如整体壁板类零件、大梁和长桁等,而纤维自动铺放适用于尺寸较大、形状相对较复杂的零件,如机身段、进气道等。经过 20 多年的研究,国外热塑性复合材料自动铺带技术已经趋于成熟。2009 年,荷兰航空专家鲍肯研制了 1 个 10 mm 条宽的 2 m×1 m×1 m 三维纤维铺放设备单元,并利用该设备在阳模上成功铺放了一新型前缘的蒙皮;而将 NASA 支持的热塑性复合材料的自动铺放原位固化头安装在辛辛那提的自动铺带机上,成功铺放了 1 个 2 m×1.2 m、表面焊接有 6 根工字梁的 AS4/PEEK 蒙皮。随着铺放技术的发展,面临的挑战是保证质量的同时提高效率以及实现大规模的产业化。

四、纤维混杂法

纤维混杂法是热塑性复合材料加工技术的一次革新,该技术的关键是制备与增强纤维直径相当的树脂纤维,然后使两种纤维混杂成一种复合纱,再编织成预浸料,或直接用两种纤维进行编织。考虑到航空领域中主流热熔预浸料存在硬度过高不易铺放,不适合成型复杂曲面和精致结构,由纤维混杂法得到的具有良好的柔软性和垂悬性的预浸料或预制体变形能力强,铺覆性好,对于变曲率、变厚度的复杂结构的成型还是非常有优势的,是一种很有前途的成型方法。

纤维混杂法的优点是树脂含量易于控制,纤维能得到充分浸渍,可以直接缠绕成型得到制件;同时,由于热塑性树脂纤维和增强纤维紧密结合在一起,减小了树脂渗透的距离,也能有效克服热塑性树脂浸渍的困难。此外因为材料具有良好的柔韧性,可以编织三维近实物形状,因此可以大大提高材料的韧性及损伤容限,同时缩短制件的制作周期。但由于制取直径极细的热塑性树脂纤维(直径<10 μm)非常困难,同时编织过程中易造成纤维损伤,限制了这一技术的应用发展。

五、其他成型方法

1. 拉挤成型

热塑性复合材料拉挤成型工艺原理与热固性树脂复合材料拉挤成型工艺原理相似。只要将进入模具前的浸胶方法加以改造,生产热固性树脂基复合材料的设备便可使用。生产热塑性复合材料拉挤产品的增强材料有两种:一是经过浸胶的预浸纱或预浸带,二是采用热塑性树脂基体浸渍的纤维或纤维带。

2. 挤出成型

挤出成型工艺是先将树脂和增强纤维制成粒料,然后再将粒料加入挤出机内,经塑化、挤出、冷却定型而成制品。它是热塑性复合材料制品生产中应用较广的工艺之一,具有生产过程连续、生产效率高、设备简单、技术容易掌握等优点。其缺点是只能生产管、棒、板及异形断面型材等线型制品。

第四节 热塑性复合材料在客机上的应用与发展前景

一、高性能热塑性复合材料在客机上的应用概况

国外热塑性复合材料在客机上的应用研究开始于20世纪90年代初,并且一开始即涉猎主结构件上的应用。典型案例是C/PEI成功应用在Gulfstream G550飞机的压力舱壁板和Fokker70,Fokker100飞机的货舱地板。但由于早期材料、成型设备以及工艺的局限性,其应用主要还是集中在一些小而简单的结构件上,如飞机上常用的梁和肋结构。随着新材料、新工艺以及设计理念的发展,高性能热塑性复合材料的应用逐渐从小结构件发展到次承力结构件上,典型案例是A380飞机上的多肋设计理念以及由焊接技术连接的C/PPS薄蒙皮多肋J-nose固定翼前缘结构。

高性能热塑性复合材料在大型客机上逐渐替代金属材料或热固性复合材料,已经成为新材料新技术发展的一个方向,各发达国家及航空机构均加大了在该方面的研究。尽管近期高性能热塑性复合材料在复杂结构的制造上还存在一些技术难点并缺少经济、快速、可靠的零件制造工艺,暂时不大可能大量取代热固性复合材料,但随着先进材料和自动化设备的发展,成型工艺技术的进步,以及焊接等装配技术的成熟,热塑性复合材料极有可能作为主要材料应用在包括机身在内的主承力结构件上。

二、高性能热塑性复合材料在空客客机上的应用研究

空中客车公司一直是新材料新工艺在商用客机上使用的领跑者和倡导者。在20世纪90年代初就开始参与到热塑性复合材料在大型客机上的应用研究,并成功地将PPS树脂基热塑性复合材料应用在一些结构简单、尺寸较小的梁和肋等小结构件上。随着材料性能、成型工艺以及装配技术的提高,高性能热塑性复合材料已被逐渐使用到空客飞机的次承力结构件上,例如A340/500和A380机翼J-nose固定前缘。在2009年,空客公司联合Fokker公司、Tencate公司、德尔福特理工大学和图恩特大学等启动了一项为期4年的TAPAS飞机热塑性主结构件项目,该项目目标是为未来飞机项目建立一项制造大型主结构件所必需的热塑性复合材料技术。作为该项目的一项重要组成部分是研制C-PEEK热塑性复合材料机身,目前该全尺寸4m长、双曲率演示产品的研发已取得突破性进展,一旦成功,该结构可能在未来新型A350X机型上使用。

三、高性能热塑性复合材料在国产大飞机上的应用展望

国产大飞机C919上复合材料用量达到15.9%,鉴于材料、工艺以及适航取证等问题,目前结构件上选用的复合材料还是在波音和空客机型上服役多年、非常成熟的环氧树脂基热固性复合材料,高性能热塑性复合材料的应用几乎为零。但实际上现阶段环氧树脂基复合材料结构件的成本仍然比同代的金属结构要高,即使采用自动化的制造技术,其成本下降的空间也非常有限。近年来,国外低成本制造技术的创新工作主要集中在寻找可替代材料和低成本成型技术上,高性能热塑性复合材料的经济、有效使用是未来飞机结构用材料的一个重要选择,也是先进材料发展和成型技术进步的必然结果。鉴于国外在该方面的应用研究也起步不久,各项关键技术均待突破,各国技术差距并不明显,我国应尽快开展和加强该方面的开发应用工作,缩短与国外在先进飞机上先进材料和制造技术上的差距。

聚醚醚酮(PEEK)、聚苯硫醚(PPS)及聚醚酰亚胺(PEI)等树脂基复合材料目前已经被波音、空客认证,并用于部分飞机结构上,取得了较好的减重和降低成本的效果。因此,我国国产大飞机可以考虑先参照国外的成功案例,在一些需要大量使用的梁、肋结构上使用热塑性复合材料,充分发挥快速成型、批量生产的低成本、高效率优势;同时,在一些需要抗冲击(如前缘),或耐高温的部位(如发动机面板)也可以使用热塑性复合材料,充分发挥热塑性树脂较高的韧性、优秀的损伤容限和耐热性等性能。由于国外在热塑性复合材料结构件的制造技术上对我国实行严格的技术封锁,而一体化热成型以及批量生产热塑性复合材料零件是未来的一个重要发展趋势,其设备研制相对容易,制造工艺相对简单,我国可以考虑从该项技术的研发开始,积累经验,并逐渐赶上国外先进制造水平,争取在将来使用我国自主研发的自动化成型设备,如自动铺带、铺丝、缠绕、拉挤设备等。

另外,材料国产化也是避免将来国外对我国进行技术封锁的有效途径,国产热塑性复合材料的制备技术储备与支撑可以以大型客机项目为契机,通过大型客机的研制平台,使材料与大飞机项目同步发展。同时针对性地开展相关研究工作,积累经验,建立技术数据库以便将来材料的适航认证和扩大应用,使我国自主研发的大型客机通过新材料新工艺的使用达到飞机减重、成本降低、绿色环保、造福人类。

习 题

1. 树脂基复合材料中主要以热固性树脂为基体材料,但近年来热塑性复合材料的产量和比例都逐年上升,请解释这一现象。
2. 请列出至少3种常用热塑性树脂。
3. 什么是注射成型?结合注射成型原理,说明热固性复合材料和热塑性复合材料成型的区别。
4. 请列出至少3种热塑性复合材料的成型工艺方法。

附录　实训任务工卡

任务一	树脂浇铸体制备及性能测试	
按照 GB/T 2567—2008《树脂浇铸体性能试验方法》，分别制备拉伸试样、弯曲试样、压缩试样、扭转试样、缺口冲击试样和剪切试样，并测试其力学性能。	序号/日期	
	班级/学号	
	姓名/组别	
知识点	树脂浇铸体的制备、性能检测标准			
能力要求	1. 具备高分子材料的相关知识； 2. 能够正确配胶与搅拌； 3. 按要求制作试样。			
设备、工具、耗材	设备：烘箱、电子秤等。 工具：钢尺、塑料杯、搅拌棍、模具等。 耗材：环氧树脂、固化剂、脱模材料等。			
步骤	主要工作内容描述	操作	检验	备注
	1. 场地准备、工具准备			
	2. 模具准备			
	3. 配胶并搅拌			
	4. 真空脱泡			
	5. 浇铸			
	6. 固化			
	7. 试样加工			
考核	1. 性能测试			
	2. 过程考核（安全意识、职业素养等）			

任务二	预浸料及拉伸试样制备		
1.采用湿法工艺制备含胶量35%～40%,纤维体积分数60%～65%的预浸料; 2.按照GB/T 32788.4—2016《预浸料性能试验方法》第3部分:挥发分含量的测定,第4部分:拉伸强度的测定,第5部分:树脂含量的测定,测试制备试样的相关性能指标。		序号/日期	
		班级/学号	
		姓名/组别	

知识点	预浸料制备,固化工艺,力学性能测试			
能力要求	1.掌握湿法制备预浸料工艺要领; 2.正确控制预浸料性能; 3.准确制作拉伸试样。			
设备、工具、耗材	设备:烘箱、电子秤、分析天平等。 工具:钢尺、剪刀、一次性塑料杯、搅拌棍、刷子等。 耗材:脱模布、隔离膜(有孔、无孔)、真空袋薄膜、硬纸板等,增强材料(玻璃纤维布)、树脂(环氧树脂,已含固化剂)、溶剂等。			
步骤	主要工作内容描述	操作	检验	备注
	1.场地准备、工具准备			
	2.按尺寸计算增强材料面积			
	3.增强材料除湿,110℃,2 h			
	4.增强材料裁剪			
	5.按要求称取树脂,丙酮并进行搅拌			
	6.刷胶			
	7.70℃,30 min,预浸料制备完成			
	8.拉伸试验铺叠、固化			
	9.挥发分测试			
	10.不溶性树脂含量测试			
	11.含胶量测试			
考核	1.性能测试			
	2.过程考核(安全意识、职业素养等)			

任务三	真空袋制备		
以组为单位,完成典型热压罐、真空导入成型工艺真空袋的制备,考核真空袋尺寸、耳朵位置、气密性、真空接头的规范操作。		序号/日期	
		班级/学号	
		姓名/组别	
知识点	真空袋组成、真空袋尺寸、真空袋耳朵位置、真空袋气密性控制、真空接头操作		
能力要求	1. 熟悉典型真空袋的组成; 2. 能够正确计算真空袋尺寸; 3. 能够正确选择耳朵位置; 4. 能够严格控制气密性; 5. 会操作真空接头; 6. 能够依据材料体系选择辅助材料种类。		
设备、工具、耗材	设备:曲面模具、真空泵、真空接头、真空泵; 工具:钢尺、剪刀、美工刀、热电偶等; 材料:脱膜材料、可剥层、有孔隔离膜、吸胶材料、无孔隔离膜、均压板、透气毡、真空袋薄膜、腻子胶条、挡条、导流管、导流网等。		

	主要工作内容描述	操作	检验	备注
步骤	1. 场地准备、工具准备			
	2. 辅助材料裁剪			
	3. 辅助材料铺叠			
	4. 封袋			
	5. 真空接头使用			
	6. 气密性检测			
考核	1. 接头规范性操作			
	2. 辅助材料的尺寸及铺放顺序			
	3. 耳朵位置合理性			
	4. 是否存在架桥			
	5. 气密性			
	6. 过程考核(安全、职业素养等)			

任务四	热压罐成型——SAMPE 竞赛桥梁		
1. 目标载荷≥5 kN,目标质量＜150 g。 2. 桥梁尺寸：长度≥600 mm,宽度 20～40 mm,高度＜100 mm。 3. 测试条件：三点抗弯,跨距 575 mm。		序号/日期	
		班级/学号	
		姓名/组别	
知识点	热压罐成型、结构设计、铺层设计、真空袋制备、固化参数		
能力要求	热压罐成型工艺流程、结构设计、真空袋制备、工艺参数设定		
设备、工具、耗材	设备：热压罐、真空泵、激光切割机、烤灯或吹风机； 工具：钢尺、剪刀、美工刀、真空接头、热电偶、电子秤等； 材料：脱模材料、隔离膜（有孔、无孔）、透气毡、吸胶材料、均压板、层合板、预浸料、腻子胶条、挡条、真空袋薄膜、真空嘴、手套、口罩、真空管、压敏胶带等。		

	主要工作内容描述	操作	检验	备注
步骤	1. 方案设计,CATIA 建模			
	2. 场地准备、工具准备			
	3. 模具准备：去除杂物,施加脱模材料			
	4. 依据结构设计准备材料（预浸料解冻）			
	5. 制作样板			
	6. 打磨泡沫			
	7. 预浸料裁剪——角度误差＜1°			
	8. 预浸料铺叠——角度误差＜1°			
	9. 合模、真空袋制备			
	10. 检查气密性			
	11. 固化			
	12. 脱模与修整			
考核	1. 预浸料解冻			
	2. 尺寸及测试			
	3. 过程考核（安全、职业素养等）			

任务五	热压罐成型——SAMPE 预浸料机翼制备		
1. 目标载荷≥10 kN,目标质量＜350 g。 2. 机翼尺寸约为 101.6 mm×927.1 mm。 3. 测试条件:三点抗弯,速率 20 mm/min,跨距 584.2 mm。		序号/日期	
		班级/学号	
		姓名/组别	
知识点	热压罐成型、结构设计、铺层设计、真空袋制备、固化		
能力要求	热压罐成型工艺流程、结构设计,真空袋制备,工艺参数设定		
设备、工具、耗材	设备:热压罐、真空泵、激光切割机、烤灯或吹风机; 工具:钢尺、剪刀、美工刀、热电偶、电子秤等; 材料:脱模材料、隔离膜(有孔、无孔)、透气毡、吸胶材料、均压板、层合板、预浸料、腻子胶条、挡条、真空袋薄膜、真空嘴、手套、口罩、真空管、压敏胶带等。		

	主要工作内容描述	操作	检验	备注
步骤	1. 方案设计,CATIA 建模			
	2. 场地准备、工具准备			
	3. 模具准备:去除杂物,施加脱模材料			
	4. 依据结构设计准备材料(预浸料解冻)			
	5. 制作样板			
	6. 打磨泡沫			
	7. 预浸料裁剪——角度误差＜1°			
	8. 预浸料铺叠——角度误差＜1°			
	9. 合模、真空袋制备			
	10. 检查气密性			
	11. 固化			
	12. 脱模与修整			
考核	1. 预浸料解冻			
	2. 尺寸及测试			
	3. 过程考核(安全、职业素养等)			

任务六	液体成型——SAMPE 液体成型机翼制备		
1. 目标载荷≥10 kN,目标质量<350 g。 2. 机翼尺寸约为 101.6×927.1 mm。 3. 测试条件:三点抗弯,速率 20 mm/min,跨距 584.2 mm。		序号/日期	
		班级/学号	
		姓名/组别	
知识点	真空导入、流道设计		
能力要求	合理进行流道设计、真空袋气密性控制,并按要求制作试样		
设备、工具、耗材	设备:烘箱、真空泵、电子秤、RTM 设备等; 工具:钢尺、剪刀、真空表等; 耗材:塑料杯、搅拌棒、脱模材料、隔离膜(有孔、无孔)、导流网、导流管、真空管、真空袋薄膜、增强材料、环氧树脂、固化剂、注胶座、三通阀等。		
步骤	主要工作内容描述	操作	检验	备注
	1. 方案设计,流道设计			
	2. 场地准备、工具准备			
	3. 模具准备:去除杂物,施加脱模材料			
	4. 依据结构设计准备材料			
	5. 制作样板			
	6. 打磨泡沫			
	7. 织物裁剪与铺叠			
	8. 铺设导流管、导流网			
	9. 真空袋制备			
	10. 检查气密性			
	11. 增强材料称重,进行配胶			
	12. 导入树脂			
	13. 固化			
	14. 脱模、修整、检验			
考核	1. 配胶			
	2. 尺寸及测试			
	3. 过程考核(安全、职业素养等)			

任务七	非预浸料的 SAMPE 碳纤维箱型梁制备		
1. 目标载荷≥4.5 kN,目标质量＜550 g; 2. 尺寸:长度≥610 mm,宽度＜101.6 mm,高度＜101.6 mm; 3. 测试条件:三点抗弯,跨距 584 mm。		序号/日期	
		班级/学号	
		姓名/组别	
知识点	湿法预浸料、RFI 成型、铺层设计、真空袋制备、热压罐成型		
能力要求	结构设计、铺层设计、真空袋制备、工艺参数设定		
设备、工具、耗材	设备:热压罐、真空泵、激光切割机、烤灯或吹风机; 工具:钢尺、剪刀、美工刀、真空接头、热电偶、电子秤等; 材料:脱模材料、隔离膜(有孔、无孔)、透气毡、吸胶材料、均压板、层合板、预浸料、腻子胶条、挡条、真空袋薄膜、手套、口罩、真空管、压敏胶带、胶膜、YJ80、丙酮等。		
步骤	主要工作内容描述	操作	检验	备注
	1. 方案设计,CATIA 建模			
	2. 场地准备、工具准备			
	3. 模具准备:去除杂物,施加脱模材料			
	4. 依据结构设计准备材料			
	5. 制作样板			
	6. 打磨泡沫			
	7. 材料准备/制备			
	8. 材料裁剪与铺叠——角度误差＜1°			
	9. 合模、真空袋制备			
	10. 检查气密性			
	11. 固化			
	12. 修整			
考核	1. 性能测试 2. 过程考核(安全意识、职业素养等)			

任务八	模压成型商标制备		
按照所给图纸，采用预浸料模压成型，制备所需结构件		序号/日期	
		班级/学号	
		姓名/组别	

知识点	结构设计、铺层设计、固化参数
能力要求	熟悉模压工艺流程、能进行简单的结构设计、正确操作模压成型机
设备、工具、耗材	设备：模压机、真空泵。 工具：剪刀、尺子、模具等。 耗材：预浸料、脱模材料、样板、嵌件等。

	主要工作内容描述	操作	检验	备注
步骤	1. 场地准备、工具准备			
	2. 模具准备：施加脱膜材料			
	3. 结构设计			
	4. 模压料的裁剪			
	5. 模具预热			
	6. 嵌件安放			
	7. 铺叠、装模			
	8. 压制			
	9. 冷却、脱模			
	10. 修整			
考核	1. 模压料的用量计算			
	2. 预热或预压			
	3. 嵌件位置的处理			
	4. 过程考核（安全、职业素养等）			

任务九	复合材料传动轴的制备		
按照所给试样尺寸，采用缠绕成型工艺，完成结构件的制备。外径：(28±0.5) mm，内径：(26±0.5) mm，长度(300±0.5) mm。		序号/日期	
		班级/学号	
		姓名/组别	

知识点	缠绕方法、缠绕规律			
能力要求	1.熟悉缠绕成型种类。 2.了解缠绕工艺流程。 3.能够正确设计缠绕规律。			
设备、工具、耗材	设备：烘箱、电子秤、缠绕设备等。 工具：剪刀、钢尺等。 耗材：芯模、无碱玻璃纤维粗纱、环氧树脂、固化剂、脱模材料、预浸料、手套、口罩等。			
步骤	主要工作内容描述	操作	检验	备注
	1.工装设计			
	2.场地准备、工具准备			
	3.模具制作与准备			
	4.结构设计			
	5.配胶或解冻预浸料			
	6.缠绕			
	7.真空袋制备			
	8.检查气密性			
	9.固化			
	10.脱模、尺寸修整			
考核	1.性能测试 2.气密性 3.过程考核（安全、职业素养等）			

任务十	夹芯桥梁设计与制作		
1. 目标载荷≥9 kN,目标质量＜350 g。 2. 桥梁尺寸:长度≥610 mm,宽度＜101.6 mm,高度＜101.6 mm,芯子厚度≥6.35 mm。 3. 测试条件:三点抗弯,跨距584 mm。		序号/日期	
		班级/学号	
		姓名/组别	
知识点	结构设计、铺层设计、工装设计、真空袋制备、固化		
能力要求	熟悉热压罐成型工艺流程、能进行简单的结构设计、能进行合理的工装设计、能正确进行真空袋制备		
设备、工具、耗材	设备:热压罐、真空泵、激光切割机、烤灯或吹风机; 工具:钢尺、剪刀、美工刀、真空接头、热电偶、电子秤等; 材料:脱模材料、隔离膜(有孔、无孔)、透气毡、吸胶材料、均压板、层合板、预浸料、腻子胶条、挡条、真空袋薄膜、手套、口罩、真空管、压敏胶带、胶膜、蜂窝、PMI泡沫、巴萨木等。		

步骤	主要工作内容描述	操作	检验	备注
	1. 结构设计			
	2. 场地工具准备			
	3. 模具制作与准备			
	4. 芯材准备			
	5. 预浸料裁剪——角度误差＜1°			
	6. 预浸料铺叠——角度误差＜1°			
	7. 真空袋制备			
	8. 检查气密性			
	9. 固化			
	10. 脱模、尺寸修整			
考核	1. 测试			
	2. 过程考核(安全、职业素养等)			

参 考 文 献

[1] 贝克,达特恩,凯利.飞机结构复合材料技术:2版[M].柴亚南,丁惠梁,译.北京:航空工业出版社,2015.
[2] 黄发荣,周燕.先进树脂基复合材料[M].北京:化学工业出版社,2008.
[3] 谢富原.先进复合材料制造技术[M].北京:航空工业出版社,2017.
[4] 包建文.高效低成本复合材料及其制造技术[M].北京:国防工业出版社,2012.
[5] 黄家康.复合材料成型技术及应用[M].北京:化学工业出版社,2011.
[6] 潘利剑,张彦飞.先进复合材料成型工艺图解[M].北京:化学工业出版社,2015.
[7] 唐见茂.高性能纤维及复合材料[M].北京:化学工业出版社,2012.
[8] 刘雄亚,欧阳国恩,张华新,等.透光复合材料、碳纤维复合材料及其应用[M].北京:化学工业出版社,2006.
[9] 邹宁宇.玻璃钢制品手工成型工艺[M].2版.北京:化学工业出版社,2006.
[10] 牛春匀.实用飞机复合材料结构设计与制造[M].北京:航空工业出版社,2010.
[11] 郭金树.复合材料件可制造性技术[M].北京:航空工业出版社,2009.
[12] 洪钧.天然纤维增强复合材料的制备及性能研究[D].芜湖:安徽工程大学,2012.
[13] 丁韬.碳纤维预浸料单向带铺敷解决方案[J].航空制造技术,2008(11):52-53.
[14] 程文礼,袁超,邱启艳,等.航空用蜂窝夹层结构及制造工艺[J].航空制造技术,2015(7):94-98.
[15] 颜鸿斌,孙红卫,凌英,等.树脂基复合材料/泡沫塑料夹层结构成型技术研究进展[J].宇航材料工艺,2004(1):12-15.
[16] 许家忠,乔明,尤波,等.纤维缠绕复合材料成型原理及工艺[M].北京:科学出版社,2013.
[17] 葛曷一.复合材料工厂工业设计概念[M].北京:中国建材工业出版社,2009.
[18] 中国航空工业集团公司复合材料技术中心.航空复合材料技术[M].北京:航空工业出版社,2013.
[19] 王汝敏.聚合物基复合材料[M].2版.北京:科学出版社,2011.
[20] 张婷.高性能热塑性复合材料在大型客机结构件上的应用[J].航空制造技术,2013(15):32-35.
[21] 梁宪珠,孙占红,张铖,等.航空预浸料-热压罐工艺复合材料技术应用概况[J].航空制造技术,2011(20):26-30.
[22] 益小苏,杜善义,张立同.复合材料手册[M].北京:化学工业出版社,2009.
[23] 张婷,高性能热塑性复合材料在大型客机结构件上的应用[J].航空制造技术,2013(15):32-35.
[24] 陈利,赵世博,王心森.三维纺织增强材料及其在航空航天领域的应用[J].纺织导报,2018(A1):80-87.
[25] 陈利,孙颖,马明.高性能纤维预成形体的研究进展[J].中国材料进展,2012(10):21-29.

参考文献

[26] 魏波,周金堂,姚正军,等.RTM 及其派生工艺的发展现状与应用前景[J].广州化学,2018,43(4):71-78.

[27] 岳宝成.CFRP 拉挤片材的制备工艺与性能研究[D].哈尔滨:哈尔滨工程大学,2012.

[28] 梅启林,冀运东,陈小成,等.复合材料液体模塑成型工艺与装备进展[J].玻璃钢/复合材料,2014(9):52-62.

[29] 高艳秋,赵龙,吴刚,等.高加筋壁板结构树脂膜渗透(RFI)技术研究[J].航空制造技术,2014,459(15):52-55.

[30] 李斌太,张宝艳,邢丽英,等.复合材料双真空袋成型工艺研究[J].航空材料学报,2006,26(3):222-225.

[31] 王强华.蜂窝复合材料液体成型技术[J].玻璃钢,2008(3):35-38.

[32] 杨进军,刘文品,马建忠.蜂窝浸胶—烘干—固化质量模型研究[J].航空制造技术,2015,476(7):91-93.

[33] 程文礼,袁超,邱启艳,等.航空用蜂窝夹层结构及制造工艺[J].航空制造技术,2015,476(7):94-98.

[34] 崔辛,刘钧,肖加余,等.真空导入模塑成型工艺的研究进展[J].材料导报,2013,27(17):14-18.

[35] 陈卢松.复合材料液体成型工艺在民用飞机领域的应用进展[J].塑料,2018,47(2):93-96.

[36] 马青松,陈朝辉,郑文伟,等.树脂传递模塑—复合材料成型新工艺[J].材料科学与工程,2000,18(4):92-97.

[37] 汪泽霖.短切纤维增强塑料的连续制板成型工艺:二[J].玻璃钢,2016(3):14-17.

[38] 罗鹏,齐俊伟,肖军,等.预浸料拉挤成型装备技术研究[J].玻璃钢/复合材料,2011(2):43-47.

[39] 杨强强,齐俊伟,肖军.先进拉挤成型制件缺陷成因及工艺改进[J].纤维复合材料,2016,33(4):3-7.

[40] 何亚飞,矫维成,杨帆,等.树脂基复合材料成型工艺的发展[J].纤维复合材料,2011(2):7-13.

[41] 陈轲,薛平,孙华,等.树脂基复合材料拉挤成型研究进展[J].中国塑料,2019,33(1):116-123.

[42] 安鹏.连续树脂传递模塑成型工艺对其复合材料性能的影响研究[D].天津:天津工业大学,2015.

[43] 李强.复合材料管件编织—缠绕—拉挤工艺研究与优化[D].哈尔滨:哈尔滨理工大学,2016.

[44] 张宇.全自动气瓶缠绕成型生产线设计[D].哈尔滨:哈尔滨理工大学,2017.

[45] 李建.模压成型纤维增强环氧片状模压料的研究[D].武汉:武汉理工大学,2009.

[46] 陈明锋,刘玉惠,范先谋,等.不饱和聚酯片状模压料的模压成型与性能[J].应用化学,2018,35(10):1222-1226.

[47] 陈磊.汽车内饰件模内层压成型技术研究[D].武汉:华中科技大学,2009.

[48] 赵磊.高性能覆铜箔层压板的研制[D].西安:西北工业大学,2001.

[49] 易钊,李城,李炯炯,等.高速公路防眩板生产制备与应用进展[J].中国人造板,2016,23(2):5-7.
[50] 蔡闻峰,周惠群,于凤丽.树脂基碳纤维复合材料成型工艺现状及发展方向[J].航空制造技术,2008(10):54-57.
[51] 郝建伟.复合材料制造自动化技术发展[J].航空制造技术,2010(17):26-29.
[52] 李树健,湛利华,彭文飞,等.先进复合材料结构件热压罐成型工艺研究进展[J].稀有金属材料与工程,2015,44(11):2927-2931.
[53] 苏鹏,崔文峰.先进复合材料热压罐成型技术[J].现代制造技术与装备,2016(11):165-166.
[54] 张凤翻,张雯婷.预浸料技术的新进展[J].高科技纤维与应用,2002,27(1):15-21.
[55] 刘夏慧.纤维长度以及排向对喷射成型复合材料力学性能的影响[D].上海:东华大学,2015.
[56] 于天淼,高华兵,王宝铭,等.碳纤维增强热塑性复合材料成型工艺的研究进展[J].工程塑料应用,2018,46(4):139-144.
[57] 王秋峰,周晓东,侯静强.长纤维增强热塑性复合材料的浸渍技术与成型工艺[J].纤维复合材料,2006,23(2):43-46.
[58] 黎敏荣,薛平,贾明印,等.纤维增强热塑性树脂复合材料成型技术研究进展[J].塑料工业,2016,44(11):5-11.
[59] 见雪珍,杨洋,袁协尧,等.商用客机连续纤维增强热塑性复合材料的现状及其发展趋势[J].上海塑料,2015(2):17-22.
[60] 杨洋,见雪珍,袁协尧,等.先进热塑性复合材料在大型客机结构零件领域的应用及其制造技术[J].玻璃钢,2017(4):1-15.
[61] 王兴刚,于洋,李树茂,等.先进热塑性复合材料在航天航空上的应用[J].纤维复合材料,2011(2):44-47.
[62] 张凤翻.复合材料用预浸料[J].高科技纤维与应用,2000,25(4):29-32.
[63] 金泉鹏.高压水射流切割技术及在航空制造和维修中的应用[J].科技资讯,2016(22):56,80.